职业教育"十三五"规划教材

# 金属材料焊接
## 第二版

文申柳　主　编

化学工业出版社

·北京·

本书依据最新的专业计划与课程标准编写，内容包括金属焊接性及其试验方法、非合金钢（碳钢）的焊接、低合金高强钢的焊接、低合金特殊用钢的焊接、不锈钢的焊接、铸铁的焊接、常用有色金属的焊接、异种金属的焊接、堆焊、新型金属材料的焊接及本课程的实验等。书中有大量的工程实例，并在每章前明确了学习目标、增加了观察与思考环节，每章后增加了思考与练习环节。为了方便教学，配套了电子课件和习题参考答案。

本书可作为高职高专院校、中等职业学校焊接技术及自动化专业的教材，也可作为培训用书，并可供相关技术人员参考。

**图书在版编目（CIP）数据**

金属材料焊接/文申柳主编. —2版. —北京：化学工业出版社，2016.4（2025.1重印）
职业教育"十三五"规划教材
ISBN 978-7-122-26416-9

Ⅰ.①金… Ⅱ.①文… Ⅲ.①金属材料-焊接-高等职业教育-教材 Ⅳ.①TG457.1

中国版本图书馆 CIP 数据核字（2016）第 040524 号

责任编辑：韩庆利　　　　　　　　　　　文字编辑：张绪瑞
责任校对：边　涛　　　　　　　　　　　装帧设计：孙远博

出版发行：化学工业出版社（北京市东城区青年湖南街13号　邮政编码100011）
印　　装：北京科印技术咨询服务有限公司数码印刷分部
787mm×1092mm　1/16　印张11½　字数281千字　2025年1月北京第2版第2次印刷

购书咨询：010-64518888　　　　　　　　　售后服务：010-64518899
网　　址：http://www.cip.com.cn
凡购买本书，如有缺损质量问题，本社销售中心负责调换。

定　　价：35.00元

# 前　言

　　本教材是根据国家机械职业教育热加工类专业教学指导委员会制定的高职焊接技术及自动化专业教学计划和课程教学标准而编写的。不仅适合于高职焊接技术及自动化专业在校学生使用，也可供从事焊接无损检测人员参考。

　　本教材第一版从 2008 年出版后，被多所高职院校选用。但随着教学理念改变和对高职焊接技术及自动化专业人才培养提出了更高的要求，我们组织人员对本教材进行了修订。本次修订未打破原有教材总体结构，仍分为十章，主要在每章前明确了本章学习的目标、增加了观察与思考环节，每章后增加了思考与练习环节，使每章的学习内容形成一个闭环，前后呼应。同时，结合高职院校学生主要培养高素质技能型人才的要求，每章增加了大量的实例，也将本课程实验内容附录在本书后，供有关院校参考。

　　通过本课程的学习重点培养学生结合工程实际的分析和解决问题的能力，使学生能对常用各种材料的焊接性有充分认识，并能根据材料焊接性，结合工程实际，制定材料的焊接工艺参数。

　　本教材由四川化工职业技术学院文申柳、陈玲、周林军、刘海、李婷，成都瑞奇石油化学工程公司肖仕伟，四川泸天化股份有限公司张勇编写。其中第 1、2 章由陈玲编写，第 3 章周林军编写，第 4 章由刘海编写，第 5 章由李婷编写，第 6、7、8 章由文申柳编写，第 9 章由肖仕伟编写，第 10 章由张勇编写。

　　本教材由四川化工职业技术学院文申柳担任主编并负责全书统稿，由四川永鑫建筑公司傅华任主审。

　　本书在编写过程中，借鉴了大量国内文献资料，在此表示感谢！

　　本书配套电子课件和习题参考答案，可赠送给用本书作为授课教材的院校和老师，如果需要，可登录 www.cipedu.com.cn 下载。

　　限于编者水平有限，教材中不妥之处敬请广大读者批评指正。

编　者

# 目　　录

# 第1章 金属焊接性及其试验方法

不同的金属材料用不同的焊接方法进行焊接时，由于材料本身的成分和性能差异及焊接时发生了一系列复杂的冶金过程，从而对焊接操作的难易程度和材料的组织与性能产生不同的影响。为了从焊接角度对此现象进行分析，因而提出了焊接性的问题。本章将重点介绍金属焊接性的基本知识及试验方法。

## 知识目标

1. 理解金属焊接性的概念、内容及影响因素；
2. 掌握金属焊接性的试验方法和判断标准。

## 能力目标

能够采用计算方法和试验方法估判出各种金属材料的焊接性。

## 观察与思考

观察图 1-1 与图 1-2，分析它们在制造过程中采用的焊接工艺有哪些差异，思考为什么会有这些差异以及怎样判断各种金属材料的焊接性？

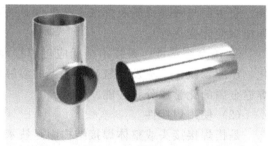

图 1-1　碳钢皮带输送机　　　　　图 1-2　合金钢三通管

## 1.1　认识金属焊接性

### 1.1.1　金属焊接性的概念

焊接性是表示材料对焊接加工的适应性，是指材料在一定的焊接工艺条件下（包括焊接材料、焊接方法、焊接工艺参数和结构形式等），能否获得优质焊接接头的难易程度和该焊接接头能否在使用条件下可靠运行的一种特性。

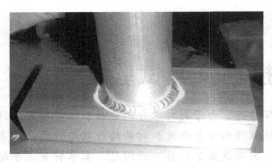

图 1-3　交流氩弧焊焊接铝合金焊缝

金属焊接性是个相对的概念，同一种材料在不同的焊接工艺条件下焊接性可以表现出很大的差异。

例如焊接铝合金时，如采用氧-乙炔进行气焊，火焰的热功率比电弧焊低，热量分散，焊后的焊缝金属不但晶粒粗大组织疏松，而且容易产生氧化铝夹渣及裂纹等缺陷，因而焊接性差。如改用交流氩弧焊时，热量集中，电弧燃烧稳定，焊缝金属致密，则有良好的焊接性，如图 1-3 所示。随着新的焊接方法和焊接工艺的开发与完善，一些原来焊接性差的材料，也会变成焊接性好的材料；当然，随着新材料的出现和对焊接结构使用条件要求越高，又将会带来新的焊接性问题。

## 1.1.2　金属焊接性的内容

金属焊接性包括工艺焊接性和使用焊接性两方面的内容。

（1）工艺焊接性

是指在一定焊接工艺条件下，能否获得优质致密、无缺陷的焊接接头的能力。它不是金属本身所固有的性能，不仅与母材的成分与性能有关，还受焊接热源的性质、保护方式、热处理状态、接头形式及焊接方位、预热、后热等因素影响，反应了金属在焊接过程中对接头性能的改变，尤其是形成缺陷的敏感性。

对于熔化焊而言，工艺焊接性可分为热焊接性和冶金焊接性。

① 热焊接性　是指在焊接热过程中，对焊接热影响区的组织性能及产生缺陷的影响程度。它主要与被焊材质及焊接工艺条件有关，常用来评定被焊金属对热的敏感性（晶粒长大和组织性能变化等）。

② 冶金焊接性　是指冶金反应对焊接性能和产生缺陷的影响程度。包括合金元素的氧化、还原、氮化、蒸发及氢、氧和氮的溶解等对气孔、夹杂物和裂纹等的敏感性，主要影响焊缝金属的化学成分和性能。

（2）使用焊接性

是指焊接接头或整体焊接结构满足技术条件所规定的各种使用性能的程度。主要包括力学性能、低温性能、抗脆断性能、高温蠕变、疲劳性能、持久强度、抗腐蚀性和耐磨性能等，反应了在一定工艺条件下所获得的焊接接头对使用要求的适应性。如果焊缝不能够满足使用要求可能会发生安全事故。

## 1.1.3　影响金属焊接性的因素

影响金属焊接性的因素很多，对于钢铁材料而言，主要有材料、设计、工艺和服役环境等四大因素。

（1）材料因素

主要受焊接时直接参与物理化学反应和发生组织变化的母材和焊材的化学成分、冶炼轧制状态、热处理状态、组织状态和力学性能等因素的影响，其中化学成分（包括杂质的分布）是主要影响因素。

（2）设计因素

是指焊接结构的安全性不但受到材料的影响，而且在很大程度上还受到结构形式的影响。例如结构的刚度、应力集中程度与应力状态等，不仅影响材料对焊接裂纹的敏感性，还可能影响接头的力学性能。

（3）工艺因素

是指施工时所采用的焊接方法、焊接工艺规程和焊后热处理等因素。

（4）服役环境因素

是指焊接结构的工作温度、负荷条件（载荷种类、施加方式和速度等）和工作环境（化工区、沿海及腐蚀介质等）。一般而言，工作环境越恶劣，则对焊接性会提出更高的要求。

综上所述，金属的焊接性与以上四方面都有密切的关系，因而，在分析焊接性时，不能单纯地以某一因素独立进行分析，而应结合多方面因素进行综合分析。

## 1.2　金属焊接性试验方法

随着新材料、新结构、新的工艺方法及服役环境等因素的变化，为了保证优质的焊接接头，必须对产品进行焊接性分析和试验。

### 1.2.1　金属焊接性试验内容

（1）焊缝金属抗热裂纹的能力

热裂纹是焊缝中较常见且危害严重的缺陷，因此常用金属抗热裂纹的能力来判定金属材料冶金焊接性的指标。

（2）焊缝及热影响区抗冷裂纹的能力

抗冷裂纹的能力是判定金属材料冶金焊接性和热焊接性的指标之一，它主要针对线材进行试验。

（3）焊接接头抗脆性转变的能力

焊接时，焊接接头由于受各种因素的影响会发生脆性转变，从而使韧性降低，将会影响使用焊接性。因而，对于在低温下工作和承受冲击载荷的焊接结构，焊接接头抗脆性转变的能力也是一项重要试验内容。

（4）焊接接头的使用性能

焊接接头的使用性能对焊接性有不同的要求，因而应根据特定的工作条件和设计的技术要求制定专门的焊接性试验方法。

### 1.2.2　金属焊接性试验方法

根据不同目的，焊接性的试验方法有很多，如图1-4所示。在选择或制定焊接性试验方法时必须遵循针对性、可靠性和经济性的原则。下面分别从工艺和使用焊接性两方面介绍几种常焊接性试验方法。

（1）工艺焊接性试验方法

① 碳当量估算法　所谓"碳当量"就是把钢中包括碳在内和其他合金元素对淬硬、冷裂及脆化等的影响折合成碳的相当含量。碳当量的计算公式很多，目前以国际焊接学会（IIW）所推荐的 CE（IIW）和日本 JIS 标准所规定的 $C_{eq}$（JIS）应用较为广泛。

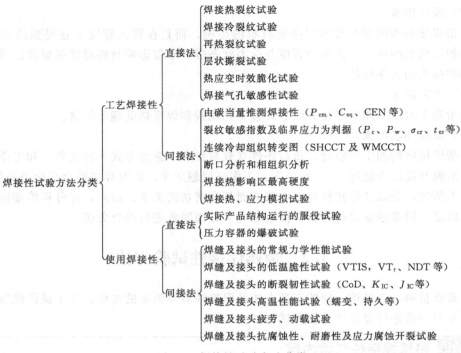

图 1-4　焊接性试验方法分类

$$CE(IIW) = C + \frac{Mn}{6} + \frac{Cr + Mo + V}{5} + \frac{Cu + Ni}{15}(\%)$$

此式适用于中高强度的非调质低合金高强钢（$\sigma_b = 500 \sim 900MPa$）及含碳量大于 0.18% 的钢种。板厚小于 20mm，CE(IIW)<0.4% 时，钢材的淬硬倾向不大，焊接性良好，不需预热；当 CE(IIW)=0.4%~0.6% 时，特别是大于 0.5% 时，钢材的淬硬倾向大，焊接时需要预热才能防止裂纹；当 CE(IIW)>0.6% 时，钢材的淬硬倾向强烈，属于较难焊的材料，需要采取较高的预热温度等严格的工艺措施。

例如：已知 20CrMo 钢中，$w_C = 0.20\%$，$w_{Mn} = 0.5\%$，$w_{Cr} = 0.90\%$，$w_{Mo} = 0.20\%$，$w_{Ni} = 0.030\%$，$w_{Cu} = 0.030\%$，根据国际焊接学会（IIW）所推荐的 CE(IIW) 求该钢种的碳当量，并判断其焊接性。

解：根据国际焊接学会（IIW）所推荐的 CE(IIW) 如下：

$$CE(IIW) = C + \frac{Mn}{6} + \frac{Cr + Mo + V}{5} + \frac{Cu + Ni}{15}(\%)$$

把 20CrMo 钢中各个元素的含量带入公式计算可得

$$CE(IIW) = 0.5\%$$

说明该钢材的焊接性一般，为了保证焊接质量需要一定的预热等处理措施。

$$C_{eq}(JIS) = C + \frac{Mn}{6} + \frac{Si}{24} + \frac{Ni}{40} + \frac{Cr}{5} + \frac{Mo}{4} + \frac{V}{14}(\%)$$

此式适用于低碳调质低合金高强度钢（$\sigma_b = 500 \sim 1000MPa$）及含碳量大于 0.18% 的钢种。其化学成分范围：$w_C \leqslant 0.2\%$，$w_{Si} \leqslant 0.55\%$，$w_{Mn} \leqslant 1.5\%$，$w_{Cu} \leqslant 0.5\%$，$w_{Ni} \leqslant 2.5\%$，$w_{Cr} \leqslant 1.25\%$，$w_{Mo} \leqslant 0.7\%$，$w_V \leqslant 0.1\%$，$w_B \leqslant 0.006\%$。

碳当量可预测某钢种焊接性，从而确定其工艺措施。一般来说，CE(IIW) 和 $C_{eq}$（JIS）

的数值越高，被焊钢材的淬硬倾向越大，热影响区越容易和产生冷裂纹，它们的关系如图1-5 和表1-1 所示。

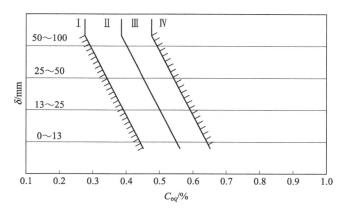

图 1-5　焊接性与 $C_{eq}$ 和板厚 $\delta$ 的关系

Ⅰ～Ⅳ—焊接性等级，见表1-1

**表 1-1　不同焊接性等级的工艺要求**

| 焊接性 | 用普通酸性焊条 | 用低氢焊条 | 消除应力 | 敲击处理 |
|---|---|---|---|---|
| Ⅰ. 优良 | 不需预热 | 不需预热 | 不需 | 不需 |
| Ⅱ. 较好 | 预热 40～100℃ | −10℃以上不需预热 | 任意 | 任意 |
| Ⅲ. 尚好 | 预热 150℃ | 预热 40～100℃ | 希望 | 希望 |
| Ⅳ. 可以 | 预热 150～200℃ | 预热 100℃ | 必要 | 希望 |

② 焊接冷裂纹敏感系数　对于低碳微量多合金元素的低合金高强钢，碳当量估算法就不适用了，日本伊藤等人采用斜 Y 形铁件试验，考虑扩散氢和拘束条件，对 200 多个钢种进行了大量试验，求得了焊接冷裂纹敏感系数计算公式。

$$P_{cm} = C + \frac{Si}{30} + \frac{Mn+Cu+Cr}{20} + \frac{Ni}{60} + \frac{Mo}{15} + \frac{V}{10} + 5B$$

$$P_c = P_{cm} + \frac{[H]}{60} + \frac{\delta}{600}$$

式中　$P_{cm}$——钢中合金元素的碳当量，%；

　　　$P_c$——焊接冷裂纹敏感系数；

　　[H]——甘油法测定的扩散氢含量，mL/100g；

　　　$\delta$——板厚，mm。

上两式的适用范围：$w_C = 0.07\% \sim 0.22\%$，$w_{Si} = 0 \sim 0.60\%$，$w_{Mn} = 0.4\% \sim 1.4\%$，$w_{Cu} = 0 \sim 0.5\%$，$w_{Ni} = 0 \sim 1.2\%$，$w_{Mo} = 0 \sim 0.7\%$，$w_V = 0 \sim 0.12\%$，$w_{Nb} = 0 \sim 0.04\%$，$w_{Ti} = 0 \sim 0.05\%$，$w_B = 0 \sim 0.005\%$。

③ CCT 图或 SHCCT 图法　对于各类低合金钢，可以利用其各自的连续冷却曲线（CCT 图）或模拟焊接热影响区的连续冷却曲线（SHCCT 图）分析焊接性。这些曲线可以较方便地预测焊接热影响区的组织、性能和硬度，从而可推测某钢在一定焊接条件下的淬硬倾向和冷裂纹敏感性，从而作为调节焊接线能量和改进焊接工艺的依据。

④ **焊接热影响区最高硬度试验方法**　此方法可间接判断被焊钢材的淬硬倾向和冷裂纹

的敏感性。试件的尺寸和形状如图 1-6 和表 1-2，其标准厚度为 20mm，若板厚超过 20mm，则须机械切削加工成 20mm 厚，并保留一轧制表面；若板厚低于 20mm，则不需加工。焊前应先把试件表面的水、油、锈和氧化皮等清理干净，试件两端支撑架空，保留足够的空间。

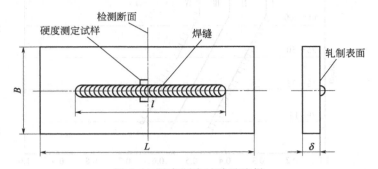

图 1-6  最高硬度试验及取样

**表 1-2  热影响区最高硬度试件尺寸**

| 试件号 | $L$/mm | $B$/mm | $l$/mm |
|---|---|---|---|
| 1 号试件 | 200 | 75 | 125±10 |
| 2 号试件 | 200 | 150 | 125±10 |

1 号试件在室温下焊接，2 号试件在预热温度下焊接，焊接工艺参数为：焊接电流 $I=170A\pm10A$，焊接速度 $v=150mm/min\pm10mm/min$，焊条直径 $\phi4mm$。

试件焊好后，让其自然冷却，待 12h 后，用机械加工的方法沿图 1-6 的检测断面进行垂直切割焊道，然后对检测断面进行研磨并腐蚀，按图 1-7 所示的位置，在 $O$ 点两侧每隔 0.5mm 取一个测定点，共取 7 个以上的点，用载荷为 10kg 的维氏硬度进行测量。

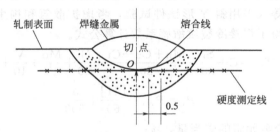

图 1-7  硬度的测量位置

⑤ 斜 Y 形坡口焊接裂纹试验法  此方法主要用于评价碳素钢和低合金高强度钢打底焊缝及其热影响区的冷裂纹倾向。

a. 制备试件  试件采用机械加工，其形状和尺寸如图 1-8 所示。

b. 试验  焊接工艺参数为：焊接电流 $I=170A\pm10A$，电弧电压 $U=24V\pm2V$，焊接速度 $v=150mm/min\pm10mm/min$，焊条直径 $\phi4mm$。焊条事先应严格烘干。

拘束焊缝用低氢型焊条进行双面焊接，先从背面焊第一层，然后再焊正面第一层，以后依次交替焊接。在焊接时，要注意防止角变形和未焊透。

试验焊缝在焊前应清理干净，最后用丙酮清洗。分别按图 1-9(a)、(b) 所示采用焊条电弧焊或焊条自动送进装置进行焊接。

焊完后将试件放置 48h 后，用肉眼或放大镜检测表面裂纹，然后用机械方法截取一段试

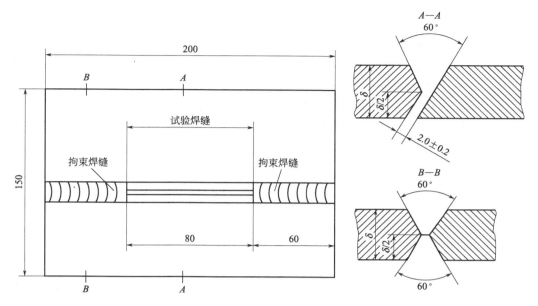

图 1-8 斜 Y 形坡口焊接裂纹试验用试件形状及尺寸

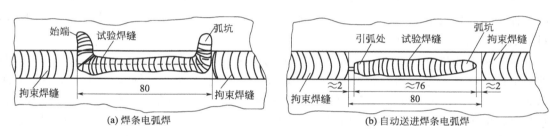

图 1-9 试验焊缝的焊接方式

验焊缝，并对其断面进行研磨腐蚀，用放大 20～30 倍的金相显微镜检测裂纹。

c. 计算 试件上裂纹按图 1-10 所示进行计算。

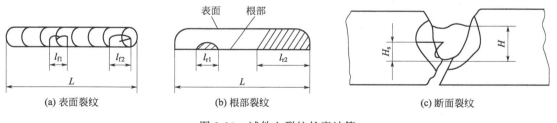

图 1-10 试件上裂纹长度计算

（a）表面裂纹率

$$C_f = \frac{\sum l_f}{L} \times 100\%$$

式中 $C_f$——表面裂纹率，%；

　$\sum l_f$——表面裂纹长度之和，mm；

　$L$——试验焊缝的长度，mm。

（b）根部裂纹 试样先进行着色检测，然后再拉断或弯断。

$$C_r = \frac{\sum l_r}{L} \times 100\%$$

式中　$C_r$——根部裂纹率，%；

　　　$\sum l_r$——根部裂纹长度之和，mm；

　　　$L$——试验焊缝的长度，mm。

（c）断面裂纹率　将试验焊缝宽度开始均匀处与焊缝弧坑中心之间的距离四等分，然后截取五个横断面，分别计算出五个横断面的裂纹率，然后取平均值。

$$C_s = \frac{H_s}{H} \times 100\%$$

式中　$C_s$——断面裂纹率，%；

　　　$H$——试样焊缝的最小厚度，mm；

　　　$H_s$——断面裂纹的高度，mm。

由于该试验的接头拘束度大，根部尖角又有应力集中，试验条件苛刻，因而一般认为表面裂纹率小于20%，用于生产是安全的，但不能有根部裂纹。

除了斜Y坡口试件外，还有直Y坡口对接裂纹试验，它主要用于考核焊条金属对根部裂纹的敏感性，其试验方法与斜Y坡口试件一样。

⑥插销试验　此法主要测出材料的临界应力值，再根据临界应力越小的材料，其裂纹敏感性越强的现象来定量测定钢材焊接热影响区的冷裂纹敏感性，由于其操作简便且节省材料，因而得到了广泛应用。

首先将被测材料加工成$\phi$8mm或$\phi$6mm的圆棒（即插销），并在试件一端开一首尾相接的环形或首尾有一定距离的螺旋缺口，如图1-11和表1-3所示，缺口位置与线能量有关，如表1-4所示。再将试件带有缺口的一端插入加工后的底板的孔内，如图1-12所示，其上端与底板的上表面平齐，下端与加载夹头连接。然后在底板上按规定的焊接线能量熔敷一焊道，并使其通过插销的中心，并注意该焊道的熔深应保证缺口位于热影响区的粗晶部位，如图1-13所示。

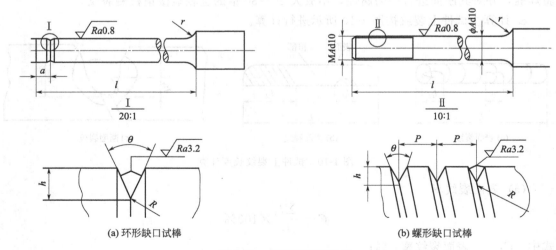

（a）环形缺口试棒　　　　　　　　（b）螺形缺口试棒

图1-11　插销试棒的形状

在不预热的条件下，待焊后冷至100～150℃时加载；如有预热，则应高出初始温度50～70℃时加载，规定的载荷应在1min内，并在试验冷却到100℃或高出初始温度50～70℃

表1-3　插销试棒的尺寸

| 缺口类别 | $A$/mm | $h$/mm | $\theta$ | $R$/mm | $P$/mm | $l$/mm |
|---|---|---|---|---|---|---|
| 环形 | 8 | 0.5±0.05 | 40°±2° | 0.1±0.02 | — | 大于底板的厚度，一般约为30~150 |
| 螺形 | | | | | 1 | |
| 环形 | 6 | 0.5±0.05 | 40°±2° | 0.1±0.02 | — | |

表1-4　缺口位置与线能量的关系

| $E$/(kJ/cm) | $a$/mm | $E$/(kJ/cm) | $a$/mm |
|---|---|---|---|
| 9 | 1.35 | 15 | 2.0 |
| 10 | 1.45 | 16 | 2.1 |
| 13 | 1.85 | 20 | 2.4 |

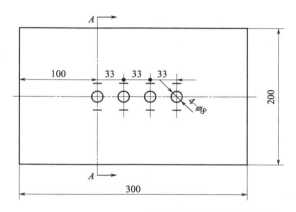

图1-12　底板形状及尺寸

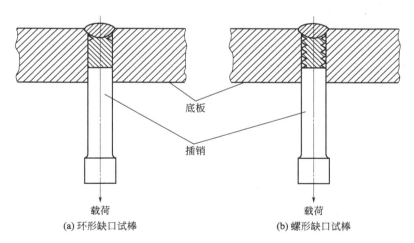

(a) 环形缺口试棒　　　　　(b) 螺形缺口试棒

图1-13　插销、底板及熔敷焊道

以前加载完毕；如有后热，则应在后热以前加载。

　　对试件加载后并保持到试件断裂，然后再逐渐小载荷重复实验，在无预热条件下，直到试件16h后不断裂即可卸载；如有预热或预热后加热时，载荷应至少保持24h后不断裂才可卸载，此时得到的应力值即为临界应力值。

　　⑦ T形接头焊接裂纹试验法　此法主要用于评定填角焊缝的热裂纹倾向，也可以评定焊条及工艺参数对热裂纹的敏感性。试件的形状和尺寸与图1-14所示。

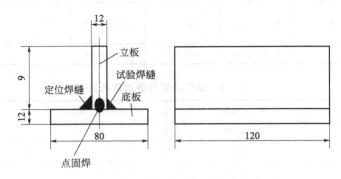

图1-14　T形接头试件形状及尺寸

　　试验时，采用直径为4mm的焊条，取电流规定上限进行焊接。在船形焊位置首先焊拘束焊缝$S_1$，然后立即焊一道比$S_1$小的试验焊缝$S_2$，二者方向相反，如图1-15所示。

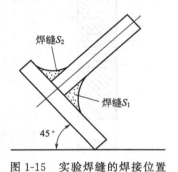

图1-15　实验焊缝的焊接位置

　　待焊件冷却后，观察试验焊缝$S_2$表面，并按下式计算裂纹率：

$$C = \frac{\sum L}{120} \times 100\%$$

　　式中　$C$——表面裂纹率，%；

　　　　　$\sum L$——表面裂纹长度之和，mm。

　　工艺焊接性试验方法除了以上介绍的七种方法外，还有十字接头裂纹试验、压板对接（FISCO）焊接裂纹试验、窗口拘束裂纹试验、拉伸拘束试验（TRC试验）和刚性拘束裂纹试验（RRC试验）等，这里不再一一介绍。

　　(2) 使用焊接性试验方法

　　① 焊接接头力学性能试验　此法主要测定母材、焊缝及热影响区在不同的载荷作用下的强度、塑性和韧性。焊接接头的拉伸、弯曲和冲击等的取样方法如图1-16所示，其具体尺寸、数量和试验方法见有关标准及教材，这里不再详述。

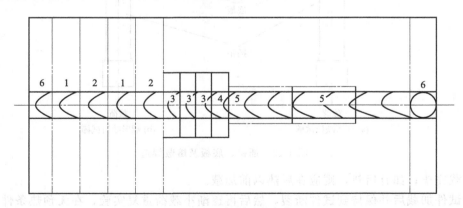

图1-16　试板样坯截取位置

1—拉伸；2—弯曲；3—冲击；4—硬度；5—焊缝拉伸；6—舍弃

② 焊接接头抗脆断性能试验　此法通过 V 形缺口的冲击试验来评定脆性转变温度。

③ 焊接接头与焊缝金属的疲劳试验　此法主要测定焊接结构在交变载荷作用下的疲劳极限。

④ 焊接接头的抗腐蚀试验　此法主要通过硫酸-硫酸铜腐蚀试验方法（弯曲法）或硫酸-硫酸铁腐蚀试验法（失重法）来评定焊接接头的晶间腐蚀倾向；用恒负荷拉伸试验或 U 形弯曲试验来评定应力腐蚀开裂倾向。

⑤ 焊接接头的高温性能试验　此法主要评定焊接接头在高温下的拉伸强度、持久强度和蠕变极限。

**思考与练习**

1. 填空题

（1）焊接性是表示材料对焊接加工的_____。

（2）金属焊接性包括_____和_____两方面的的内容。

（3）对于熔化焊而言，工艺焊接性可以分为_____和_____。

（4）在选择或者制定焊接性试验方法时必须遵循_____、_____和_____的原则。

（5）斜 Y 形坡口试验主要用于评价碳素钢和低合金高强钢打底焊缝及热影响区的_____倾向。

（6）插销试验主要是用于测定钢材焊接热影响区的_____敏感性。

2. 影响金属焊接性的因素有哪些？

3. 金属焊接性的实验内容有哪些？

4. 已知 12Cr1MoV 钢中，$w_C = 0.15\%$，$w_{Mn} = 0.6\%$，$w_{Cr} = 0.20\%$，$w_{Mo} = 0.30\%$，$w_V = 0.30\%$，根据国际焊接学会（IIW）所推荐的 CE（IIW）求该钢种的碳当量。

5. 奥氏体不锈钢（如 0Cr19Ni9）按碳当量或 $P_C$ 的计算公式得出的数值都是很高的，这是否说明这类钢的裂纹敏感性很高？为什么？

# 第 2 章　非合金钢(碳钢)的焊接

碳钢是以铁为基础，碳含量一般不超过 2.11% 的铁碳合金。此外，含锰量不超过 1.2%，含硅量不超过 0.5%，镍、铬和铜等都控制在一定的限度之内，硫、磷、氧和氮等杂质元素含量也都有严格控制。因而，碳钢的焊接性主要取决于含碳量，随着含碳量的增加，碳钢硬度和强度提高，塑性下降，同时马氏体量增多，淬硬性倾向增加，焊接时产生结晶裂纹和冷裂纹敏感性增加，因而焊接性逐渐变差，如图 2-1 和表 2-1 所示。

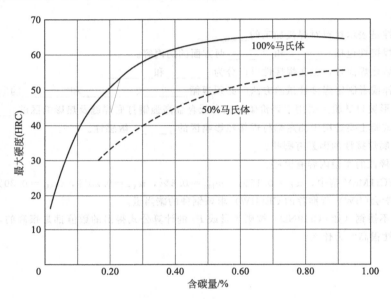

图 2-1　碳钢含碳量、马氏体量和最大硬度值的关系

**表 2-1　碳钢焊接性与含碳量的关系**

| 名称 | 含碳量 | 典型硬度 | 典型用途 | 焊接性 |
|------|--------|----------|----------|--------|
| 低碳钢 | ≤0.15% | 60HRB | 特殊板和型材薄板、带材和焊丝 | 优 |
| | 0.15%~0.30% | 90HRB | 结构用型材、板材和棒材 | 良 |
| 中碳钢 | 0.30%~0.60% | 25HRC | 机械部件和工具 | 中(通常需要预热,推荐使用低氢焊接方法) |
| 高碳钢 | ≥0.60% | 40HRC | 弹簧、模具和钢轨 | 劣(必需低氢焊接方法、预热和后热) |

>>> **知识目标**

1. 了解非合金钢（碳钢）的成分与分类；

2. 理解低碳钢、中碳钢和高碳钢的焊接性；

3. 掌握低碳钢、中碳钢和高碳钢的各种焊接工艺。

**能力目标**

能够采用正确方法判断出低碳钢、中碳钢和高碳钢的焊接性，并根据它们的焊接性制订出焊接工艺。

**观察与思考**

观察图 2-2、图 2-3 和图 2-4，分析低碳钢、中碳钢和高碳钢的性能及使用范围，思考它们在焊接工艺方面可能有哪些异同？

图 2-2　低碳钢箱体　　　　图 2-3　中碳钢阀门　　　　图 2-4　高碳钢模具

# 2.1　低碳钢的焊接

## 2.1.1　低碳钢的焊接性

低碳钢含碳量低，锰、硅元素含量较少，强度不高，塑性好，所以，通常焊接时不会引起严重的硬化组织或淬火组织，焊后接头的塑性和韧性好，一般不需要预热、层间温度和后热，焊后也不必进行热处理，许多焊接方法都适用于低碳钢的焊接，并能获得良好的焊接接头，因而低碳钢焊接性优良。但在以下情况下，低碳钢的焊接时也会出现问题：

① 低碳钢母材成分不合格。当含碳量过高（接近上限 0.21%～0.25%），含硫量过高，则焊接时可能出现裂纹。

② 采用旧冶炼方法生产的低碳转炉钢。因这种钢的含氮量高，杂质较多，因而冷脆性和时效敏感性大，焊接接头质量低，焊接性较差。

③ 低碳沸腾钢。由于此钢脱氧不完全，硫、磷等杂质局部偏析较大，时效敏感性、冷脆敏感性和热裂纹倾向较大，因而，一般不宜用作承受动载或严寒（−20℃）工作的重要焊接结构。

④ 焊接方法选择不当。当采用线能量大的焊接方法时，容易使焊接热影响区的粗晶区晶粒过于粗大，从而降低金属的冲击性能。如电渣焊后一般要进行正火处理，就是为了细化晶粒，提高韧性。

## 2.1.2　低碳钢的焊接工艺

**（1）焊条电弧焊**

① 焊接材料　一般情况下，低碳钢的焊条电弧焊可选用酸性焊条，但在焊接大厚度工件、大刚度拘束件及低温条件下等特殊情况下焊接时应选用碱性焊条。在选择焊条时，可按照焊缝金属与母材等强度的原则，选用 E43 系列的焊条并严格烘干，如表 2-2 所示。

**表 2-2　低碳钢焊接材料的选用**

| 钢号 | 焊条电弧焊焊条型号 | |
|---|---|---|
| | 一般结构 | 焊接动载荷、复杂和厚板结构、受压容器 |
| Q235 | E4313 | E4303、E4301 |
| Q255 | E4303、E4301<br>E4320、E4311 | E4320、E4311<br>E4316、E4315 |
| Q275 | E4316、E4315 | E5016、E5015 |
| 08、10、15、20、25 钢 | E4303、E4301<br>E4320、E4311 | E4316、E4315<br>E5016、E5015 |
| | 不要求强度或不要求等强度时 | 要求等强度 |

② 焊前清理　采用碱性焊条时，焊接前必须对工件坡口及坡口两侧各 20mm 范围内的水、油和锈等杂质清理干净；采用酸性焊条时，也应进行清理，但对于焊缝质量要求不高、工件表面锈较少时，可以不进行除锈。

③ 焊前预热　在对大刚度结构、大厚板结构和低温条件低碳钢结构进行焊接时，由于冷却速度快，结构刚性大，易产生裂纹，因而应考虑预热，如表 2-3、表 2-4 所示。

**表 2-3　低碳钢焊前预热温度**

| 钢号 | | Q235、Q255、Q275 | 25、30 | 08、10、15、20 |
|---|---|---|---|---|
| 预热温度 | 厚板结构 | ＞150℃ | ＞150℃ | 一般不预热 |
| | 薄板结构 | 一般不预热 | 一般不预热 | |

**表 2-4　低温条件下焊接时的预热温度**

| 工作场所温度/℃ | 焊件厚度/mm | | 预热温度/℃ |
|---|---|---|---|
| | 梁、柱和桁架 | 导管、容器类 | |
| －30 以下 | 30 以下 | 16 以下 | 100～150 |
| －20 以下 | — | 17～30 | |
| －10 以下 | 31～35 | 31～40 | |
| 0 以下 | 51～70 | 41～50 | |

④ 焊接工艺参数　一般可根据板厚来选用合适的直径的焊条和层数，再根据焊条直径选用合适的焊接电流。如表 2-5 所示。

⑤ 焊后热处理　对于刚性较大的焊件，焊后易产生较大的焊接残余应力，增大了裂纹的倾向性，因而应进行焊后消除应力处理。如表 2-6 所示。

**（2）埋弧焊**

① 焊接材料　为了保证良好的焊缝综合性能，在埋弧焊时，并不要求其化学成分必须与母材完全相同，通常要求焊缝金属的含碳量较低些，并含有适量的锰、硅等元素，以达到焊接接头所需的性能，因此可选择高锰高硅焊剂配合低锰焊丝或含锰焊丝以及无锰高硅或低锰中硅焊剂配合高锰焊丝。第一种配合，焊缝金属抗热裂纹与抗气孔能力较强；第二种配

表2-5 焊条直径与焊接电流的关系

| 参数 | 选择原则 | | | | |
|---|---|---|---|---|---|
| 焊条直径 | 焊件厚度/mm | <4 | 4～8 | 8～12 | >12 |
| | 焊条直径/mm | ≤板厚 | 3～4 | 4～5 | 5～6 |
| 焊接电流 | 平焊焊接电流可按式 $I=Kd$ 计算，立焊、仰焊和横焊的焊接电流应比平焊小10%～20% | | | | |
| | 焊条直径 $d$/mm | 1～2 | 2～4 | | 4～6 |
| | 经验系数 $K$ | 25～30 | 30～40 | | 40～60 |
| 焊接层数 | 焊接层数根据焊件厚度制订，原则上每层焊缝的厚度为焊条直径的0.8～1.2倍，但一般不大于4～5mm | | | | |

表2-6 焊后热处理工艺参数

| 钢号 | 材料厚度/mm | 焊后回火/℃ | 钢号 | 材料厚度/mm | 焊后回火/℃ |
|---|---|---|---|---|---|
| Q235、Q235F、10、20 | ≤50 | 不用 | 25、20g、22g | ≤25 | 600～650 |
| | 50～100 | 600～650 | | >25 | |

合，焊缝含磷量较低，低温韧性好。低碳钢埋弧焊焊接材料选用见表2-7所示。

表2-7 低碳钢埋弧焊焊接材料选用

| 钢材牌号 | 埋弧焊焊接材料选用 | | 钢材牌号 | 埋弧焊焊接材料选用 | |
|---|---|---|---|---|---|
| | 焊丝 | 焊剂 | | 焊丝 | 焊剂 |
| Q235、Q235F | H08A | HJ431 HJ430 | 15、20 | H08A H08MnA | HJ431 |
| | H08MnA | HJ230 | | H08MnA | HJ230 |
| | H10Mn2 | HJ130 | 25、30 | H08MnA | HJ431 HJ430 HJ330 |
| Q255 | H08A | HJ431 HJ430 | | H10Mn2 | |
| | | | 20g、22g | H08MnA | HJ431 HJ430 HJ330 |
| Q275 | H08MnA | HJ431 HJ430 | | H08MnSi | |
| | | | | H10Mn2 | |
| | | | 20R | H08MnA | |

② 焊前准备 当板厚小于14mm时，可以不开坡口，当板厚在14～22mm时，一般开V形坡口，角度为50°～60°，当板厚大于22mm时，开双V形坡口，对于一些要求较高的焊件，为了保证根部焊透和无夹渣等缺陷，可开U形坡口。然后，清理坡口及坡口两侧20～50mm内的水、油和锈等杂质，同时也应清理焊丝表面铁锈，并对焊剂烘干。焊剂烘干温度及时间见表2-8所示。

表2-8 焊剂的烘干温度及时间

| 焊剂类型 | 烘干温度/℃ | 烘干时间/min | 焊剂类型 | 烘干温度/℃ | 烘干时间/min |
|---|---|---|---|---|---|
| 熔炼 | 150 以上 | 60 | 不锈钢用烧结 | 200～300 | 60 |
| 烧结 | 200～300 | 60 | | | |

③ 焊接工艺参数 埋弧焊焊接低碳钢的焊前预热温度与焊条电弧焊基本相同。它的工艺参数主要包括焊接电流、电弧电压、焊接速度、焊丝直径、焊丝干伸长、装配间隙和坡口

大小等。只有当这些因素相互匹配，才能保证获得良好的焊接接接头。埋弧焊的主要工艺参数见表 2-9～表 2-11 所示。

**表 2-9　不同直径的焊丝所应采用的焊接电流**

| 焊丝直径/mm | 2 | 3 | 4 | 5 | 6 |
|---|---|---|---|---|---|
| 焊接电流/A | 200～400 | 350～600 | 500～800 | 700～1000 | 800～1200 |

**表 2-10　埋弧焊焊接电流和相应的电弧电压的关系**

| 焊接电流/A | 600～700 | 700～850 | 850～1000 | 1000～1200 |
|---|---|---|---|---|
| 电弧电压/V | 36～38 | 38～40 | 40～42 | 42～44 |

注：焊丝直径 5mm，采用交流电源。

**表 2-11　埋弧焊单面焊双面成形焊接工艺参数（交流）**

| 焊件厚度/mm | 装配间隙/mm | 焊丝直径/mm | 焊接电流/A | 焊接电压/A | 焊接速度/m·h$^{-1}$ |
|---|---|---|---|---|---|
| 3.0 | 2.0 | 3.0 | 380～420 | 27～29 | 47 |
| 5.0 | 2.0～3.0 | 4.0 | 520～560 | 31～33 | 37.5 |
| 7.0 | 3.0 | 4.0 | 640～680 | 35～37 | 34.5 |
| 9.0 | 3.0～4.0 | 4.0 | 720～780 | 36～38 | 27.5 |
| 12.0 | 5.0 | 4.0 | 850～900 | 39～41 | 23 |
| 14.0 | 5.0 | 4.0 | 880～920 | 39～41 | 21.5 |

注：反面采用焊剂-铜垫。

④ 焊后热处理　对于重要焊件或工件较厚和刚性较大时，焊后需进行 600～650℃ 的回火处理，保温时间按板厚 1mm 保温 1～2min 计算，但应在 30min 至 3h 之间。如果焊后热影响区晶粒过于粗大，还应进行正火或退火（加热到 920～940℃，在空气中或炉中冷却）处理，以提高接头的塑性和韧性。

（3）二氧化碳气体保护焊

① 焊接材料　在用二氧化碳气体保护焊焊接低碳钢时，主要进行焊丝的选择，目前主要应用的有实芯焊丝和药芯焊丝两大类，见表 2-12 所示。

**表 2-12　二氧化碳气体保护焊焊接材料选择**

| 焊丝种类 | 焊丝牌号 | 焊丝性能或用途 |
|---|---|---|
| 实芯焊丝 | H08MnSi、H08MnSiA、H10MnSi | 适用于一般低碳钢的焊接 |
| | H08Mn2SiA | 具有良好的工艺性能和较高的力学性能 |
| | H04Mn2SiTiA、H04MnSiAlTiA | 适用于焊接质量要求较高的焊件 |
| 药芯焊丝 | YJ502、YJ507、YZ-J502、YJ-J506、YJ-J507 | 熔敷效率高，对焊接电源无特殊要求，调整合金成分方便，焊缝金属性能比较好。适用于中厚钢板平、横焊的半自动和自动焊 |

② 焊前清理　CO$_2$ 气体保护焊由于采用 CO$_2$ 作为保护气体，电弧的氧化性较强，对于油污和锈等污物不太敏感，所以对于不太重要的焊件，可不进行焊前清理。

③ 焊接工艺参数　CO$_2$ 气体保护焊主要工艺参数有焊接电流、焊接电压、焊接速度、焊丝直径和焊丝干伸长等。

a. 焊丝直径　焊丝直径影响熔深、焊丝熔化速度及熔滴过渡形式。直径大于 2mm 的焊丝只能用于细颗粒过渡的焊接。焊接电流相同的情况下，焊丝直径越小，熔深越大，熔化速度越高，一般细丝用于焊接薄板，随着被焊板材厚度增加，焊丝直径也应相应增加，如表 2-13 所示。

**表 2-13　各种直径焊丝适用范围**

| 焊丝直径/mm | 熔滴过渡形式 | 板厚/mm | 焊缝位置 |
| --- | --- | --- | --- |
| 0.5～0.8 | 短路过渡<br>细颗粒过渡 | 1.0～2.5<br>2.5～4 | 全位置<br>水平 |
| 1.0～1.4 | 短路过渡<br>细颗粒过渡 | 2～8<br>2～12 | 全位置<br>水平 |
| 1.6 | 短路过渡 | 3～12 | 水平、立、横、仰 |
| ≥1.6 | 细颗粒过渡 | ＞6 | 水平 |

b. 焊丝干伸长　焊丝干伸长越长，则电阻热越大，送丝速度不变时，将降低焊接电流，容易引起未焊透和未熔全等缺陷；反之，干伸长越小，则将增加焊接电流，易引起铁水的流失和不便于焊工操作时观察电弧。采用 H08Mn2Si 焊丝时，其允许的干伸长如表 2-14 所示。

**表 2-14　H08Mn2Si 焊丝直径所允许的干伸长度**

| 焊丝直径/mm | 焊丝干伸长度/mm | 焊丝直径/mm | 焊丝干伸长度/mm |
| --- | --- | --- | --- |
| 0.8 | 6～12 | | |
| 1.0 | 7～13 | 1.2 | 8～15 |

c. 焊接电流　焊接电流应根据焊丝直径进行选择，当焊接电流增加时，熔敷速度和熔深将增加，反之，则降低。焊丝直径与焊接电流的关系如表 2-15 所示。

**表 2-15　不同焊丝直径的合适焊接电流区间**

| 焊丝直径/mm | 焊接电流/A | | 焊丝直径/mm | 焊接电流/A | |
| --- | --- | --- | --- | --- | --- |
| | 细颗粒过渡<br>（30～45V） | 短路过渡<br>（16～22V） | | 细颗粒过渡<br>（30～45V） | 短路过渡<br>（16～22V） |
| 0.8 | 150～250 | 60～160 | 1.6 | 350～500 | 120～180 |
| 1.2 | 200～300 | 100～175 | 2.4 | 500～750 | 150～200 |

d. 电弧电压与气体流量　电弧电压将影响焊接过程的稳定性、焊丝金属熔滴过渡形式、焊缝金属的氧化和飞溅等。当电弧电压增加时，熔宽增加，熔深减少，焊缝金属的氧化和飞溅增大，力学性能降低。$CO_2$ 气体保护焊的气体流量与焊接电流、焊接速度、焊丝直径和焊丝干伸长等因素有关。如表 2-16 所示。

**表 2-16　常用焊丝直径的焊接电流和电弧电压范围及气体流量**

| 焊丝直径/mm | 短路过渡 | | 颗粒过渡 | | 气体流量<br>/L·min⁻¹ |
| --- | --- | --- | --- | --- | --- |
| | 电流/A | 电压/V | 电流/A | 电压/V | |
| 0.5 | 30～60 | 16～18 | — | — | |
| 0.6 | 30～70 | 17～19 | — | — | |
| 0.8 | 50～100 | 18～21 | — | — | 5～15 |
| 1.0 | 70～120 | 18～22 | — | — | |
| 1.2 | 90～150 | 19～23 | 160～400 | 25～38 | |

| 焊丝直径/mm | 短路过渡 | | 颗粒过渡 | | 气体流量 /L·min⁻¹ |
|---|---|---|---|---|---|
| | 电流/A | 电压/V | 电流/A | 电压/V | |
| 1.6 | 140~200 | 20~24 | 200~500 | 26~40 | 15~25 |
| 2.0 | — | — | 200~600 | 27~40 | |
| 2.5 | — | — | 300~700 | 28~40 | |
| 3.0 | — | — | 500~800 | 32~42 | |

注：粗丝大电流焊接时，气体流量可增至 25~50L/min。

e. 焊接速度　半自动 $CO_2$ 气体保护焊焊速一般为 5~60m/h，自动焊焊速一般为 25~150m/h。

（4）低温条件下的焊接

在低温条件下焊接低碳钢时，由于焊接接头冷却速度较快，从而增大了裂纹倾向，特别是焊接厚板角焊缝、厚板多层焊角焊缝或对接多层焊缝中第一道及最后一层时开裂倾向更大。为了避免裂纹的产生可采取以下措施：

① 焊前预热，焊接时保持层间温度。

② 采用低氢或超低氢焊接材料。

③ 定位焊时加大电流，减慢焊速，适当增大定位焊缝截面和长度，必要时施加预热。

④ 焊接要连续，尽量避免中断，特别是多层焊应尽量连续焊完最后一层。

⑤ 不要在坡口以外的母材上引弧，熄弧时要填满弧坑。

⑥ 焊后要注意缓冷，一般不需要消除应力回火。但 Q235A、20R 制作的压力容器，当板厚大于 34mm 时，焊前应预热100℃以上，见表 2-17、表 2-18 所示；板厚大于 38mm 时，应将焊件均匀加热到 550~650℃保温一段时间随炉均匀冷却至 300~400℃，再出炉空冷，进行消除应力处理。

**表 2-17　低碳钢梁、柱和桁架结构低温焊接时的预热温度**

| 板厚/mm | 在各种气温下的预热温度 | 板厚/mm | 在各种气温下的预热温度 |
|---|---|---|---|
| 30 以下 | 不低于−30℃时，不预热 低于−30℃时，预热到 100~150℃ | 51~71 | 不低于 0℃时，不预热 低于 0℃时，预热到 100~150℃ |
| 31~51 | 不低于−10℃时，不预热 低于−10℃时，预热到 100~150℃ | | |

**表 2-18　低碳钢管道、容器和结构低温焊接时的预热温度**

| 板厚/mm | 在各种气温下的预热温度 | 板厚/mm | 在各种气温下的预热温度 |
|---|---|---|---|
| 16 以下 | 不低于−30℃时，不预热 低于−30℃时，预热到 100~150℃ | 31~40 | 不低于−10℃时，不预热 低于−10℃时，预热到 100~150℃ |
| 17~30 | 不低于−20℃时，不预热 低于−20℃时，预热到 100~150℃ | 41~50 | 不低于 0℃时，不预热 低于 0℃时，预热到 100~150℃ |

## 2.1.3　典型低碳钢（Q235）的焊接实例

（1）焊条电弧焊

① 焊接材料：可以用酸性焊条，但是在特殊情况或者要求较高的时候应该用碱性焊条，

应该遵循等强度原则。一般焊条牌号有 E4313、E4303、E4301 等。

② 焊前清理与预热：碱性焊材必须清理，清理的范围应该在坡口及坡口两侧各 20mm 范围内。20mm 以下薄板可以不预热，20mm 以上的厚板一般的预热温度应该达到 150℃ 以上。

③ 焊接工艺参数：一般先根据板厚来选焊条直径和层数，再确定电流。板厚在 4～10mm 左右焊条直径选择 3～4mm，板厚大于 10mm 则焊条直径在 5～6mm 之间，焊接电流在 40～60A 之间。

④ 焊后热处理：小于 50mm 厚的工件一般不需要焊后热处理。

（2）埋弧焊

① 焊接材料：焊丝一般是 H08A、H08MnA；焊剂选用 HJ431、HJ430。

② 焊前准备：板厚小于 14mm 时，可以不开坡口，当板厚在 14～22mm 时，一般开 V 形坡口，角度为 50°～60°，当板厚大于 22mm 时，开双 V 形坡口，对于一些要求较高的焊件，为了保证根部焊透和无夹渣等缺陷，可开 U 形坡口。

③ 工艺参数：焊丝直径为 2mm 时，焊接电流在 300A 左右；焊丝直径在 5mm 时，电流在 900A 左右，电压在 40V 左右。

④ 焊后热处理：焊后回火处理保温时间按板厚 1mm 保温 2min 计算，不能够大于 3h。

（3）焊条电弧焊焊接低碳钢（Q235）焊接工艺卡（见表 2-19）

**表 2-19　低碳钢（Q235）对接接头焊接工艺卡**

| 工程名称 | | 焊材及烘干温度 | E4303　100～150℃ 恒温 1h |
|---|---|---|---|
| 施工单位 | | 母材规格及材质 | DN250、DN200、DN125、DN100、DN80 Q235B |
| 编制依据 | 设计图纸 | 焊接方法及接头形式 | SMAW　V 形 |
| 施工日期 | | 施焊人 | |
| 施工位置 | 2G、5G、6G | | |

母材钢号　Q235 与 Q235 钢号相焊接

| 接头形式与图示说明 | 坡口制作及对坡口技术要求 |
|---|---|
| $\alpha = 30°$<br>$\delta = 10mm、8mm$<br>$c = 3～5mm$<br>$p = 1mm$ | 1. 焊口的位置应避开应力集中区，且便于施焊<br>2. 将坡口表面及附近母材端面（内外壁）15mm 范围内，清除油污锈垢，打磨干净，露出金属光泽<br>3. 进行管口组对时，要求管口内壁平齐，如有错口，不得超过管壁厚的 10%，且不大于 1.5mm<br>4. 管口端面应与管子中心线垂直，其偏斜度要求小于 0.5mm |
| 预热及保温措施 | 预热温度：　　　　　层间温度： |

| 焊接质量要求及技术措施 |
| --- |
| 1. 焊口表面及母材附近不得有焊疤、焊瘤、咬边、夹渣及未熔合等缺陷。如有以上缺陷应彻底清除。 |
| 2. 焊接工艺参数、焊接接头的外观检验及无损检验应符合要求。 |
| 3. 施焊人员要按照《压力容器安全规程》规定着装并佩戴必要的劳动防护用品,防止触电及烧烫伤等不安全事故的发生。 |

| 焊层编号 | 焊接方法 | 电流特性 | | | | | | |
| --- | --- | --- | --- | --- | --- | --- | --- |
| | | 焊条(焊丝) | | 电流范围(气体压力) | | 电压范围 | 焊速 |
| | | 牌号 | 直径 | 极性(乙炔 MPa) | 电流(氧气 MPa) | 焊炬型号焊嘴号码 | mm/min |
| 1 | SMAW | E4303 | φ2.5 | 直流正接 | 80~100A | 22~25V | 30~60 |
| 2 | SMAW | E4303 | φ3.2 | 直流正接 | 90~120A | 22~25V | 30~60 |
| 3 | SMAW | E4303 | φ4.0 | 直流正接 | 120~160A | 22~25V | 30~60 |
| 钨极型号尺寸: | | | | 气体保护: | | | |
| 焊接检验: | | | | 后热及焊后热处理: | | | |

# 2.2　中碳钢的焊接

## 2.2.1　中碳钢的焊接性

中碳钢当含碳量接近0.30%而含锰量不高时,焊接性良好,但随着含碳量的增加,母材近缝区容易产生低塑性的淬硬组织,有一定的淬硬倾向;同时当母材熔化后进入焊缝区,使焊缝区的含碳量增高,则易产生热裂纹和增加气孔的敏感性;当含碳量和焊接刚性较大,而焊条和焊接工艺参数选择不当时,容易产生冷裂纹。

## 2.2.2　中碳钢的焊接工艺要点

(1) 焊条电弧焊

① 焊接材料　一般情况下应尽量选用抗裂性能好的低氢型焊条,并加热到250℃烘干1~2h,如要求高时,则应加热到350~400℃烘干;在个别情况下也可采用钛铁矿型或钛钙型焊条（使用前可以不烘干）,但应尽量减少母材熔深（减少焊缝含碳量）、严格控制预热温度及采取焊后缓冷等措施;特殊情况下,为了减少焊接接头应力,增加焊缝金属塑性,避免热影响区热裂纹的产生,可采用铬镍不锈钢焊条焊接,如A102、A107、A302、A307、A402和A407等。中碳钢焊条选用见表2-20所示。

② 焊前准备　制备坡口时,尽量选用U形或V形坡口形式,也尽量减少母材金属熔入焊缝中的比例,从而减少焊缝金属中的含碳量,增加焊缝金属的韧性和降低冷裂倾向;大多数情况下,中碳钢为了降低焊缝和热影响区的冷却速度,防止产生淬硬组织,都需要预热和一定的层间温度,如表2-21所示。

表 2-20 中碳钢焊条电弧焊焊接材料选用

| 钢号 | 母材含碳量/% | 焊接性 | 选用焊条型号 | |
|---|---|---|---|---|
| | | | 不要求强度 | 要求等强度 |
| 35 | 0.32～0.40 | 较好 | E4303,E4301<br>E4316,E4315 | E5016<br>E5015 |
| 45 | 0.42～0.50 | 较差 | E4303,E4301<br>E4316,E4315<br>E5016,E5015 | E5516-G<br>E5515-G |
| 55 | 0.52～0.60 | 较差 | E4316,E4301<br>E4315,E5016<br>E5015 | E6016-D1<br>E6015-D1 |

注：1. 焊前必须预热。35 钢和 45 钢预热 150～250℃，55 钢或厚度与刚性很大时，要预热到 350～400℃。
2. 焊后一般要进行 600～650℃回火热处理。

表 2-21 中碳钢预热及层间温度和消除应力回火温度

| 钢号 | 板厚/mm | 操作工艺 | | |
|---|---|---|---|---|
| | | 预热及层间温度/℃ | 消除应力回火温度/℃ | 锤 击 |
| 25 | ≤25 | ＞50 | 600～650 | 不要 |
| 30 | 25～50 | ＞100 | | |
| | | ＞150 | | |
| 35 | 50～100 | ＞150 | | |
| 45 | ≤100 | ＞200 | | |

③ 焊接工艺参数　焊接时尽量采用直流反接法，多层焊时第一层应尽量采用小直径焊条、小电流、慢速焊接，其余参数可参照低碳钢的焊接工艺参数下限值。

④ 焊接热处理　中碳钢焊后一般都要进行消除应力回火处理，保温时间大约为 10mm 厚度为 1h 左右，特别是对于刚性较大或工作环境恶劣的焊件，应进行后热，使扩散氢充分逸出。同时为了消除应力，焊后可采用锤击焊道的方法减小焊接残余应力。中碳钢焊后消除应力处理温度见表 2-21 所示。

（2）埋弧焊

① 焊接材料　焊丝含碳量应大于 0.10%，通常采用 H08A 焊丝和 HJ431 焊剂，也可采用 H08、H08E、H08Mn 焊丝和 HJ431、HJ430 焊剂。

② 焊前准备　中碳钢埋弧焊应选用能减少母材金属熔入焊缝金属中的比例的坡口形式，并按表 2-21 进行焊前预热，然后在坡口边沿用 H08A 焊丝堆焊一过渡层后再进行焊接。

③ 焊接工艺参数　焊接时尽量选用小直径焊丝（如直径为 3.0mm 的焊丝），焊接电流比同厚度的低碳钢稍小些。

④ 焊后热处理　中碳钢埋弧焊后可不进行热处理，也可参照表 2-21 所示进行热处理。

（3）二氧化碳气体保护焊

对于常用的 35、45 钢而言，为了减少焊缝金属中的气孔，一般可以选用 H08Mn2SiA、H08Mn2Si、H04Mn2SiTiA 和 H04Mn2SiTiA 等焊丝。中碳钢的二氧化碳气体保护焊其余要求可参见低碳钢的焊接。

### 2.2.3　典型中碳钢（35 钢）的焊接实例

钢号 35，板厚为 30mm 的两平板对接焊，采用焊条电弧焊工艺，单面焊双面成形。

① 焊接材料：用低氢型焊条，但是在特殊情况的时候可以用钛铁矿型或者钛钙型焊条，一般焊条牌号有 E4315、E4316、E4303、E4301、E5015、E5016 等。

② 焊前清理与预热：必须清理，清理的范围应该在坡口及坡口两侧各 20mm 范围内。预热温度应该达到 150℃以上不超过 300℃。采用 V 形坡口。

③ 焊接工艺参数：一般先根据板厚来选焊条直径和层数，再确定电流。焊条直径选择 4mm，焊接电流 50A，采用直流反接。

④ 焊后热处理：焊后进行 650℃回火处理。

## 2.3　高碳钢的焊接

### 2.3.1　高碳钢的焊接性

高碳钢的含碳量大于 0.60%，常用于制作高硬度、高耐磨性的部件或零件。由于其含碳量高，易产生高碳马氏体，增加了淬硬倾向和裂纹敏感性，因而焊接性比中碳钢更差。目前，高碳钢的焊接主要是用于焊条电弧焊和气焊对部件或零件进行焊补。

### 2.3.2　高碳钢的焊接工艺

（1）焊接材料

选择焊接材料时，主要根据接头的强度要求及现场情况选择低氢型焊接材料，并按要求注意烘干。如表 2-22 所示。

表 2-22　高碳钢焊接材料的选择

| 焊接方法及焊件性质 | | 焊条牌号 |
| --- | --- | --- |
| 焊条电弧焊 | 强度要求较高 | E7015-D2、E6015-D1 |
| | 强度要求一般 | E5015、E5016 |
| | 不要求预热 | A102、A107、A302、A307、A402、A407 |
| 气焊 | 强度要求较高 | 低碳钢焊丝 |
| | 强度要求较低 | 与母材成分相近的焊丝 |

注：焊条电弧焊时，也可选用与母材强度等级相当的低合金钢焊条或填充金属。

（2）焊前准备

制备坡口时，尽量选用 U 形或 V 形坡口形式，也尽量减少母材金属熔入焊缝中的比例，并采用与中碳钢相同的方法清理坡口及两侧；为了减少裂纹倾向，焊前一般要经过退火处理；为了避免淬硬组织，除了铬镍焊条外，一般焊前必须预热到 250～350℃，并在焊接过程中保持与焊接温度一样的层间温度。

（3）焊接工艺参数

尽量选用小的焊接电流和焊接速度，减少熔合比，可锤击焊道，减少焊接残余应力，并尽量连续施焊。其余参数与中碳钢的焊接相同。

（4）焊后热处理

焊后应立即进行保温缓冷，并尽快送入温度为 650℃ 的炉中保温，消除应力。同时，也可根据实际要求作相应的热处理。

## 思考与练习

1. 填空题

（1）碳钢是以铁为基础，碳含量一般不超过_____的铁碳合金。

（2）焊条电弧焊焊接低碳钢的时候，焊材的选择原则是_____。

（3）二氧化碳气体保护焊的焊丝目前主要用的有_____和_____。

（4）焊条电弧焊焊接中碳钢的时候电源尽量采用直流_____的原则。

（5）高碳钢的焊接主要用于_____和_____对部件或者零件进行修补。

2. 为什么低碳钢有优良的焊接性？

3. 简述埋弧焊焊接低碳钢的要点。

4. 简述焊条电弧焊焊接中碳钢的要点。

5. 低碳钢在低温条件下焊接时，为了避免裂纹应该采取的措施有哪些？

6. 高碳钢的焊接性如何？试述其焊接工艺要点。

# 第3章 低合金高强钢的焊接

低合金钢是在碳钢的基础之上加入一定量的合金元素，其合金元素的总含量不超过5％，以提高钢的强度并保证具有一定的韧性和塑性。焊接中常用的低合金钢分为低合金高强钢、低温钢、耐热钢、耐蚀钢和复层钢五大类。

按钢的屈服强度级别及热处理状态，低合金高强钢又可分为热轧及正火钢、低碳调质钢和中碳调质钢。把钢锭加热到1300℃，经热轧成板材，然后空冷后即成为热轧钢；钢板冷却后，再加热到900℃附近，然后在大气中冷却称为正火钢。此外，900℃附近加热后放入淬火设备中淬火，然后在600℃左右回火处理，称为调质钢。国内外常用的低合金高强钢的牌号见表3-1所示。

表3-1 国内外常用的低合金高强钢的强度范围及示例

| 类型 | 屈服强度/MPa | 国内外常用钢牌号 |
| --- | --- | --- |
| 热轧及正火钢 | 295～490 | Q295（09MnV、09Mn2、09MnNi、12Mn），Q345（16Mn、14MnNb、12MnV、16MnRE、18Nb），Q390（15MnV，16MnNb，15MnTi），Q420（15MnVN、14MnVTiRE），13MnNiMoNb，14MnMoVBRE，14MnMoV，18MnMoNb |
| 低碳调质钢 | 450～980 | 15MnMoVN，14MnMoNbB，T-1，HT-80，Welten-80C，HY-80，NS-63，HY-130，HP9-4-20，HQ70，HQ80，HQ100，HQ130 |
| 中碳调质钢 | 490～1760 | 35CrMoA，35CrMoVA，30CrMnSiA，30CrMnSiNi2A，40Cr，40CrMnSiMoA，40CrNiMoA，34CrNi3MoA，H-11 |

>>> 知识目标

1. 了解低合金高强钢的成分、性能及分类；
2. 理解低合金高强钢的焊接性；
3. 掌握低合金高强钢的焊接工艺。

>>> 能力目标

能够准确分析出低合金高强钢的焊接性，特别是在焊接过程中可能遇到的各种典型问题，并根据焊接性制订出焊接工艺。

>>> 观察与思考

观察图3-1、图3-2和图3-3，分析热轧及正火钢、低碳调质钢和中碳调质钢的用途，思考它们在焊接过程中可能遇到的问题及焊接工艺有哪些不同？

图 3-1　热轧及正火槽钢　　　图 3-2　低碳调质钢压力容器　　　图 3-3　中碳调质钢汽轮机

# 3.1　热轧及正火钢的焊接

## 3.1.1　热轧及正火钢的成分和性能

热轧及正火钢均在热轧或正火状态下使用，属于非热处理强化钢，它主要靠锰、硅的固溶强化和铌、钒和钛等元素的沉淀强化来提高其强度。为了保持较好的韧性、优良的冷成形性和焊接性，热轧及正火钢的含碳量均控制在 0.20% 以下。热轧及正火钢的成分及力学性能见表 3-2 所示。

（1）热轧钢

热轧钢主要靠锰、硅的固溶强化作用提高强度，其屈服强度一般在 295～390MPa 之间。这种钢由于原材料资源丰富，价格便宜，具有良好的综合性能和工艺性能，因而，广泛应用于制造锅炉、压力容器、桥梁、船舶和起重设备等。

目前，国内使用最多的是 Q345A(16Mn) 和 Q345C(16Mng 或 16MnR)。但这些钢如作为低温压力容器或厚板结构用钢时，为了改善低温韧性和降低脆性转变温度，需要进行正火处理后才能使用。

（2）正火钢

正火钢是在热轧钢的基础上除了通过添加锰、硅固溶强化元素外再添加一些碳化物或氮化物元素（如 V、Nb 和 Ti 等）来进一步沉淀强化和细化晶粒而形成的。通过正火，不仅起到了细化晶粒作用，还使材料的塑性和韧性得到了改善，提高了综合性能。其屈服强度一般在 343～490MPa 之间。当钢中加入 Mo 后，不仅可细化晶粒，提高强度，还可以提高钢材的中温性能，但这类钢必须在正火后进行回火才能保证其良好的塑性和韧性。因而正火钢又分为以下两种。

① 正火状态下作用的钢　这类钢除了 Q390（15MnTi）外，主要是指含 V、Nb 的钢。通过 V、Nb 形成碳、氮化合物，从而起到沉淀强化和细化晶粒作用，提高了强度和改善了韧性。Q390（15MnTi）和 Q420（15MnVN）都属于正火钢，其中 Q390（15MnV）是在 Q345（16Mn）基础上加入少量的 V 发展起来的，这种钢虽然在热轧状态下供货，但其力学性能波动大，特别是板厚增加时更为严重，因而，只有通过正火，使其碳化钒均匀弥散分布后，才能获得较高的塑性和韧性，所以 Q390（15MnV）一般在正火状态下使用。

**表3-2　热轧及正火钢的化学成分和性能**

| 钢号 (新牌号) | 钢号 (旧牌号) | 化学成分/% | | | | | | | | | 交货状态 | 力学性能 不小于 | | | |
|---|---|---|---|---|---|---|---|---|---|---|---|---|---|---|---|
| | | C | Si | Mn | V | Mo | Nb | Ti | S≤ | P≤ | | $\sigma_s$/MPa | $\sigma_b$/MPa | $\delta_5$/% | $A_{KU}$/J |
| Q295 | 09MnV | ≤0.12 | 0.20~0.60 | 0.80~1.20 | 0.04~1.20 | | | | 0.045 | 0.050 | 热轧 | 294 | 431 | 22 | 59 |
| | 09MnNb | ≤0.12 | 0.20~0.60 | 0.80~1.20 | | | 0.015~0.050 | | 0.045 | 0.050 | 热轧 | 294 | 432 | 22 | 59 |
| Q345 | 14MnNb | 0.12~0.18 | 0.20~0.60 | 0.80~1.20 | | | 0.015~0.050 | | 0.045 | 0.050 | 热轧 | 343 | 490 | 20 | 59 |
| | 16Mn | 0.12~0.18 | 0.20~0.60 | 0.80~1.60 | | | | | 0.045 | 0.050 | 热轧 | 343 | 490 | 21 | 59 |
| | 15MnV | 0.12~0.18 | 0.20~0.60 | 1.20~1.60 | 0.04~1.20 | | 0.015~0.050 | | 0.045 | 0.050 | 热轧 | 392 | 529 | 18 | 59 |
| Q390 | 15MnTi | 0.12~0.18 | 0.20~0.60 | 1.20~1.60 | | | | 0.12~0.20 | 0.050 | 0.050 | 正火 | 392 | 529 | 19 | 59 |
| Q420 | 15MnVN | 0.12~0.20 | 0.20~0.60 | 1.30~1.70 | 0.10~0.20 | | | N 0.012~0.020 | 0.045 | 0.050 | 正火 | 441 | 588 | 17 | 59 |
| | 18MnMoNb | 0.17~0.23 | 0.17~0.37 | 1.35~1.65 | | 0.45~0.65 | 0.025~0.050 | | 0.035 | 0.035 | 正火+回火 | 490 | 637 | 16 | 69 |
| | 14MnMoV | 0.10~0.18 | 0.20~0.50 | 1.20~1.60 | 0.05~0.15 | 0.40~0.65 | | | 0.035 | 0.035 | 正火+回火 | 490 | 637 | 16 | 69 |
| | X60 | ≤0.12 | 0.15~0.40 | 1.0~3.0 | | | 0.02~0.05 | RE 2.0~2.5 | 0.025 | 0.03 | 控轧 | 414 | 517 | 20.5~23.5 | 54 (−10℃ $A_{KV}$) |

② 正火＋回火状态下使用的钢　这类钢中加入了一定量的 Mo，起到了细化晶粒，提高强度和提高钢材的中温性能的作用，但含 Mo 钢在较高的正火温度或较大的连续冷却下，得到了上贝氏体＋少量铁素铁组织，降低了材料的塑性和韧性，因而只有通过回火才能保证获得良好的塑性和韧性。18MnMoNb 中加入了少量的 Nb，不仅起到了沉淀强化和细化晶粒作用，还能提高钢的热强性。

（3）微合金化控轧钢

这类钢是 20 世纪 70 年代发展起来的一类钢种。它采用了微合金化（加入微量 Nb、V、Ti）和控制轧制等新技术，达到细化晶粒和沉淀强化相结合的效果，同时从冶炼工艺上采取了降碳、硫，改变夹杂物形态，提高钢的纯净度等措施，使钢材具有均匀的细晶粒等轴铁素体基体。因而，这种钢在轧制状态下就具有相当于或优于正火钢的质量。它具有高强度、高韧性和良好焊接性等优点。由于正火时的奥氏体化温度一般约 900℃，而控轧时的终轧温度约为 850℃，因而控轧钢的晶粒比正火钢的略细些，强度也高些。

控轧钢的强化和韧化机理是：通过控轧使奥氏体晶粒变形、破碎和细化，加入微量元素（Nb、V、Ti）来控制加热时奥氏体晶粒的长大和抑制高温轧制过程中变形奥氏体的再结晶，使含有大量可作为新相成核的晶格缺陷的未再结晶组织一直保持到 γ 铁向 α 铁转变开始之前，γ 铁向 α 铁转变后得到晶粒特别细的铁素体。这样不仅提高了强度，又能明显降低冷脆转变温度，同时微量元素的碳、氮化物质点在铁素体中析出后也能起到进一步强化作用。同时通过降低含碳、硫量和控制夹杂物形态，也改善了控轧钢的韧性。

这类钢主要用于制造石油、天然气的输送管线，如 X60、X65、X70，因而又称为管线钢。

## 3.1.2　热轧及正火钢的焊接性

热轧及正火钢由于合金元素和含碳量都较低，因而其焊接性总体比较好，对于一些强度级别较低的热轧钢（如 Q295），其焊接性和低碳钢相近。但随着强度级别的提高，焊接性将变差，因而需采取一定工艺措施才能进行焊接。这类钢焊接时，主要容易出现以下两种问题。

（1）焊接裂纹

① 焊缝中的热裂纹　热轧及正火钢中含碳量较低，并有一定的含锰量，Mn/S 比能有效地防止产生热裂纹。因而，只要 C、S 和 P 的含量不超标和不产生局部区域偏析，焊接工艺参数选择正确的情况下是不会产生热裂纹的。但当材料成分不合格或有严重的偏析时，则有可能出现热裂纹，如图 3-4 所示。此时，可通过控制母材和焊接材料中的 C、S 含量，减少熔合比，增大焊缝成形系数等方法来防止产生热裂纹。

② 冷裂纹　形成冷裂纹的三大要素主要有氢、钢种的淬硬倾向和焊接接头的拘束应力。在这三要素中，与母材有关的主要是钢的淬硬倾向。

热轧钢由于含有少量的合金元素，所以其淬硬倾向比低碳钢稍大些，在快冷时可能出现马氏体淬硬组织，从而增加冷裂倾向。但其含碳量低，因而，一般情况下（除环境温度很低或钢板厚度很大时），其冷裂纹倾向较小。

正火钢其合金元素含量较多，与热轧钢相比，其淬硬倾向有所增加，特别是对于强度级别要求较高的钢，如 18MnMoNb、14MnMoV 等冷裂纹的倾向较大。此时，可通过控制焊接线能量、降低含氢量，采取预热和后热等措施来防止冷裂纹的产生。

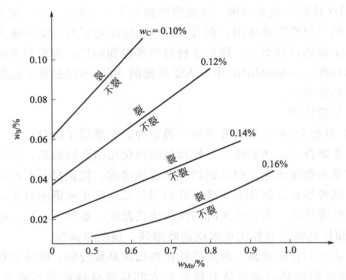

图 3-4　焊缝中 C、Mn、S 含量对角焊缝结晶裂纹的影响

③ 层状撕裂　层状撕裂与钢材的种类和强度级别无直接关系，其产生原因主要是当焊接接头存在较大的 Z 向应力，钢材本身硫化物等夹杂物含量高并沿轧制方向平行于表面呈片状或条状分布时，导致钢材的 Z 向塑性降低和层状撕裂的产生。因而，硫的含量和 Z 向断面收缩率是评定钢材层状撕裂的主要指标，一般认为 $w_S \leqslant 0.006\%$，Z 向断面收缩率≥25％的钢材抗层状撕裂性能好。

④ 再热裂纹　热轧及正火钢中，18MnMoNb 对再热裂纹比较敏感，可通过提高预热温度（到 230℃）或焊后及时进行后热（180℃×2h）可有效地防止再热裂纹。

（2）热影响区脆化

① 过热区（粗晶区）脆化　热轧及正火钢焊接时，热影响区被加热到 1100℃以上直至熔点以下的粗晶区域，是焊接接头的薄弱区。

热轧钢过热区的脆化主要与焊接线能量和含碳量有关系，当焊接线能量较大时，粗晶区将因晶粒长大或出现魏氏组织等而降低韧性；即使焊接线能量较小，而含碳量偏上限时，会由于粗晶区组织中马氏体的比例增多而降低韧性。

正火钢采用过大的线能量时，粗晶区在正火状态下弥散分布的 TiC、VC 和 VN 等溶入奥氏体中，将抑制奥氏体晶粒的长大及削弱组织细化作用。此时，粗晶区将出现粗大晶粒及上贝氏体、M-A 组元粗大组织；同时，由于 Ti、V 扩散能力低，冷却时来不及析出，将固溶于铁素体中，从而导致硬度提高、韧性下降。以 Q390（15MnTi）为例，当含钛量增加时，粗晶区的冲击韧度急剧下降，硬度升高，如图 3-5 所示；而当含 Ti 量一定时，线能量越大，高温停留时间越长，Ti 的溶解越充分，冲击韧度也急剧下降，硬度升高，如图 3-6 所示。

② 热应变脆化　热轧及正火钢焊接时，一般认为，在 200～400℃，由于氮、碳原子聚集在位错周围，对位错造成钉轧作用而引起的，如焊前已存在缺口时，脆化将更严重，如图 3-7 所示。若钢中加入足够的氮化物形成元素，形成氮化物，可以降低热应变脆化倾向；同时，焊后进行 600℃左右的消除应力处理，也可恢复材料的韧性。如 Q345（16Mn）与 Q420（15MnVN）比较，虽然没含氮元素，但其热应变脆化较大，因 Q420（15MnVN）里

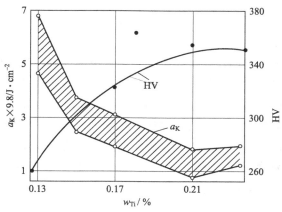

图 3-5　15MnTi 钢过热区冲击韧度（－40℃）、
铁素体显微硬度与 $w_{Ti}$ 的关系

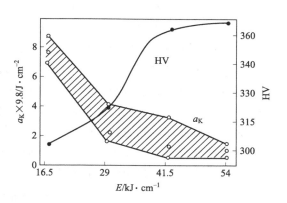

图 3-6　焊接线能量对 15MnTi 钢过热区
（－40℃）冲击韧度和铁素体显微硬度的影响

加入了 V，有固氮作用，因而脆化倾向小；Q345（16Mn）如经 600℃×1h 退火处理后，其韧性也能基本恢复正常。

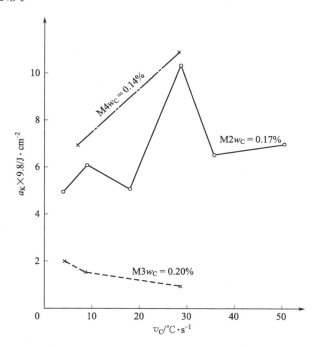

图 3-7　Mn-Si 钢含碳量不同时，冷却速度对热影响区（$t_{max}$＝1300℃）
V 形缺口冲击韧度的影响

### 3.1.3　热轧及正火钢的焊接工艺

（1）焊接方法的选择

热轧及正火钢对焊接方法无特殊要求，适合于各种焊接方法，其中焊条电弧焊、埋弧焊、熔化极气体保护焊是最常用的方法。在选择具体的焊接方法时，可根据产品的结构、性能要求和工厂的实际条件等因素确定。

（2）焊接材料的选择

选择焊接材料时，主要考虑两方面问题：一是保证焊缝不产生裂纹、气孔等缺陷；二是选择与母材强度相当的焊接材料，并综合考虑焊缝金属的韧性和塑性，即等强原则。

由于热轧及正火钢焊接时，裂纹倾向不大，因而在选材时主要是考虑等强原则。为了保证焊缝金属与母材等强，对于不同板厚及坡口形式应选择不同等级的材料，焊缝金属的强度只要不低于或略高于母材强度的下限值即可，如焊缝金属强度过高，将导致焊缝金属的韧性、塑性及接头抗裂性能降低；同时还应考虑焊后是否进行消除应力热处理，如焊后将进行消除应力热处理，则应选择强度稍高些的焊接材料；酸性焊条仅限于屈服强度为390MPa及以下钢种和板厚小于25mm的场合，而碱性焊条可用于420MPa及以上钢种或厚板结构。

热轧及正火钢常用焊接材料选择见表3-3、表3-4所示。

表 3-3　热轧及正火钢选用焊条示例

| 钢号 | 焊条型号 | 焊条牌号 |
|---|---|---|
| Q295(09Mn2)<br>Q295(09MnV)<br>09Mn2Si | E4301<br>E4303<br>E4315<br>E4316 | J423<br>J422<br>J427<br>J426 |
| Q345(16Mn)<br>Q345(14MnNb)<br>16MnCu | E5001<br>E5003<br>E5015<br>E5015-G<br>E5016<br>E5016-G<br>E5018<br>E5028 | J503,J503Z<br>J502<br>J507,J507H,J507X,J507DF,J507D<br>J507GR,J507RH<br>J506,J506X,J506DF,J506GM<br>J506G<br>J506Fe,J507Fe,J506LMA<br>J506Fe16,J506Fe18,J507Fe16 |
| Q390(15MnV)<br>Q390(16MnNb)<br>15MnVCu | E5001<br>E5003<br>E5015<br>E5015-G<br>E5016<br>E5016-G<br>E5018<br>E5028<br>E5515-G<br>E5516-G | J503,J503Z<br>J502<br>J507,J507H,J507X,J507DF,J507D<br>J507GR,J507RH<br>J506,J506X,J506DF,J506GM<br>J506G<br>J506Fe,J507Fe,J506LMA<br>J506Fe16,J506Fe18,J507Fe16<br>J557,J557Mo,J557MoV<br>J556,J556RH |
| Q420(15MnVN)<br>15MnVNCu<br>15MnVTiRE | E5515-G<br>E5516-G<br>E6015-D1<br>E6015-G<br>E6016-D1 | J557,J557Mo,J557MoV<br>J556,J556RH<br>J607<br>J607Ni,J607RH<br>J606 |
| 18MnMoNb<br>14MnMoV<br>14MnMoVCu | E6015-D1<br>E6015-G<br>E6016-D1<br>E7015-D2<br>E7015-G | J607<br>J607Ni,J607RH<br>J606<br>J707<br>J707Ni,J707RH,J707NiW |
| X60<br>X65 | E4311<br>E5011<br>E5015 | J425XG<br>J505XG<br>J507XG |

表 3-4 热轧及正火钢埋弧焊、电渣焊、CO₂ 气体保护焊选用材料示例

| 钢号 | 埋弧焊 | | 电渣焊 | | CO₂气体保护焊焊丝 |
|---|---|---|---|---|---|
| | 焊剂 | 焊丝 | 焊剂 | 焊丝 | |
| Q295(09Mn2)<br>Q295(09MnV)<br>09Mn2Si | HJ430<br>HJ431<br>SJ301 | H08A<br>H08MnA | | | H10MnSi<br>H08Mn2Si<br>H08Mn2SiA |
| Q345(16Mn)<br>Q345(14MnNb)<br>16MnCu | SJ501 | 薄板：H08A<br>H08MnA | HJ431<br>HJ360 | H08MnMoA | H08Mn2Si<br>H08Mn2SiA<br>YJ502-1<br>YJ502-3<br>YJ506-4 |
| | HJ430<br>HJ431<br>SJ301 | 不开坡口对接<br>H08A<br>中板开坡口对接<br>H08MnA<br>H10Mn2 | | | |
| | HJ350 | 厚板深坡口<br>H10Mn2<br>H08MnMoA | | | |
| Q390(15MnV)<br>Q390(16MnNb)<br>15MnVCu | HJ430<br>HJ431 | 不开坡口对接<br>H08MnA<br>中板开坡口对接<br>H10Mn2<br>H10MnSi | HJ431<br>HJ360 | H10MnMo<br>H08Mn2MoVA | H08Mn2Si<br>H08Mn2SiA |
| | HJ250<br>HJ350<br>SJ101 | 厚板深坡口<br>H08MnMoA | | | |
| Q420(15MnVN)<br>15MnVNCu<br>15MnVTiRE | HJ431 | H10Mn2 | HJ431<br>HJ360 | H10MnMo<br>H08Mn2MoVA | H08Mn2Si<br>H08Mn2SiA |
| | HJ350<br>HJ250<br>SJ101 | H08MnMoA<br>H08Mn2MoA | | | |
| 18MnMoNb<br>14MnMoV<br>14MnMoVCu | HJ250<br>HJ350<br>SJ101 | H08MnMoA<br>H08Mn2MoA<br>H08Mn2NiMo | HJ431<br>HJ360<br>HJ250 | H10MnMoA<br>H10Mn2MoVA<br>H10Mn2NiMoA | H08Mn2SiMoA |
| X60<br>X65 | HJ431<br>SJ101 | H08Mn2MoA<br>H08MnMoA | | | |

（3）焊接工艺参数的选择

① 焊接线能量 焊接线能量的确定，主要取决于过热区的脆化和冷裂倾向。由于各种热轧及正火钢的脆化与冷裂倾向不同，因而，对焊接线能量要求也有差别。

对于含碳量低的热轧钢［如 Q295（09Mn2）、Q295（12MnV）等］和含碳量偏下限的热轧钢［如 Q345（16Mn）等］，由于它们的脆化及冷裂倾向小，因而，对焊接线能量没有严格的限制；但当含碳量偏高的 Q345（16Mn）钢，由于其淬硬倾向大，为防止冷裂纹，焊接线能量应偏大些。

对于含 Nb、V、Ti 的正火钢，为了避免由于沉淀相的溶入及晶粒粗大所引起的脆化，应选用较小的线能量；对于碳及合金元素含量较高，屈服强度为 490MPa 的正火钢（如 18MnMoNb），为避免产生冷裂纹并防止过热，宜采用较小的线能量配合适当的预热措施，如图 3-8 所示，当采用了预热后，得到了高温停留时间短、$t_{8/5}$ 又足够长的理想焊接热循环，

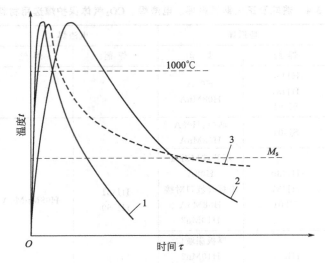

图 3-8　过热区焊接热循环示意图

1—小线能量；2—大线能量；3—采用预热的理想情况

防止了冷裂纹，避免了过热脆化，保证了接头的韧性。

② 预热温度　预热不仅能防止裂纹的产生，同时也有助于改善接头的性能。预热温度与下列因素有关。

a. 钢材的化学成分　当钢材的碳当量较低 [$CE(IIW) < 0.4\%$]、板厚小于 20mm、环境温度不是很低、焊接结构刚性较小时，一般不需预热。否则可按下式对预热温度进行粗略的估算

$$T_0 = 1440 P_C - 396$$

式中　$T_0$——预热温度，℃；

$P_C$——焊接冷裂纹敏感系数。

b. 焊接时的冷却速度　与板厚、环境温度、焊接线能量和焊接方法等有关，见表 3-5 所示。当采用大线能量的焊接方法时（如电渣焊），一般可不需预热。

表 3-5　不同情况下 Q345（16Mn）的预热温度

| 板厚/mm | 不同气温下的预热温度 | 板厚/mm | 不同气温下的预热温度 |
| --- | --- | --- | --- |
| 16 以下 | −10℃以上不预热，−10℃以下 100～150℃ | 25～40 | 0℃以上不预热，0℃以下 100～150℃ |
| 16～24 | −5℃以上不预热，−5℃以下 100～150℃ | 40 以上 | 一律预热 100～150℃ |

c. 拘束度　随着拘束度的增加而预热温度升高。

d. 含氢量　含氢量越高，裂纹产生的倾向越大，要求的预热温度也越高。因而酸性焊条的预热温度比低氢型的高。

e. 焊后热处理　焊后不进行热处理时，预热温度就偏高些，有利于减少内应力和改善性能。

影响热轧及正火钢预热温度的因素很多，在实际工作中，必须结合具体情况经试验后才能确定。表 3-6 列举了几种热轧及正火钢的预热温度，仅供参考。

③ 焊后热处理　热轧及正火钢一般不进行焊后热处理，但出现下列情况时，要求进行焊后热处理。

表 3-6　几种热轧及正火钢的预热及焊后热处理规范

| 钢号 | 预热温度 | 焊后热处理温度 | |
|---|---|---|---|
| | | 电弧焊 | 电渣焊 |
| Q295(09Mn2)<br>Q295(09MnV)<br>09Mn2Si | 不预热<br>(一般供应的板厚 $\delta \leqslant 16mm$) | 不热处理 | |
| Q345(16Mn)<br>Q345(14MnNb) | 100～150℃<br>($\delta \geqslant 30mm$) | 600～650℃ 退火 | 900～930℃ 正火<br>600～650℃ 回火 |
| Q390(15MnV)<br>Q390(15MnTi)<br>Q390(16MnNb) | 100～150℃<br>($\delta \geqslant 28mm$) | 550℃ 或 650℃ 退火 | 950～980℃ 正火<br>550℃ 或 650℃ 回火 |
| Q420(15MnVN)<br>15MnVTiRE | 100～150℃<br>($\delta \geqslant 25mm$) | | 950℃ 正火<br>650℃ 回火 |
| 14MnMoV<br>18MnMoNb | 150～200℃ | 600～650℃ 退火 | 950～980℃ 正火<br>600～650℃ 回火 |

a. 对于冷裂倾向大的高强钢（$\sigma_s \geqslant 490MPa$），焊后应及时进行消除应力退火处理。

b. 在低温下使用的结构、要求抗应力腐蚀容器、厚壁高压容器以及要求尺寸稳定性的结构等，焊后需进行消除应力退火处理。

c. 电渣焊焊缝及粗晶区晶粒粗大，焊后必须正火或正火＋回火处理，以细化晶粒，提高接头韧性。

在进行清除应力退火处理时，要注意：一是退火温度不要超过母材原来的回火温度，以免影响母材性能；二是对于有回火脆性的材料，应注意避开回火脆性的温度区间。如某些含 V、Nb 的低合金钢，在 600℃ 时碳、氮化合物析出而脆化，因而应避开此区间，Q390 退火温度为 550℃ 或 650℃ 就是这个原因。

## 3.1.4　典型钢种的焊接实例

（1）Q345（16Mn）的焊接

① 焊条电弧焊

a. 焊接材料　对于一般结构，可选用 E5001、E5003 等酸性焊条；对于重要结构，应选用 E5015、E5016 等碱性焊条；对于高压容器，应选 E5015-G、E5016-G 焊条。

b. 预热温度　使用 E5001、E5003 等酸性焊条，当板厚超过 20mm 时，应预热到 100℃ 以上；使用 E5015、E5016 等碱性焊条，当板厚超过 32mm 时，预热至 100℃ 以上。

c. 焊接参数　使用 $\phi 4mm$ 焊条时，焊接电流为 160～180A，电弧电压为 21～22V；使用 $\Phi 5mm$ 焊条时，焊接电流为 210～240A，电弧电压为 23～24V。

焊后热处理：当板厚 $\delta \geqslant 30mm$ 时，应采用 600～650℃ 的消除应力退火处理。

② 埋弧焊

a. 焊接材料　对于开 I 形坡口的薄板，选用 H08A 焊丝配合 HJ431 或 SJ301 焊剂；对于开坡口的中厚板，选用 H08MnA 或 H10Mn2 焊丝配合 HJ431 或 SJ301 焊剂；对于开坡口的厚板，选用 H10Mn2 或 H08MnMoA 焊丝配合 HJ350 焊剂。

b. 预热温度　板厚大于 50mm 时，预热温度为 100～120℃。

c. 焊接参数　使用 $\phi 4mm$ 焊丝时，焊接电流为 600～680A，电弧电压为 34～38V，焊接速度为 20～30m/h；使用 $\phi$5mm 焊丝时，焊接电流为 650～720A，电弧电压为 36～40V，焊接速度为 25～32m/h。

焊后热处理：当板厚 $\delta \geqslant$ 50mm 的重要承载部件，应采用 600～650℃的消除应力退火处理，保温时间为 2.5min/mm。

③ 电渣焊

a. 焊接材料　采用 H08MnMoA 焊丝配合 HJ431 或 HJ360 焊剂。

b. 焊接参数　焊丝直径 $\phi$3mm，当板厚为 30～60mm 时，使用单丝；板厚为 60～100mm 时，使用双丝；板厚在 100mm 以上时，使用三丝。

焊后热处理：将焊件加热至 910～930℃，保温时间为 2.5min/mm，空冷。正火处理后，进行无损检测，合格后进行 600～650℃回火处理。

（2）Q420（15MnVN）的焊接

一般情况下，在板厚 $\delta <$ 25mm 和环境温度在 0℃以上时，焊前可不预热；当板厚 $\delta \geqslant$ 25mm 或结构刚性较大时，焊前应预热 100～150℃。对于刚性较大的重要结构，在焊条电弧焊后，还需进行 550℃的消除应力处理，升温速度为 60～80℃/h（300℃以下不控制）；保温时间为 24min/mm，最低不得小于 1.2h；降温速度为 40～60℃/h（300℃以下不控制）。

① 焊条电弧焊　对于开 I 形坡口的薄板，可选用 E5515、E5515-G 焊条；对于开坡口的厚板，应选用 E6015、E6016 焊条。当焊条直径 $\phi$3.2mm 或 $\phi$4mm 时，焊接热输入量应控制在 15～55kJ/cm，当焊接低温钢时，应控制在 15～28kJ/cm。

② 埋弧焊　当板厚较小、不开坡口时，可采用 H08MnMoA 焊丝配合 HJ350 或 SJ101 焊剂焊接；当板厚较大、开有深坡口时，应采用 H08Mn2MoA 焊丝配合 HJ350 或 SJ101 焊剂焊接。焊接热输入量控制在 20～50kJ/cm 范围。

③ $CO_2$ 气体保护焊时，可选用 H08Mn2SiA 焊丝焊接。

## 3.2　低碳调质钢的焊接

### 3.2.1　低碳调质钢的成分和性能

低碳调质钢一般具有较高的屈服强度（490～980MPa）、良好的塑性、韧性及耐磨和耐腐蚀性能，它属于热处理强化钢。由于低碳调质钢的屈服强度高，这时仅靠通过增加合金元素来起到固溶强化、沉淀强度和细化晶粒来提高强度已是达不到目的了，而且随着合金元素的增多，钢的塑性和韧性也将下降，如图 3-9 所示，在正火条件下，通过增加合金元素来进一步提高强度时引起的韧性急剧恶化现象。因而，需要增加合金元素提高强度的同时，也要进行淬火＋回火（即调质）的热处理措施来提高强度和保证韧性。低碳调质钢中加入的合金元素有 Cr、Ni、Mo、V、Nb、B、Ti 等，通过这些合金元素，保证了足够的淬透性和回火稳定性。低碳调质钢为了保证良好的综合性能和焊接性，含碳量一般不超过 0.22%，大多在 0.18%以下。常用几种低碳调质钢的化学成分见表 3-7 所示，力学性能见表 3-8 所示。

低碳调质钢采用的热处理制度一般为奥氏体化→淬火→回火；也有少数钢采用奥氏体化→正火→回火；或采用双相区淬火或正火。几种低碳调质钢的热处理工艺及组织见表 3-8 所示。

**表 3-7　几种国产低碳调质钢的化学成分**

| 钢号 | 化学成分/% | | | | | | | | | | $P_{cm}$/% | CE/% |
|---|---|---|---|---|---|---|---|---|---|---|---|---|
| | C | Mn | Si | S≤ | P≤ | Ni | Cr | Mo | V | 其他 | | |
| 15MnMoVN | 0.12~0.20 | 1.30~1.70 | 0.20~0.30 | 0.035 | 0.012 | — | — | 0.40~0.60 | 0.10~0.20 | N=0.01~0.02 | 0.333 | 0.54 |
| 14MnMoNbB | 0.12~0.18 | 1.30~1.80 | 0.15~0.35 | 0.03 | 0.03 | — | — | 0.45~0.7 | — | Nb=0.02~0.06 B=0.0005~0.0030 | 0.275 | 0.56 |
| WCF60(62) | ≤0.09 | 1.10~1.50 | 0.15~0.35 | 0.02 | 0.03 | ≤0.50 | ≤0.30 | ≤0.30 | 0.02~0.06 | B≤0.003 | 0.226 | 0.47 |
| HQ70A | 0.09~0.16 | 0.60~1.20 | 0.15~0.40 | 0.03 | 0.03 | 0.30~1.00 | 0.30~0.60 | 0.20~0.40 | V+Nb≤0.10 | Cu=0.15~0.50 B=0.0005~0.0030 | 0.282 | 0.52 |
| HQ80C | 0.10~0.16 | 0.60~1.20 | 0.15~0.35 | 0.015 | 0.025 | — | 0.60~1.20 | 0.30~0.60 | 0.03~0.08 | Cu=0.15~0.50 B=0.0005~0.005 | 0.297 | 0.58 |

**表 3-8　几种低碳调质钢的力学性能**

| 钢号 | $\delta$/mm | $\sigma_s$/MPa | $\sigma_b$/MPa | $\delta_5$/% | $A_{KV}$/J（横向） | 热处理工艺 | 组织 |
|---|---|---|---|---|---|---|---|
| 15MnMoVN | 18~40 | ≥590 | ≥690 | ≥15 | -40℃,U形≥27 | 950℃淬火+640℃回火 | 回火粒状贝氏体 回火索氏体 |
| 14MnMoNbB | ≤50 | ≥686 | ≥755 | ≥14 | — | 950℃正火+680℃回火 | 回火马氏体或加火下贝氏体 |
| WCF60(62) | 16~50 | ≥490 | 610~725 | ≥18 | -40℃,U≥31 | 930℃淬火+620℃回火 | 板条状回火马氏体,回火素氏体加贝氏体 |
| HQ70A | ≥18 | ≥590 | ≥685 | ≥17 | -40℃≥40 | 940℃淬火+630℃回火 | |
| HQ80C | | | | | -20℃≥39 -40℃≥29 | 920℃淬火+680℃回火 | 具有大量亚结构的铁素体加较大的球状渗碳体 |

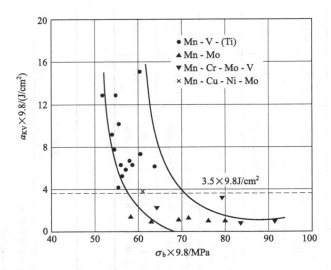

图 3-9    正火状态高强钢的 $\sigma_b$ 与 0℃时的 V 形制品冲击韧度的关系

### 3.2.2  低碳调质钢的焊接性

低碳调质钢由于含碳量低，而且对硫、磷等杂质控制严格，因而具有良好的焊接性。但这类钢主要是通过热处理获得强化效果的，因而对加热反应灵敏，在焊接时的主要问题是焊接接头产生冷裂纹问题和热影响区脆化及软化问题。

（1）裂纹问题

① 热裂纹   低碳调质钢由于碳、硫含量较低，而含锰量及 Mn/S 比较高，因而一般热裂纹倾向较小。但当钢中含镍较高、含锰较低时（如 HY80），在近缝区易出现液化裂纹。特别是在大线能量焊接，熔池熔合线呈蘑菇状时，易使熔合线的凹处基本金属过热，从而在该处形成液化裂纹，而且裂纹将会随凹度的增大而提高，如图 3-10 所示。在实际焊接中，可通过调节焊接工艺参数，即降低电流或电流密度，改善焊缝成形来防止液化裂纹的产生。

② 冷裂纹   低碳调质钢虽然含碳量低，但其有较多提高淬透性的合金元素，因而淬硬性较大，特别是在焊接接头拘束度大、冷却速度过快和含氢量较高时，易产生冷裂纹。但由于这类钢马氏体含量较低，它的 $M_s$ 点较高（接近 400℃），如果焊接接头在该温度附近以较慢的速度进行冷却，则生成的马氏体能进行一次"自回火"处理，从而使韧性提高，降低冷裂纹倾向；反之，如冷却速度较快，来不及进行"自回火"，则会增加冷裂纹倾向。因而低碳调质钢的冷裂倾向与马氏体转变的冷却速度有很大关系，在焊接时，只要合理选择焊接方法和工艺参数，可避免冷裂纹的产生。

③ 再热裂纹   低碳调质钢为了提高淬透性和抗回火性，加入了很多合金元素，如 Cr、Mo、Cu、V、Nb、Ti、B 等，这些合金元素大多能引起再热裂纹。其中 V 的影响最大，其次是 Mo，当 V 和 Mo 同时存在时再热裂纹倾向会更严重。Cr 的影响与其含量有关，在 Cr-Mo 和 Cr-Mo-V 钢中，当含 Cr 量小于 1％时，随着含 Cr 量的增加再热裂纹倾向加重；而当含 Cr 量大于 1％时，随着含 Cr 量的增加再热裂纹倾向减小。一般认为 Mo-V 钢，尤其是 Cr-Mo-V 钢对再热裂纹较敏感；Mo-B 钢和 Cr-Mo 有一定的再热裂纹倾向。

低碳调质钢由于采用了现代的冶炼技术，对夹杂物控制较严格，纯净度较高，因而层状撕裂的敏感性较低。

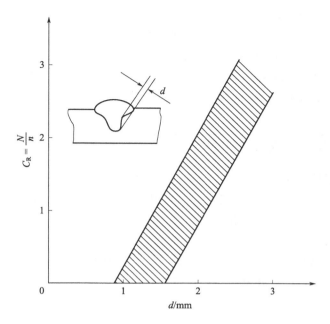

图 3-10　焊缝形状的凹度（$d$）对热影响区液化裂纹的影响

$N$—总裂纹数；$n$—横截面数

（2）热影响区脆化问题

低碳调质钢由于含碳量低，提高淬硬性的合金元素多，因而，即使以小线能量焊接时，也易于在过热区获得低碳马氏体。但如果在过热区产生了 100％的低碳马氏体，其韧性也不及组织为低碳马氏体＋10％～30％下贝氏体的韧性好。而对于强度级别较高的钢，都存在一个韧性最佳的冷却时间 $t_{8/5}$，此时将会获得马氏体＋下贝氏体组织，如图 3-11 所示。而当 $t_{8/5}$ 增加时，则会形成低碳马氏体＋上贝氏体＋M-A 组元的混合组织，同时奥氏体晶粒将会粗大，特别是 M-A 组元增多时，钢材热影响区的韧性将会明显恶化，脆性转变温度迅速提高，如图 3-12 所示。因而，在实际焊接中，应控制合适的冷却速度，这样一方面能保证钢材具有良好的韧性，同时也能防止冷裂纹；另外，如在钢材中增加含 Ni 量，则会形成高 Ni 马氏体，甚至上贝氏体，从而使近缝区的韧性得到改善。

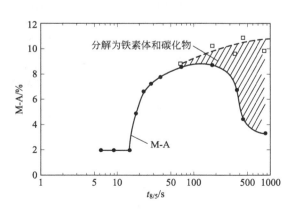

图 3-11　HT80 模拟热影响区内冷却时间

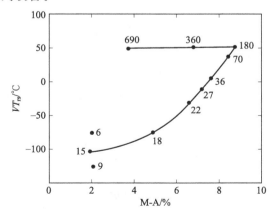

图 3-12　HT80 模拟热影响区内 M-A 组元数量之间的关系与脆性转变温度的关系

（3）热影响区软化问题

软化发生在焊接加热温度为母材原来回火温度一直到 $A_{c1}$ 之间的区域。原来回火温度越低，软化范围越大、软化程度越严重。此外，软化的程度和软化区的宽度与加热的峰值温度、焊接方法和焊接线能量也有密切关系。当焊接线能量越小，加热冷却速度越快，热影响区受热时间越短，软化程度越小，软化区的宽度越窄；焊接热量越集中的焊接方法对减弱软化越有利。

### 3.2.3　低碳调质钢的焊接工艺

低碳调质钢焊接时主要考虑两个问题：一是接头在 $M_s$ 点的冷却速度不能过快，要保证马氏体的"自回火"，以免产生冷裂纹；二是要控制 $t_{8/5}$，使 $t_{8/5}$ 应小于产生脆性混合组织的临界冷却时间，以避免过热区脆化。

（1）焊接方法

焊接低碳调质钢时，焊条电弧焊、埋弧焊、气体保护焊和电渣焊等方法都可采用。但对于 $\sigma_s \geqslant 686MPa$ 级的钢，最好采用气体保护焊；对于 $\sigma_s \geqslant 980MPa$ 级的钢，适宜采用钨极氩弧焊或真空电子束焊。

（2）焊前准备

最好采用 V 形或 U 形坡口形式。对于强度等级不高的钢，坡口加工可用气割切割，同时应通过加热或机械加工的方法消除切割边缘有硬化层；对于强度等级较高的钢，最好用机械切割或等离子弧切割加工坡口。板厚小于 100mm 时，切割前可不预热；板厚大于 100mm 时，应进行 100～150℃预热。

（3）焊接材料

当母材在调质状态下焊接时，选用的焊接材料应保证焊态金属具有与母材相同的力学性能；当母材在退火（或正火）状态下焊接时，应保证在焊后焊接经调质处理后，具有与母材相同的力学性能，即选择化学成分与母材相近的焊接材料。低碳调质钢常用焊接方法焊接材料选择示例见表 3-9 所示。

**表 3-9　低碳调质钢焊接材料选择示例**

| 钢号 | 焊条电弧焊 | 埋弧焊 | 气体保护焊 | 电渣焊 |
|---|---|---|---|---|
| 15MnMoVN | E7015（J707） | H08Mn2MoA<br>H08Mn2Ni2CrMoA<br>HJ350 | HS-70A 或 HS-70B<br>（H08Mn2NiMo）<br>$CO_2$ 或 Ar＋$CO_2$20％ | H10Mn2NiMoA<br>H10Mn2NiMoVA<br>HJ360、HJ431 |
| 14MnMoNbB | E8015（J807）<br>E8515（J857）<br>E8015-G（J807RH） | H08Mn2MoA<br>H08Mn2Ni2CrMoA<br>HJ350、SJ603 | HS-80A（H08Mn2Ni2Mo）<br>ER110S-1（美）<br>ER110S-G（美）<br>Ar＋$CO_2$20％或<br>Ar＋$O_2$1％～2％ | H10Mn2MoA<br>H08Mn2Ni2CrMoA<br>H10Mn2NiMoVA<br>HJ360、HJ431 |
| WCF-62 | 新 607CF<br>CHE62CF（L） |  | H08Mn2SiMo<br>Mn-Ni-Mo 系 |  |
| HQ70A | E7015（J707） |  | HS-70A 或 HS-70B<br>（H08Mn2NiMo）<br>$CO_2$ 或 Ar＋$CO_2$20％ |  |

同时，在选择焊接材料时，还应严格控制氢的含量，要求所选的焊接材料应具有低氢或

超低氢性能。焊前必须按有关规定对焊条进行烘干，烘干后的焊条应立即存放在低温干燥的焊条保温筒内，随用随取。再烘干的焊条在保温筒内存放不得超过 4h，同时在大气中存放的时间不得超过表 3-10 的规定或生产厂家有关规定。

表 3-10　低氢型焊条在大气中允许放置的最长时间

| 焊条级别 | 最长放置时间/h | 焊条级别 | 最长放置时间/h |
|---|---|---|---|
| E50×× | 4 | E55×× | 2 |
| E60×× | 1 | E70××或高于 E70×× | 0.5 |

（4）焊接工艺参数

① 焊接线能量　从防止冷裂纹角度，要求冷却速度慢些，但为了防止热影响区脆化，则要求冷却速度快些，所以要选择合适的线能量，使冷却速度在既不产生冷裂纹而又不产生过热区脆化的范围内。一般做法是在满足热影响区韧性条件下，线能量尽量大些。如采取了最大线能量，仍有冷裂纹倾向，则应采取预热或后热措施。

② 预热温度　为了防止冷裂纹，焊接低碳钢时常常需要采用预热措施，同时也应防止由于预热温度过高而使热影响区冷却速度减慢，使该区产生 M-A 组元和粗大的贝氏体组织，从而导致强度和韧性下降。因而，一般预热温度不超过 200℃，这样可以降低在 $M_s$ 点附近的冷却速度，从而通过马氏体的"自回火"作用提高抗裂性能。

常见低碳调质钢的预热温度见表 3-11 所示。

表 3-11　低碳调质钢的预热温度示例

| 钢　号 | 预热温度/℃ | 备　注 |
|---|---|---|
| 15MnMoVN | $\delta \leqslant 22$mm，100～150；$\delta > 22$mm，150～200 | $\delta < 13$mm 可不预热，最高预热温度≤250℃ |
| 14MnMoNbB | $\delta \leqslant 20$mm，150～200；$\delta > 20$mm，200～250 | 最高预热温度≤300℃ |
| WCF62 | 可不预热 | 母材 CE 偏高时，预热 50℃ |
| HQ80C | 140℃ | 当拘束度较小时可适当降低 |

③ 焊后热处理　一般情况下焊接构件焊后不需进行热处理，但如果焊件焊后或冷加工后钢的韧性过低，要求保证结构尺寸稳定或要求焊接结构承受应力腐蚀时，则应进行焊后热处理。为了保证材料的强度，消除应力处理的温度应避开再热裂纹的敏感温度，同时也应比钢材原来的回火温度低 30℃左右。

### 3.2.4　典型低碳调质钢（14MnMoNbB）的焊接

14MnMoNbB 的碳当量 CE 为 0.56%，因此具有一定的淬硬和冷裂纹倾向，同时，由于含有较多的合金元素，还有一定的再热裂纹倾向。

在层板（多层容器）及薄板（$\delta \leqslant 6$mm）焊接时，如果环境温度不小于 14℃，可以在不预热的情况下采用大的线能量进行焊接，而当板厚大于 6mm 时，则应对焊缝两侧各 100mm 的范围进行预热。对于焊后不进行消除应力处理的焊件，焊前预热温度为 150～170℃；对于焊后需进行消除应力处理的焊件，预热温度就不小于 180℃，而且焊后应立即进行 250℃、2h 的后热处理，防止产生再热裂纹。

焊接材料可按表 3-9 进行选择。焊条电弧焊焊接工艺参数见表 3-12；埋弧焊焊接工艺参数见表 3-13；电渣焊焊接工艺参数见表 3-14。

**表 3-12　焊条电弧焊焊接工艺参数推荐值**

| 焊条直径/mm | 焊接位置 | 焊接参数 | | |
| --- | --- | --- | --- | --- |
| | | 焊接电流/A | 焊接电压/V | 线能量/(kJ/cm) |
| 3.2 | 平、横 | 90～120 | 24～30 | 6～18 |
| | 立、仰 | 70～90 | 22～27 | |
| 4.0 | 平、横 | 150～170 | 24～30 | 9～25 |
| | 立、仰 | 110～160 | 22～27 | |
| 5.0 | 平、横 | 200～230 | 24～30 | 12～32 |
| | 立、仰 | 150～200 | 22～27 | |

**表 3-13　埋弧焊焊接工艺参数推荐值**

| 焊丝直径/mm | 焊接参数 | | | |
| --- | --- | --- | --- | --- |
| | 焊接电流/A | 焊接电压/V | 焊接速度/(m/h) | 线能量/(kJ/cm) |
| 3.0 | 400～500 | 32～37 | 23～27 | 17～30 |
| 4.0 | 500～600 | 32～37 | 23～27 | 20～35 |

**表 3-14　电渣焊焊接工艺参数推荐值**

| 焊丝直径/mm | 焊接电流/A | 焊接电压/V | 热处理规范 |
| --- | --- | --- | --- |
| 3.0 | 500～550 | 44～46 | 920℃正火＋920℃水淬＋630℃空冷 |

## 3.2.5　典型低碳调质钢（1Cr5Mo）的焊接工艺卡

1Cr5Mo 管对接焊焊接工艺卡见表 3-15。

**表 3-15　1Cr5Mo 管对接焊焊接工艺卡**

| | | | |
| --- | --- | --- | --- |
| 焊接工艺卡编号 | | | |
| 图号 | | | |
| 接头名称 | | 对接 | |
| 接头编号 | | | |
| PQR 编号 | | | |
| 焊工持证项目 | | GTAW-Ⅲ-5G-5/19-02　GTAW-Ⅲ-2G-5/19-02 | |
| 母材 | 1Cr5Mo | 厚度 | 3～6.5 |
| | 1Cr5Mo | 外径 | 22～60 |
| 焊缝金属 | | 厚度 | 3～6.5 |

| 焊接位置 | 1G、2G、5G | | | 道/层 | 焊接方法 | 填充金属 | | 焊接电源 | | 电压 | 速度 | 线能量 |
| --- | --- | --- | --- | --- | --- | --- | --- | --- | --- | --- | --- | --- |
| 施焊技术 | GTAW | | | | | 牌号 | 直径/mm | 极性 | 电流/A | V | cm/min | kJ/cm |
| 预热温度 | 250～350℃ | | | 1/1 | GTAW | TGS-5CM | 2.4 | DCEN | 80～100 | 12～14 | | 4～6 |

| 焊接位置 | 1G、2G、5G | | | 道/层 | 焊接方法 | 填充金属 | | 焊接电源 | | 电压 | 速度 | 线能量 |
|---|---|---|---|---|---|---|---|---|---|---|---|---|
| 层间温度 | 250~300℃ | | | 其他层 | GTAW | TGS-5CM | 2.4 | DCEN | 80~100 | 12~14 | 4~6 | |
| 焊后热处理 | 750~780℃ | 时间 | 1/2h | | | | | | | | | |
| 后热 | | | | | | | | | | | | |
| 钨极直径 | | | | | | | | | | | | |
| 喷嘴直径 | φ10 | | | | | | | | | | | |
| 气体成分 | Ar 99.99% | 气体流量 | 正面 | 15L/min | | | | | | | | |
| | | | 背面 | 15L/min | | | | | | | | |

# 3.3 中碳调质钢的焊接

## 3.3.1 中碳调质钢的成分和性能

中碳调质钢又称为中碳淬火回火钢，其屈服强度高达 880~1176MPa。为了保证高强度和高硬度，钢中碳的质量分数较高（0.25%~0.45%），而且还需进行淬火加回火处理。为了保证钢的淬透性和消除回火脆性，钢中常加入 Mn、Si、Cr、Ni、B、Mo、W、V、Ti 等合金元素，同时控制 S、P 等元素含量。常见中碳调质钢的化学成分和力学性能见表 3-16 和表 3-17。

中碳调质钢常用的热处理工艺有淬火加高温回火和淬火加低温回火。淬火加高温回火钢经热处理后一般得到回火索氏体组织，屈服强度最高可达 880MPa；淬火加低温回火钢经热处理后得到回火马氏体组织，其屈服强度可达 1370~1760MPa。

中碳调质钢根据其合金系统的差异，分为以下几种类型。

（1）Cr 钢

以 Cr 为主要合金元素的钢，Cr 能增加低温或高温的回火稳定性，但 Cr 钢有回火脆性。当 $w_{Cr} \approx 1\%$ 时，钢的塑性和韧性略有提高；$w_{Cr} < 1.5\%$ 时，可有效提高淬透性；$w_{Cr} > 2\%$ 时，对塑性影响不大，但会使冲击韧性下降。40Cr 是应用较广泛的 Cr 钢，主要用于制造较重要的、在交变载荷下工作的零件，如大型齿轮、轴类等。

（2）Cr-Mo 钢

是在 Cr 钢基础上加入 0.15%~0.25% 的 Mo，这样不仅能消除回火脆性，提高淬透性，还能提高中温强度；加入 V 后，可以起到细化晶粒，提高强度、塑性和韧性，增加高温回火稳定性，如 35CrMoVA、35CrMoA。Cr-Mo 钢主要用于制造一些承受负荷较高、截面较大的重要零部件，如汽轮机叶轮、主轴和发电机转子等。

（3）Cr-Mn-Si 钢

这是一种广泛使用的中碳调质钢，如 40CrMnSiMoVA、30CrMnSiNi2A、30CrMnSiA 等。常用于制造飞机起落架、座舱骨架和机翼主架等。

（4）Cr-Ni-Mo 钢

表 3-16　中碳调质钢的化学成分

| 钢号 | C | Mn | Si | Cr | Ni | Mo | V | S≤ | P≤ |
|---|---|---|---|---|---|---|---|---|---|
| | | | | | | | | | %（单位） |
| 30CrMnSiA | 0.28~0.35 | 0.8~1.1 | 0.9~1.2 | 0.8~1.1 | ≤0.30 | — | — | 0.030 | 0.035 |
| 30CrMnSiNi2A | 0.27~0.34 | 1.0~1.3 | 0.9~1.2 | 0.9~1.2 | 1.4~1.8 | — | — | 0.025 | 0.025 |
| 40CrMnSiMoVA | 0.37~0.42 | 0.8~1.2 | 1.2~1.5 | 1.2~1.5 | ≤0.25 | 0.45~0.60 | 0.07~0.12 | 0.025 | 0.025 |
| 35CrMoA | 0.30~0.40 | 0.4~0.7 | 0.17~0.35 | 0.9~1.3 | — | 0.2~0.3 | — | 0.030 | 0.035 |
| 35CrMoVA | 0.30~0.38 | 0.4~0.7 | 0.2~0.4 | 1.0~1.3 | — | 0.2~0.3 | 0.1~0.2 | 0.030 | 0.035 |
| 34CrNi3MoA | 0.3~0.4 | 0.5~0.8 | 0.27~0.37 | 0.7~1.1 | 2.75~3.25 | 0.25~0.4 | — | 0.030 | 0.035 |
| 40Cr | 0.37~0.45 | 0.5~0.8 | 0.2~0.4 | 0.8~1.1 | — | — | — | 0.030 | 0.035 |
| H-11（美国） | 0.3~0.4 | 0.2~0.4 | 0.8~1.2 | 4.75~5.5 | — | 1.25~1.75 | 0.3~0.5 | 0.01 | 0.01 |

表 3-17　中碳调质钢的力学性能

| 钢号 | 热处理工艺 | $\sigma_s$/MPa | $\sigma_b$/MPa | $\delta$/% | $\psi$/% | $a_{KV}$/J·cm$^{-2}$ | HB |
|---|---|---|---|---|---|---|---|
| 30CrMnSiA | 870~890℃油淬,510~550℃回火 | ≥833 | ≥1078 | ≥10 | ≥40 | ≥49 | 346~363 |
| 30CrMnSiA | 870~890℃油淬,200~260℃回火 | — | ≥1568 | ≥5 | — | ≥25 | ≥444 |
| 30CrMnSiNi2A | 890~910℃油淬,200~300℃回火 | ≥1372 | ≥1568 | ≥9 | ≥45 | ≥59 | ≥444 |
| 40CrMnSiMoVA | 890~970℃油淬,250~270℃回火,4h空冷 | — | ≥1862 | ≥8 | ≥35 | ≥49 | ≥52HRC |
| 35CrMoA | 860~880℃油淬,560~580℃回火 | ≥490 | ≥657 | ≥15 | ≥35 | ≥49 | 197~241 |
| 35CrMoVA | 880~900℃油淬,640~660℃回火 | ≥686 | ≥814 | ≥13 | ≥35 | ≥39 | 255~302 |
| 34CrNi3MoA | 850~870℃油淬,580~670℃回火 | ≥833 | ≥931 | ≥12 | ≥35 | ≥39 | 285~341 |
| 40Cr | 850℃油淬,500℃回火 | 621 | 807 | 16.3 | 57.1 | 91 | — |
| H-11（美国） | 980~1040℃空淬,约540℃回火 约480℃回火 | ≈1725 | ≈2070 | — | — | — | — |

这种钢由于加入了 Ni 和 Mo，提高了淬透性和抗回火软化性，使钢具有离好的综合性能，如 34CrNi3MoA。主要用于制造高负荷、大截面的轴类以及承受冲击载荷的构件，如汽轮机、坦克壳体及火箭发动机外壳等。

另 H-11 属于超高强度钢，主要用于制造超音速喷气机机体材料。

### 3.3.2 中碳调质钢的焊接性

中碳调质钢由于含碳量高，同时加入了较多的合金元素，淬硬倾向严重，因而焊接性较差，主要存在以下几方面的问题。

（1）裂纹问题

① 热裂纹　中碳调质钢碳和合金元素含量较高，焊缝金属凝固结晶时结晶温度区较高，容易出现偏析，因而对结晶裂纹比较敏感，特别是在弧坑和焊缝中凹下的部位易发生开裂。为了防止结晶裂纹，要求采用低碳焊丝（一般焊丝中含碳量限制在 0.15% 以下，最高不超过 0.25%），严格控制母材及焊丝中的 S、P 含量（小于 0.03%～0.035%），同时在焊接工艺上要注意填满弧坑。

② 冷裂纹　中碳调质钢在焊缝和热影响区易产生高碳马氏体，具有较高的硬度和脆性；同时，金属在冷却时收缩产生的应力和不均匀形成马氏体引起的体积变化所造成的相变应力等都增加冷裂纹倾向。因此，这类钢在焊接时，必须提高预热温度，同时焊后应进行消除应力退火处理。

此外，中碳调质钢如在水或高湿度空气等弱腐蚀介质中工作中，还具有应力腐蚀开裂敏感性。

（2）热影响区脆化问题

中碳调质钢由于含碳量高、合金元素多，钢的淬硬倾向大，$M_s$ 点低，因而在淬火区产生大量的具有较高硬度和脆性的高碳马氏体，导致严重脆化。为了防止过热区脆化，应尽量提高 $t_{8/5}$ 时间，减少淬硬倾向。目前常用的方法是同时使用小线能量、预热、缓冷和后热等措施。通过小线能量，避免了奥氏体晶粒过热；预热、缓冷和后热则保证提高了 $t_{8/5}$ 时间。

（3）热影响区软化问题

中碳调质钢焊前为调质状态时，当热影响区被加热到超过调质处理的回火温度区域，将会出现强度、硬度低于母材的软化区。软化的程度与钢的强度和焊接线能量有关。钢的强度越高，软化越严重；焊接线能量越大，软化程度越严重，同时软化区的宽度也越大。采用集中的焊接热源，有利于降低热影响区的软化程度。如图 3-13 所示，30CrMnSi 用电弧焊时，热影响区的最低抗拉强度为 880～1030MPa，而用气焊时只有 590～685MPa。

### 3.3.3 中碳调质钢的焊接工艺

中碳调质钢大都在退火（或正火）状态下焊接，当焊件形状复杂或热处理变形不易控制时，也在调质状态下进行焊接。

（1）在退火（或正火）状态下焊接

在退火（或正火）状态下焊接时，主要解决的问题是裂纹，热影响区性能变化可通过焊接的调质处理解决。

① 焊接方法　目前所有的焊接方法都可采用，无特殊要求。但一些薄板焊接时主要使用 $CO_2$ 气体保护焊、钨极氩弧焊和微束等离子焊等。

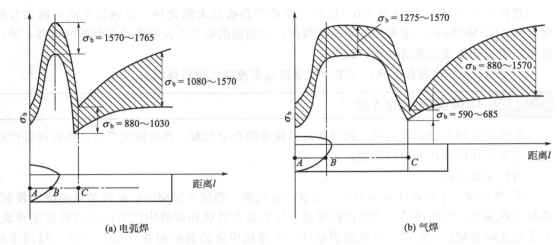

图 3-13　调质状态的 30CrMnSi 钢焊接接头的强度分布（单位为 MPa）

② 焊接材料　为了保证焊缝在调质后与母材的力学性能一致，应选择与母材成分相近的焊接材料，同时应严格控制能引起焊缝热裂纹倾向和促使金属脆化的元素，如 C、Si、S、P 等。几种常用钢焊接材料的选择见表 3-18 所示。

③ 焊接工艺参数

a. 预热　为了保证在调质处理前不出现裂纹，一般情况下都必须预热，预热温度和层间温度在 200～350℃之间。

b. 焊接线能量　由于焊后要进行调质处理，一般采用比较小的线能量。

c. 焊后热处理　焊后应立即进行调质处理，如焊后来不及进行调质处理，为了防止在调质处理前不致产生延迟裂纹，还必须在焊后及时进行一次中间热处理，即在等于或略高于预热温度下保温一段时间，或进行 650～680℃高温回火。这样一方面可以减少接头里扩散氢的含量，另一方面也可使组织转变为对冷裂纹敏感性低的组织，从而防止延迟裂纹的产生和消除应力。

（2）在调质状态下焊接

当在调质状态下进行焊接时，除了要考虑裂纹外，还要考虑热影响区由高碳马氏体引起的硬化和脆化及高温回火区软化引起的强度降低。对于硬化和脆化可通过焊后的回火处理解决，因而在调质状态下焊接时，主要考虑通过工艺参数防止冷裂纹和避免软化。

① 焊接方法　为了减少热影响区的软化，应采用热量集中、能量密度大的焊接方法，而且焊接线能量越小越好。因而气体保护焊尤其是氩弧焊的效果较好，而等离子弧焊和真空电子束焊效果更好。

② 焊接材料　由于焊后不再进行调质处理，因而选择焊接材料时可不考虑成分和热处理规范与母材相匹配，主要根据接头强度要求及对裂纹的控制方面选择材料。为了防止冷裂纹，经常采用纯奥氏体的铬镍钢焊条或镍基焊条，以获得较高塑性的焊缝。

③ 焊接工艺参数

a. 预热　焊前高温回火的钢，预热温度和层间温度应控制在 200～350℃之间；焊前低温回火的钢，预热温度和层间温度应比母材原回火温度低 50℃。

b. 焊接线能量　为了减少热影响区的软化和脆化，应采用较小的线能量。

c. 焊后热处理　焊后应立即进行回火处理，应避开钢材的回火脆性温度，同时也应比母

表 3-18　中碳调质钢焊接材料选用示例

| 钢号 | 焊条电弧焊 | 气体保护焊 | | 埋弧焊 | | 备注 |
|---|---|---|---|---|---|---|
| | | CO₂气体保护焊 | 钨极氩弧焊 | 焊丝 | 焊剂 | |
| 30CrMnSiA | E8515-G<br>E10015-G<br>HT-1(H08A 焊芯)<br>HT-1(H08CrMoA 焊芯)<br>HT-3(H08A 焊芯)<br>HT-3(H18CrMoA 焊芯)<br>HT-4(HGH41 焊芯)<br>HT-4(HGH30 焊芯) | H08Mn2SiMoA<br>H08Mn2SiA | H18CrMoA | H20CrMoA<br>H18CrMoA | HJ431<br>HJ431<br>HJ260 | HT 型焊条为航空用牌号。HT-4(HGH41)和 HT-4(HGH30)为用于调质状态下焊接的镍基合金焊条 |
| 30CrMnSiNi2A | HT-3(H18CrMoA 焊芯)<br>HT-4(HGH41 焊芯)<br>HT-4(HGH30 焊芯) | | H18CrMoA | H18CrMoA | HJ350-1<br>HJ260 | HJ350-1 为 80%~82% 的 HJ350 与 18%~20% 的黏结焊剂 1 号的混合物 |
| 40CrMnSiMoVA | J107Cr<br>HT-3(H18CrMoA 焊芯)<br>HT-2(H18CrMoA 焊芯) | | | | | |
| 35CrMoA | J107Cr | | H20CrMoA | H20CrMoA | HJ260 | |
| 35CrMoVA | E5515-B2-VNb<br>E8815-G<br>J107Cr | | H20CrMoA | | | |
| 34CrNi3MoA | E8815-G<br>E11MoVNb-15 | | H20Cr3MoNiA | | | |
| 40Cr | E8815-G | | | | | |
| H-11(美国) | E1-5MoV-15(R507) | | HCr5MoA | | | |

材原回火温度低 50℃。

### 3.3.4　典型中碳调质钢（30CrMnSiA）的焊接

30CrMnSiA 钢碳当量 CE 高达 0.673%，冷裂纹敏感指数达 0.445%，因而焊接性差，下面以该钢在退火或正火状态下焊接为例说明其焊接工艺。

（1）焊接方法

除气焊外，其余焊接方法都可采用，如焊条电弧焊、埋弧焊和钨极氩弧焊等。

（2）焊接材料

参见表 3-18 进行选择。

（3）焊接工艺参数

① 预热　当板厚 $\delta \leqslant 3mm$ 时，可以不预热；当板厚 $\delta > 3mm$ 时，需预热至 $250 \sim 350℃$。如采用局部预热，加热范围距焊缝两侧不小于 100mm。

② 焊接线能量　宜采用较小的线能量。

③ 焊后热处理　当板厚 $\delta \leqslant 3mm$ 时，焊后应采用缓冷措施；当板厚 $\delta > 3mm$ 时，需采用 $250 \sim 300℃$、1h 紧急后热处理。如后热处理困难，又不能马上进行调质处理时，应进行 680℃ 回火处理。焊缝焊完后，应进行 $700℃ \pm 10℃$、1h 保温空冷的均匀化处理，然后再进行调质处理。

**思考与练习**

1. 填空题

（1）低合金钢其合金元素总含量不超过_____。

（2）按照屈服强度级别及热处理状态，低合金高强钢又可以分为_____、_____和_____。

（3）热轧及正火钢属于非热处理强化钢，它主要靠_____强化和_____强化来提高其强度。

（4）形成冷裂纹的三大要素主要有_____、_____和_____。

（5）热轧及正火钢焊接线能量的确定主要取决于过热区的_____和_____倾向。

（6）控制热影响区的软化问题主要是控制_____。

（7）中碳调质钢大多数在_____状态下焊接。

（8）微合金控轧钢采用了_____和_____等新技术。

（9）碳含量偏高的 Q345 钢，由于其淬硬倾向大，为防止冷裂纹，焊接线能量应该偏_____。

（10）低碳调质钢的冷裂纹倾向与_____有很大关系。

2. 低碳调质钢焊接时主要考虑哪两个问题？

3. 热轧和正火钢是如何提高自强度的？

4. 热轧和正火钢选择焊接材料的原则是什么？

5. 试述 30CrMnSiA 在调质状态下焊接的焊接工艺。

# 第4章 低合金特殊用钢的焊接

根据对不同使用性能的要求，低合金特殊用钢可分为低温钢、低合金耐蚀钢和珠光体耐热钢。

### 知识目标

1. 了解低温用钢、低合金耐蚀钢、珠光体耐热钢的分类及其主要成分对钢材性能的影响；
2. 掌握各种低合金特殊用钢的焊接性。

### 能力目标

能根据低温用钢、低合金耐蚀钢、珠光体耐热钢焊接性特点，制订合适的焊接工艺，并能分析钢材在焊接时出现问题的原因及解决措施。

### 观察与思考

图 4-1～图 4-3 所示三种焊接结构分别工作在何种环境下？对制造材料有什么特殊要求吗？如果采用第 3 章所讲低合金高强钢能否满足其使用要求？

图 4-1 LNG 储气罐（Ni9）

图 4-2 海水中的
输送管道（10CrMoAl）

图 4-3 汽轮机叶片
（12Cr1MoV）

## 4.1 低温钢的焊接

### 4.1.1 低温钢的成分和性能

通常把 $-196\sim-10℃$ 的温度称为"低温"（我国从 $-40℃$ 算起），$-273\sim-196℃$ 的温度称为"超低温"。低温钢一般指工作环境在 $-196\sim-40℃$ 之间的结构用钢，它广泛用于各种低温装置和严寒地区的一些工程结构，如液化石油气、天然气的储存容器等。与普通低合金钢相比，低温钢必须保证在相应的低温下具有足够高的强度、塑性和韧性，同时应具有良好的制造工艺性能，对应变时效脆性和回火脆性的敏感性小。

（1）低温钢的分类

① 根据使用温度等级分类　分为 $-40\sim-10℃$、$-90\sim-50℃$、$-120\sim-100℃$、$-196\sim-130℃$、$-273\sim-196℃$ 等低温钢。

② 根据合金含量和组织分类　分为低合金铁素体型低温钢、中合金低碳马氏体型低温钢和高合金奥氏体型低温钢。

③ 根据有无镍、铬元素分类　分为无镍、铬低温钢和含镍、铬低温钢。

④ 根据热处理方法分类　分为非调质低温钢和调质低温钢。

（2）低温钢的化学成分和组织

① 铝镇静 Si-Mn 钢及低合金铁素体低温钢　铝镇静 Si-Mn 钢是先用 Si-Mn 进行联合脱氧，再用铝进行强烈脱氧的优质钢种，多用于 $-40℃$ 以下的结构。若将其进行正火处理或淬火加回火处理后，可细化晶粒，提高低温韧性。

低合金铁素体低温钢是在铝镇静 Si-Mn 钢的基础上，加入少量（总量≤5%）Nb、V、Ti、Al、Cu、RE 等合金元素而得到的低合金高强度低温钢，其组织为铁素体加少量珠光体。这种钢含碳量低、合金元素少，具有高的塑性和韧性，多用于 $-50℃$ 以下的结构，如 16MnR、09MnTiCuRE、06AlCu、06AlCuNbN 等。

为了提高钢的低温性能，可加入 Ni 元素，形成含 Ni 的铁素体低温钢，如 1.5%Ni 钢、2.5%Ni 钢、3.5%Ni 钢和 5%Ni 钢等。同时应尽量降低钢中的 S、P、As、Sn、Bi 等杂质元素及 N、H、O 等有害气体的含量，以防止产生冷脆性、时效脆性和回火脆性。

② 中合金低碳马氏体低温钢　其合金元素总含量在 5%～10% 之间，其组织与热处理工艺有关。9%Ni 钢是典型的中合金低碳马氏体低温钢，它具有一定的回火脆性，并随着 P 的含量的增加而显著增加。

5%Ni 钢是在 9%Ni 钢的基础上研制而成的，通过调整化学成分和热处理控制组织，使之在 $-196\sim-162℃$ 的低温下具有与 9%Ni 钢相近的低温韧性。通过加入 0.25% 的 Mo，增加析出奥氏体的数量并使之稳定化，还可以起到细化晶粒作用。采用淬火、回火和回复退火的热处理方法来控制组织，使 5%Ni 钢具有高的强度、塑性和低温韧性。

③ 高合金奥氏体低温钢　其合金元素总含量在 10% 以上，组织为奥氏体。钢中含有较高的奥氏体化元素，得到稳定的奥氏体组织，具有优良的低温韧性，可在 $-269\sim-196℃$ 的低温下保持很高的韧性。奥氏体低温钢分 Ni-Cr 奥氏体低温钢和无 Ni-Cr 奥氏体低温钢两类。

Ni-Cr 奥氏体低温钢中含有 18%Cr 和 9%Ni。这类钢的含碳量很低，几乎都是低碳和超低碳的。此外，加入少量的强碳化物形成元素 Ti 和 Nb，降低钢中碳的不利作用，通常在 $1050\sim1080℃$ 固溶处理后使用。对于含 Ti 或 Nb 的低温钢，在固溶处理后再经 $850\sim900℃\times2h$ 处理，使固溶的 Ti 或 Nb 与碳结合成 TiC 或 NbC，以保证钢的耐腐蚀性，不出现晶间腐蚀现象。

20Mn23Al 是含有属于无 Ni-Cr 奥氏体低温钢，Mn 奥氏体形成元素，用以代替 Ni 起稳定奥氏体的作用，获得与 Ni-Cr 奥氏体低温钢相近的低温韧性，经 1100℃ 固溶处理后，可在-253～-196℃低温下使用。

常用低温钢的类型及使用温度范围见图 4-4，常用低温钢的温度等级和化学成分见表 4-1。

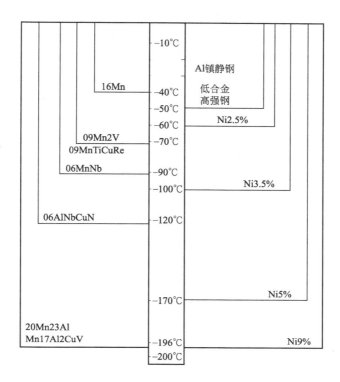

图 4-4 低温钢类型及其使用温度范围

（3）低温钢的力学性能

低温钢含碳量不高，在常温下具有较好的塑性和韧性，冷或热加工工艺均可采用。但在低温时，其使用性能应满足低温下的力学性能，特别是低温韧性，还应注意其脆性转变温度。常用低温钢的力学性能见表 4-2。

## 4.1.2 低温钢的焊接性

（1）铁素体低温钢的焊接性

铁素体低温钢含碳量在 0.06%～0.20% 之间，合金元素总含量≤5%，碳当量 CE 为 0.27%～0.57%，淬硬倾向小，室温焊接时不易形成冷裂纹，钢中 S、P 等杂质元素含量较低，焊接性良好。当板厚小于 25mm 时，不需预热，当板厚大于 25mm 或焊接接头拘束度较大时，为防止产生裂纹，应考虑预热，温度一般在 100～150℃，最高不超过 200℃。

铁素体低温钢是通过加入细化晶粒的合金元素以及正火处理提高低温韧性，韧性指标一般能得到保证，焊接这类钢时应注意以下问题：

① 严格控制焊接线能量和层间温度，目的是使接头不受过热的影响，避免热影响区晶粒长大，降低韧性。

表 4-1　常用低温钢的温度等级和化学成分

单位：%

| 分类 | 温度等级/℃ | 钢号 | 组织状态 | C | Mn | Si | V | Nb | Cu | Al | Cr | Ni | 其他 |
|---|---|---|---|---|---|---|---|---|---|---|---|---|---|
| 无镍低温钢 | -40 | 16MnRE | 正火 | ≤0.20 | 1.20~1.60 | 0.20~0.60 | — | — | — | — | — | — | — |
| 无镍低温钢 | -70 | 09Mn2VRE | 正火 | ≤0.12 | 1.40~1.80 | 0.20~0.50 | 0.04~0.10 | — | — | — | — | — | — |
| 无镍低温钢 | -70 | 09MnTiCuRE | 正火 | ≤0.12 | 1.40~1.70 | ≤0.40 | — | — | 0.20~0.40 | — | — | — | Ti 0.30~0.80 RE 0.15 |
| 无镍低温钢 | -90 | 06MnNb | 正火 | ≤0.07 | 1.20~1.60 | 0.17~0.37 | — | 0.02~0.04 | — | — | — | — | — |
| 无镍低温钢 | -100 | 06MnVTi | 正火 | ≤0.07 | 1.40~1.80 | 0.17~0.37 | 0.04~0.10 | — | — | 0.04~0.08 | — | — | — |
| 无镍低温钢 | -105 | 06AlCuNbV | 正火 | ≤0.08 | 0.80~1.20 | ≤0.35 | 0.06~0.12 | 0.04~0.08 | 0.10~0.20 | 0.04~0.15 | — | — | N 0.010~0.015 |
| 无镍低温钢 | -196 | 26Mn23Al | 固溶 | 0.1~0.25 | 21.0~26.0 | ≤0.50 | — | — | — | 0.7~1.2 | — | — | N 0.03~0.08 B 0.001~0.005 |
| 无镍低温钢 | -253 | 15Mn26Al4 | 固溶 | 0.13~0.19 | 24.5~27.0 | ≤0.80 | — | — | — | 3.8~4.7 | — | — | — |
| 含镍低温钢 | -60 | 0.5NiA | 正火或调质 | ≤0.14 | 0.70~1.50 | 0.10~0.30 | — | — | — | — | — | 0.30~0.70 | — |
| 含镍低温钢 | -60 | 1.5NiA | 正火或调质 | ≤0.14 | 0.30~0.70 | 0.10~0.30 | — | — | — | — | — | 1.30~1.60 | — |
| 含镍低温钢 | -60 | 1.5NiB | 正火或调质 | ≤0.18 | 0.50~1.50 | 0.10~0.30 | 0.02~0.05 | 0.15~0.50 | ≤0.35 | 0.15~0.50 | ≤0.25 | 1.30~1.70 | Mo≤0.10 |
| 含镍低温钢 | -100 | 2.5NiA | 正火或调质 | ≤0.14 | ≤0.80 | 0.10~0.30 | — | — | — | — | — | 2.00~2.50 | — |
| 含镍低温钢 | -100 | 2.5NiB | 正火或调质 | ≤0.18 | ≤0.80 | 0.10~0.30 | 0.02~0.05 | 0.15~0.50 | ≤0.35 | 0.10~0.50 | ≤0.25 | 2.00~2.50 | — |
| 含镍低温钢 | -100 | 3.5NiA | 正火或调质 | ≤0.14 | ≤0.80 | 0.10~0.30 | — | — | — | — | — | 3.25~3.75 | — |
| 含镍低温钢 | -100 | 3.5NiB | 正火或调质 | ≤0.18 | ≤0.80 | 0.10~0.30 | 0.02~0.05 | 0.15~0.50 | ≤0.35 | 0.10~0.50 | ≤0.25 | 3.25~3.75 | — |
| 含镍低温钢 | -120~-170 | 5Ni | 淬火+回火 | ≤0.12 | ≤0.80 | 0.10~0.30 | — | 0.15~0.50 | ≤0.35 | 0.10~0.50 | ≤0.25 | 4.75~5.25 | — |
| 含镍低温钢 | -196 | 9Ni | 淬火+回火 | ≤0.10 | ≤0.80 | 0.10~0.30 | — | 0.15~0.50 | ≤0.35 | 0.10~0.50 | ≤0.25 | 8.0~10.0 | — |
| 含镍低温钢 | -196~ | Cr18Ni9 | 固溶 | ≤0.08 | ≤2.0 | ≤1.0 | — | — | — | — | 17.0~19.0 | 9.0~11.0 | — |
| 含镍低温钢 | -253 | Cr18Ni9Ti | 固溶 | ≤0.08 | ≤2.0 | ≤1.0 | — | — | — | — | 17.0~19.0 | 9.0~11.0 | Ti5×C%~0.8 |
| 含镍低温钢 | -269 | Cr25Ni20 | 固溶 | ≤0.08 | ≤1.5 | ≤1.5 | — | — | — | — | 24~26 | 19~22 | — |

表 4-2　常用低温钢的力学性能

| 钢号 | 板厚/mm | 试验温度/℃ | $\sigma_s$ /MPa | $\sigma_b$ /MPa | $\delta_5$/% | $\Psi$/% | $A_{KV}$ /J |
|---|---|---|---|---|---|---|---|
| 16MnR | 6～16 12 | +20 −40 | ≥343 352.8 | ≥509.6 607.6 | ≥21 23 | — 64 | — 13.72 |
| 09Mn2VR | 5～20 12 | −20 −70 | ≥343 — | ≥490 — | ≥21 — | — — | — 54 |
| 09MnTiCuRE | ≤20 20 | +20 −70 | ≥313.6 372.4 | ≥441 568.4 | ≥21 31 | — 75 | — 11 |
| 06MnNb | ≤20 12 | +20 −90 | ≥294 401.8 | ≥392 549 | ≥21 24 | — 74 | — 21.56 |
| 06MnVTi | ≤20 16 | +20 −100 | ≥294 — | ≥392 — | ≥21 — | — — | — 13.72 |
| 06AlCuNbN | ≤14 12 | +20 −100 | ≥294 401.8 | ≥392 539 | ≥21 24 | — 78 | — 133.3 |
| 3.5Ni | ≤30 | +20 −100 | 304 — | 598 — | 22 — | — — | ≥39 或≥27 |
| 5Ni | ≤30 | +20 −170 | 372 706 | 613 804 | 20 16 | — 24 | ≥39 或≥27 |
| 9Ni | ≤30 | +20 −196 | 490 706 | 711 999 | 19 14 | — 30 | ≥39 或≥27 |
| 20Mn23Al | 16 16 | +20 −196 | ≥196 480 | ≥490 1009 | ≥21 35 | — 30 | — 72 |
| 15Mn26Al4 | ≤30 12～14 12～14 | +20 −196 −253 | ≥196 558 804 | ≥490 794 1000 | ≥21 41 21 | — 70 60 | — 193 187 |
| Cr18Ni9Ti | — | +20 −196 −253 | 274 627 755 | 647 1519 1754 | — — — | 76 61 48 | 260 235 216 |

②　控制焊后热处理温度，避免产生回火脆性。板厚大于 15mm 的低温钢焊接结构，焊后应采用消除应力热处理。含有 V、Ti、Nb、Cu、N 等元素的钢种，在进行消除应力热处理时，当加热温度处于回火脆性敏感温度区时会析出脆性相，使低温韧性下降。应合理地选择焊后热处理工艺，以保证接头的低温韧性。

③　含氮的铁素体型低温钢不仅对焊接热循环敏感，而且对焊接应变循环也很敏感，接头某些区域会发生热应变脆化，使该区的塑性和韧性下降。热应变区的温度范围为 200～600℃。热应变量大，脆化程度也越大。采用小的焊接线能量可以减小热影响区的热塑性应变量，有利于减轻热应变脆化程度。

（2）低碳马氏体低温钢的焊接性

9%Ni 是典型的低碳马氏体低温钢，含有较多的镍，具有一定的淬硬性。焊前应进行正火后再高温回火或 900℃水淬后再 570℃回火处理，其组织为低碳板条马氏体。这种钢具有较高的低温韧性，其焊接性能优于一般低合金高强钢。板厚小于 50mm 的焊接结构可以不预热，焊后可不进行消除应力热处理。

必须严格控制钢的化学成分，尤其是 S、P 含量，否则可能出现焊接热裂纹。钢中的 S 含量偏高可能形成低熔点共晶 $Ni-Ni_3S_2$（644℃），P 含量超标可能形成 $Ni-Ni_3P_2$ 共晶（880℃），导致形成结晶裂纹。

对易淬火的低温钢，通常采用焊前预热、控制层间温度及焊后缓冷等工艺措施，这样可降低冷却速度，避免焊接区淬硬组织。采用较小的焊接线能量，使过热区的晶粒不致过分长大，可达到防止冷裂纹以及改善该区韧性的目的。

9％Ni 钢焊接时应注意以下问题。

① 正确选择材料　9％Ni 钢具有较大的线胀系数，在选择焊接材料时，必须使焊缝与母材的线胀系数大致相近，以防止因线胀系数差异太大而引起焊接裂纹。

② 避免磁偏吹现象　9％Ni 钢是一种强磁性材料，采用直流电源时易产生磁偏吹现象，影响焊接质量。一般做法是焊前避免接触磁场，选用适于交流电源焊接的电焊条（如镍基合金焊条）。

③ 严格控制焊接线能量和层间温度与避免焊前预热　这样可避免接头过热和晶粒长大，保证接头的低温韧性。

（3）奥氏体低温钢的焊接性

奥氏体低温钢属于高合金钢，焊接性良好，焊接时应注意以下问题。

① 奥氏体低温钢的热导率小（约为低碳钢的 1/3），线胀系数大（比低碳钢大 50％），焊接时变形量较大。可选择与母材线胀系数大致相近的焊接材料，以防止产生热裂纹，特别是弧坑裂纹。

② 对于 Ni-Cr 奥氏体低温钢，应注意控制线能量和冷却速度，防止晶粒长大和析出脆性相而使焊接接头的塑性和韧性下降；同时要防止晶粒边界处形成碳化铬，降低抗晶间腐蚀能力；对于无 Ni-Cr 奥氏体低温钢，可采用与母材合金系大致相同的焊条焊接，焊条选用或操作不当时，在焊缝或熔合区处易产生针状气孔。

③ 奥氏体低温钢在加热和冷却时不发生相变，过热区的组织为奥氏体，焊接线能量过大，过热区的奥氏体晶粒长大，冷却后为粗大的奥氏体组织，使该区的塑性和韧性下降。Ni-Cr 奥氏体不锈钢焊接时，应尽量采用较小的焊接线能量，不进行预热和缓冷，有时甚至采取强制冷却措施。同时应控制焊接热循环，减少热影响区在 1100℃ 以上和 850～450℃ 温度区间的停留时间，使焊接接头保持良好的塑性、韧性及一定的抗晶间腐蚀性能。

## 4.1.3　低温钢的焊接工艺

低温钢由于含碳量低，其淬硬倾向和冷裂倾向小，具有良好的焊接性。其焊接关键是保证焊缝和粗晶区的低温韧性，为避免焊缝及近缝区形成粗晶粒而降低低温韧性，低温钢在焊接时应采用小的焊接线能量，焊接电流不宜过大，应快速多道焊以减少焊道过热，并通过多层焊的重热作用细化晶粒。低温钢常用的焊接方法主要有焊条电弧焊和氩弧焊，埋弧自动焊应用较少。

（1）焊条电弧焊

① 焊条　根据低温焊接结构的工作条件，选配的焊条要使焊缝金属满足在工作温度下对低温韧性的基本要求，且不低于母材经过加工焊接制造后的最低韧性水平。对于承受交变载荷或冲击载荷的焊接结构，焊缝金属还必须具有较好的抗疲劳断裂性能、足够的强度、良好的塑性和抗冲击性能；对于接触腐蚀介质的焊接结构，应使焊缝金属的化学成分与母材大

致相同，或采用能保证焊缝及熔合区的抗腐蚀性能不低于母材的焊接材料；对于某些具有较大线胀系数的钢种，应选配与钢材线胀系数相近的焊条，以防止因线胀系数差异太大而引起焊接裂纹；对于具有强磁性的9％Ni钢，为防止焊接时的磁偏吹现象，应考虑采用既能满足性能要求而又能进行交流焊接的焊条。常用低温钢焊条的选择见表4-3所示。

表4-3　常用低温钢焊条

| 钢　号 | 工作温度/℃ | 焊条牌号 |
|---|---|---|
| 16MnDR | −40 | J502、J507 |
| 09Mn2V、09MnTiCuXt | −70 | W707、J557Mn |
| 06MnNb | −90 | W117Ni |
| Ni3.5 | | W907Ni |
| 06AlNbCuN | −120 | W117、W117Ni |
| 20Mn23Al | −196 | Fe-Mn-Al |
| Ni9 | | Incone182 |

② 焊接工艺参数　低温钢焊接时，一般要求采用较小的焊接线能量，故选用的焊条直径不宜过大，一般不大于4mm。对于开坡口的对接焊缝、丁字焊缝和角接焊缝，为获得良好的焊透和背面成形，封底焊时，应选用小直径焊条，一般不超过3.2mm。尽量选用小的焊接电流，以降低焊接线能量，保证接头的低温韧性。表4-4为低温钢平焊时的电流，横、立、仰焊时所使用的焊接电流应比平焊电流小10％。

表4-4　低温钢焊条电弧焊平焊时的工艺参数

| 焊缝金属类型 | 焊条直径/mm | 焊接电流/A |
|---|---|---|
| 铁素体-珠光体型 | 3.2 | 90～120 |
| | 4.0 | 140～180 |
| 铁-锰-铝-奥氏体型 | 3.2 | 80～100 |
| | 4.0 | 100～120 |

③ 焊接　引弧时应在坡口内侧擦划，一般不允许工件表面有擦伤。焊接时应采用多层多道焊，尽量避免采用慢速大摆动操作方法，通常采用快速不摆动的操作方法，尽量减少焊接线能量，以提高低温钢焊接接头的塑性和韧性。在横、立、仰时，为保证获得良好的焊缝成形并与母材充分熔合，可作必要的摆动，一般宜采用"之"字形运条方法，但应控制摆动的方法及在坡口两侧停留的时间。收弧时要填满弧坑，注意不要擦伤工件，电弧要逐渐拉灭，避免产生较深的弧坑和裂纹。

采用单面焊双面成形技术时，应当控制坡口尺寸和间隙的加工装配精度，焊接过程中在熔池前端保持一个熔孔，并尽量使熔孔直径均匀，其尺寸应控制在焊条直径的0.5～1.5倍之间。

（2）埋弧焊

埋弧焊的功率比焊条电弧焊大，因而埋弧焊的焊缝及过热区的组织也比焊条电弧焊的粗大。

① 焊接材料　低温钢要求在较低的使用温度下具有足够的韧性及抗脆性破坏的能力，应选用碱性剂，焊丝应严格控制含碳量，S、P含量应尽量低。目前常选用烧结焊剂配合Mn-Mo或含Ni的焊丝；如采用C-Mn焊丝，应配合非熔炼焊剂，通过焊剂向焊缝过渡微

量 Ti、B 合金元素，以保证焊缝金属的低温韧性。常用低温钢埋弧焊的焊丝和焊剂组合见表4-5所示。

**表 4-5　常用低温钢埋弧焊时焊剂与焊丝的组合**

| 钢　号 | 工作温度/℃ | 焊剂 | 配用焊丝 |
|---|---|---|---|
| 16MnDR | -40 | SJ101、SJ603 | H10MnNiMoA、H06MnNiMoA |
| DG50 | -46 | SJ603 | H10Mn2Ni2MoA |
| 09MnTiCuREDR | -60 | SJ102、SJ603 | H08MnA、H08Mn2 |
| 09Mn2VDR、2.5Ni 钢 | -70 | SJ603 | H08Mn2Ni2A |
| 3.5Ni 钢 | -90 | SJ603 | H05Ni3A |

　　② 焊接工艺参数　为了获得良好的焊缝成形和接头的低温韧性，焊接电流和电弧电压不能过大；焊接速度应与电流和电弧电压相匹配，不能过慢或太快；为了降低焊接线能量，一般采用小直径焊丝，且焊丝伸出长度一般为 30～40mm。

　　埋弧焊低温钢时，焊接线能量应控制在 28～45kJ/cm，对于 -105～-40℃ 低合金铁素体低温钢，应将焊接线能量控制在 20～35kJ/cm 以下，层间温度≤100～200℃；对于 -196℃ 低碳马氏体 9%Ni 钢，焊接线能量应控制在 35～40kJ/cm 以下，层间温度≤100～200℃。常用低温钢埋弧焊的焊接工艺参数见表 4-6 所示。

**表 4-6　低温钢埋弧焊的焊接工艺参数**

| 温度级别 /℃ | 钢种 | 焊丝 | | 焊剂 | 焊接电流 /A | 焊接电压 /V |
|---|---|---|---|---|---|---|
| | | 牌　号 | 直径/mm | | | |
| -40 | 16Mn(热轧或正火) | H08A | 2.0 | HJ431 | 260～400 | 36～42 |
| | | | 5.0 | | 750～820 | 36～43 |
| -70 | 09Mn2V(正火) 09MnTiCuRE(正火) | H08Mn2MoVA | 3.0 | HJ250 | 320～450 | 32～38 |
| -253～-196 | 20Mn23Al(热轧) 15Mn26Al4(固溶) | Fe-Mn-Al 焊丝 | 4.0 | HJ173 | 400～420 | 32～34 |

　　③ 焊接　埋弧焊低温钢时，可采用单面焊和双面焊技术。单面焊时，由于受焊接线能量的限制，低温钢焊接中大多不采用单面焊双面成形技术，通常采用加补垫的单面焊方法，其坡口为单面 V 形或 U 形，焊接时，先用焊条电弧焊封底，然后再用埋弧焊焊接，在第一层封底焊时，若出现裂纹时必须铲除重焊，在进行封底焊时，还可以用 TIG 焊；双面焊是分别从接头的正面和背面用埋弧焊各焊接一道或多道焊缝，焊正面时，背面应采用焊剂垫或其他形式的补垫，要尽可能选择小的焊接线能量，通常采用细丝多层、多道焊接，而且严格控制层间温度，不可过热。

　　(3) 钨极氩弧焊

　　钨极氩弧焊的电弧热量集中，焊接时冷却速度快，焊接接头性能较好。焊接低温钢时，采用直流正接法，喷嘴直径为 8～20mm，钨极伸出长度为 3～10mm，喷嘴与工件间的距离为 5～12mm，气体的流量为 3～30L/min。

　　焊接电流要根据工件厚度及对线能量的要求而定。焊接电流不能过大或过小。若电流过大，易产生烧穿和咬边等缺陷，并且使接头过热而降低低温韧性。电弧电压如增大过多，易形成未焊透，并影响气体保护效果。手工 TIG 焊时，焊速应均匀，如过快，易造成未焊透，焊接过程不稳定；若过慢，易形成气孔并使焊接接头过热，降低低温韧性。所以低温钢焊接时，应在保证熔透，具有一定熔深、且不影响气体保护效果的前提下，尽量采用较快的焊接速度，保证不降低接头的韧性。

### 4.1.4 焊接实例

低温液体二氧化碳贮槽（如图 4-5）壳体和封头材料采用 16MnDR，壳体和封头钢板为中厚板，为提高生产率，采用埋弧焊较为合适，但埋弧焊的焊接热输入大，会使焊缝低温冲击韧性降低，这对 16MnDR 低温钢的焊接是不利的。因此选择合理的焊接工艺参数和合适的焊丝、焊剂相配，采取合理的工艺措施，才能保证焊接接头的强度及低温缺口韧性。

图 4-5 低温液体二氧化碳贮槽

16MnDR 低温钢为铝脱氧镇静钢。选用相同材质的铁素体材料进行埋弧焊焊接时，为改善焊缝金属组织，在焊材中加入少量的 Ni。因为 Ni 有利于提高焊缝金属的低温缺口韧性，有降低韧脆转变温度的作用。经过比较，选用 AWS A5.23 标准中 F7P10-ENi2 较为合适，相当于国内某厂家生产的 S13 低镍镀铜埋弧焊丝，焊丝成分见表 4-7。同时，随着镍的加入，也提高了焊缝金属的淬硬倾向，但可通过减小焊接热输入，控制焊接热输入在一定范围内，采用多层焊接等焊接条件来减小其不利影响。碱性烧结焊剂一般杂质少。有益合金元素过渡充分，有利于提高低温冲击韧性，故选用氟碱性高碱度烧结焊剂 CHW105DR。

表 4-7 选用焊丝及熔敷金属化学成分（质量分数） %

| | C | Si | Mn | Ni | P | S |
|---|---|---|---|---|---|---|
| 焊丝 | 0.090 | 0.15 | 1.0 | 2.250 | 0.011 | 0.009 |
| 熔敷金属 | 0.051 | 0.340 | 1.06 | 2.046 | 0.013 | 0.006 |

多层多道焊时，后序焊道对前焊道有退火作用，采用小焊接热输入，改变熔合比，薄焊道焊接，提高焊缝金属熔化-结晶过程的热循环及后焊道加热前焊道的良好热循环，是改善焊缝金属组织和韧性的重要措施之一。控制焊道及焊层间的温度在 100～160℃ 之间，以防焊接接头的组织淬硬或组织过热以及晶粒粗大。

焊接参数见表 4-8，坡口形式及其尺寸如图 4-6 所示。焊后整体消应力热处理。

**表 4-8　焊接工艺评定参数**

| 焊接层次 | 焊丝规格/mm | 电源极性 | 焊接电流 $I$/A | 电弧电压 $U$/V | 焊接速度 $v$/cm·min$^{-1}$ | 焊接热输入 /kJ·cm$^{-1}$ |
|---|---|---|---|---|---|---|
| 1～3 | $\phi$4.0 | DCRP | 480～500 | 28～30 | 50～55 | 4.6～18.0 |
| 4-1～7-3 | $\phi$4.0 | DCRP | 520～550 | 30～32 | 55～0 | 17.0～19.2 |
| 8～9 | $\phi$4.0 | DCRP | 500～520 | 30～32 | 55～60 | 15.0～18.2 |

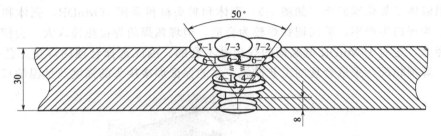

图 4-6　坡口形式及焊层、焊道示意图

# 4.2　低合金耐蚀钢的焊接

低合金耐蚀钢包括的范围很广，根据用途不同，常用的低合金耐蚀钢可分为：耐大气腐蚀用钢（即耐候钢）、耐海水腐蚀用钢和耐石油腐蚀用钢。从成分和性能考虑，前两种钢基本属于同一类型，最后一种主要是用于石油化工，要求耐硫和硫化物腐蚀。

## 4.2.1　低合金耐蚀钢的成分和性能

（1）耐大气、耐海水腐蚀用低合金钢

为了保证能耐大气和海水腐蚀，这类钢的合金系统多以 Cu、P 为主，配以 Cr、Mn、Ti、Ni、Nb 等合金元素。一般 $w_{Cu}=0.2\%\sim0.5\%$ 时，即能获得较好的耐腐蚀性能，又对韧性影响不太大，过多则使钢产生热脆倾向；P 与 Cu 共存时，能显著提高钢的耐腐蚀性能，一般 $w_P=0.06\%\sim0.15\%$，过多则易产生冷脆，同时 $w_C\leqslant0.12\%$ 时效果最好。Cr 能提高钢的耐腐蚀稳定性，Ni 与 Cu、P、Cr 共同加入能加强耐腐蚀效果。

耐大气腐蚀钢除了 Cu-P 系列，为了改善焊接性和韧性，还发展了一类不加 P 的耐大气腐蚀用钢，如 Cu-Cr-Ni-Mo 系和 Cr-Cu-V 系等。

常用耐大气和海水腐蚀用钢的成分与性能见表 4-9 所示，这两类钢均为热轧或正火状态供货，屈服强度为 290～390MPa 的铁素体-珠光体钢。

（2）耐石油腐蚀用低合金钢

在石油、化工工业中大量的腐蚀是由于硫和硫化物引起的，特别是硫化氢的腐蚀性最强，而且在高温（特别是在 370℃ 左右）腐蚀更加激烈。耐石油腐蚀用钢有两大类型：一类是 Cr-Mo 合金系的珠光体钢，另一类是我国大力发展的含 Al 钢。其中含 Al 钢根据 Al 含量的不同，分为三大类：第一类为 $w_{Al}\leqslant0.5\%$ 的热轧钢，这种钢不仅具有比碳钢好得多的抗石油腐蚀能力，而且加工性能好，主要用作油罐和油管，如 08AlMoV、09AlVTiCu 等；第二类为 $w_{Al}\approx1\%$ 的热轧钢，可用于 300℃ 以上的炼油设备，加工性良好，如 12AlMoV；第三类为 $w_{Al}=2\%\sim3\%$ 的正火钢，主要用于 400℃ 以上高温重油部位，如 15Al3MoWTi。常用含铝耐石油腐蚀用钢的化学成分及力学性能见表 4-10 所示。

表4-9　常用耐大气、海水腐蚀用钢的化学成分与力学性能

| 钢号 | 化学成分/% | | | | | | | | 钢材厚度/mm | 力学性能 | | | 180°冷弯 | 冲击试验（纵向，V形缺口） | | |
| | C | Si | Mn | Cu | Cr | Ni | P | S | | $\sigma_b$/MPa | $\sigma_s$/MPa | $\delta$/% | | 等级 | 温度/℃ | $A_{KV}$/J |
|---|---|---|---|---|---|---|---|---|---|---|---|---|---|---|---|---|
| 16CuCr | 0.12~0.20 | 0.15~0.35 | 0.35~0.65 | 0.20~0.40 | 0.20~0.60 | — | ≤0.040 | ≤0.040 | ≤16 | ≥402 | ≥245 | ≥22 | d=a | A | — | — |
| | | | | | | | | | 16~40 | ≥402 | ≥235 | ≥24 | d=2a | B | 0 | ≥27.5 |
| | | | | | | | | | >40 | ≥382 | ≥216 | ≥22 | d=2a | C | -20 | ≥27.5 |
| 12MnCuCr | 0.08~0.15 | 0.15~0.35 | 0.60~1.00 | 0.20~0.40 | 0.30~0.65 | — | ≤0.040 | ≤0.040 | ≤16 | ≥421 | ≥294 | ≥22 | d=2a | A | — | — |
| | | | | | | | | | 16~40 | ≥421 | ≥284 | ≥24 | d=3a | B | 0 | ≥27.5 |
| | | | | | | | | | >40 | ≥412 | ≥265 | ≥22 | d=3a | C | -20 | ≥27.5 |
| 15MnCuCr | 0.10~0.19 | 0.15~0.35 | 0.90~1.30 | 0.20~0.40 | 0.30~0.65 | — | ≤0.040 | ≤0.040 | ≤16 | ≥490 | ≥343 | ≥20 | d=2a | A | — | — |
| | | | | | | | | | 16~40 | ≥490 | ≥333 | ≥22 | d=3a | B | 0 | ≥27.5 |
| | | | | | | | | | >40 | ≥470 | ≥312 | ≥20 | d=3a | C | -20 | ≥27.5 |
| 09CuPCrNi-A | ≤0.12 | 0.25~0.75 | 0.20~0.50 | 0.25~0.50 | 0.30~1.25 | ≤0.65 | 0.07~0.15 | ≤0.040 | <6 热轧 | ≥480 | ≥343 | ≥22 | d=a | — | 0 | ≥27.5 |
| | | | | | | | | | >6 热轧 | ≥480 | ≥343 | ≥22 | d=2a | | | |
| | | | | | | | | | 2.5 冷轧 | ≥451 | ≥314 | ≥26 | d=a | | | |
| 09MnCuPTi | ≤0.12 | 0.20~0.50 | 1.00~1.50 | 0.20~0.40 | — | Ti≤0.03 | 0.05~0.12 | ≤0.050 | ≤16 | ≥490 | ≥343 | ≥21 | d=2a | — | — | — |
| | | | | | | | | | 17~25 | ≥490 | ≥333 | ≥19 | d=3a | | | |
| 08CuPVRE | ≤0.12 | 0.20~0.40 | 0.25~0.50 | 0.25~0.35 | V0.02~0.08 | RE0.01~0.05 | 0.07~0.12 | ≤0.040 | ≤16 热轧 | ≥460 | ≥345 | ≥22 | d=a | — | 20 | 73 |
| 08MnCuPVRE | ≤0.12 | 0.20~0.40 | 0.20~0.50 | ≥0.25 | — | RE≤0.12 | ≤0.070 | ≤0.040 | — | ≥431 | ≥294 | ≥24 | d=2a | — | 20 | ≥38.8 |
| | | | | | | | | | | | | | | | -40 | ≥29.4 |
| 08PVRE | 0.09~0.11 | 0.22~0.38 | 0.55~0.74 | — | V0.07~0.08 | RE≤0.20 | 0.08~0.10 | ≤0.020 | 8 | ≥544 | ≥402 | ≥26.5 | d=2a | — | 20 | 132 |
| | | | | | | | | | 15 | ≥500 | ≥368 | ≥24 | | | | 191 |
| 10MnPNbRE | ≤0.14 | 0.20~0.60 | 0.80~1.20 | — | Nb0.015~0.05 | RE≤0.20 | 0.06~0.12 | — | ≤10 | ≥510 | ≥392 | ≥19 | d=2a | — | — | — |
| 12MnPRE | ≤0.16 | 0.20~0.60 | 0.60~1.00 | — | — | RE≤0.20 | 0.07~0.12 | ≤0.050 | 6~12 | ≥510 | ≥343 | ≥21 | d=2a | — | — | — |

注：$a$ 为板厚，$d$ 为弯心直径。

表 4-10 常用含铝耐石油腐蚀用钢的化学成分及力学性能

| 组 | 钢号 | 化学成分/% | | | | | | | | 力学性能 | | | | |
| --- | --- | --- | --- | --- | --- | --- | --- | --- | --- | --- | --- | --- | --- | --- |
| | | C | Si | Mn | Al | Mo | V | Ti | 其他 | $\sigma_b$/MPa | $\sigma_s$/MPa | $\delta_5$/% | $\psi$/% | 冲击值/J·cm$^{-2}$ |
| I | 15MoVAlTiRE | 0.12~0.18 | 0.20~0.50 | 0.30~0.80 | 0.20~0.30 | 0.50~0.70 | 0.20~0.40 | 0.40~0.60 | RE0.15 | 515.5~526.3 | — | 30 | 75 | 209.7~279.3 |
| I | 08AlMoV | ≤0.10 | 0.15~0.35 | 0.40~0.60 | 0.20~0.40 | ≤0.10 | ≤0.10 | — | — | 468.4 | 319.5 | 28.5 | 55.7 | 104~169 |
| II | 09AlVTiCu | ≤0.12 | 0.30~0.50 | 0.40~0.60 | 0.3~0.5 | — | 0.1~0.2 | ≤0.03 | Cu0.2~0.4 | ≥490 | ≥343 | ≥21 | — | — |
| II | 12AlV | ≤0.15 | 0.50~0.80 | 0.30~0.60 | 0.70~1.10 | 0.30~0.40 | 0.03~0.1 | — | — | ≥431.2 | ≥294 | ≥21 | — | — |
| II | 12AlMoV | ≤0.15 | 0.50~0.80 | 0.30~0.60 | 0.70~1.10 | 0.30~0.40 | 0.03~0.1 | — | — | ≥431.2 | ≥304 | ≥21 | — | — |
| II | 08SiAlV | ≤0.10 | 0.30~0.60 | 0.30~0.60 | 0.60~0.90 | — | 0.08~0.12 | — | — | ≥441 | ≥343 | ≥17 | ≥50 | — |
| II | 09AlMoCu | ≤0.12 | 0.30~0.50 | 0.40~0.60 | 0.80~1.0 | 0.20~0.40 | — | — | Cu0.2~0.4 | ≥490 | ≥343 | ≥21 | — | ≥58.5 |
| III | 15Al3MoWTi | 0.13~0.18 | ≤0.50 | 1.50~2.00 | 2.20~2.80 | 0.40~0.60 | — | 0.20~0.40 | W0.4~0.6 | ≥490 | ≥392 | ≥20 | — | 58.8~118 |
| III | 15Al2Cr2MoWTi | 0.12~0.18 | ≤0.70 | 1.50~2.00 | 1.40~2.00 | 0.40~0.60 | Cr1.80~2.50 | 0.20~0.40 | W0.4~0.6 | 647~657 | 510~549 | ≥20 | ≥51 | 77.4~92.1 |
| III | 10Al2MoTi | 0.06~0.13 | ≤0.40 | 0.30~0.70 | 2.00~2.60 | 0.25~0.35 | — | 0.40~0.60 | — | — | — | — | — | — |
| III | 10Al2CrMoTi | 0.06~0.13 | ≤0.40 | 0.30~0.70 | 2.60~2.60 | 0.20~0.30 | — | 0.20~0.30 | Cr0.4~0.6 | — | — | — | — | — |

## 4.2.2　低合金耐蚀钢的焊接性

（1）耐大气、耐海水腐蚀用低合金钢的焊接性

耐大气、耐海水腐蚀用钢，除了含 P 钢外，其化学成分与一般的低合金热轧钢没有原则差别，因此焊接性都比较好。焊接时的主要特点是：在选择焊接材料时除了满足强度要求外，在耐腐蚀性方面须与母材相匹配。对于含 P 低合金耐蚀钢，为了保证良好的焊接性和韧性，含碳量必须严格控制在不超过 $0.12\%$ 以下，并希望 $w_{C+P} \leqslant 0.25\%$。这主要是由于 P 易于在焊缝金属晶界上严重偏析而促使形成晶间裂纹，同时使近缝区硬度增加，降低接头的塑性和韧性，促使冷裂纹的敏感性增大，即使对含碳量严格控制后，仍然希望能添加细化晶粒的合金元素，并尽可能避免在大拘束条件下进行焊接。应合理设计接头形式，并尽可能采用小的焊接线能量。焊缝金属可以用 P 合金化（如 J507CuP 焊条）；也可以不用 P 合金化，通过采用 Ni-Cu 或 Ni-Cr-Cu 系合金（如 J507CrNi 焊条）。

（2）耐石油腐蚀用低合金钢的焊接性

Cr-Mo 系的珠光体耐热钢在本章 4.3 节介绍，下面主要分析含 Al 的低合金耐蚀钢。含 Al 钢的焊接性与 Al 的含量有密切关系，第一类含 Al 低的耐蚀钢具有良好的塑性和韧性，焊接过程淬硬倾向很小，基本上可按 16Mn 的要求进行焊接，第二、三类含 Al 钢由于 Al 含量较高，焊接性变差，焊接头严重脆化，因此不宜用于焊接结构，目前已被国际上通用的 Cr-Mo 钢所取代。

含 Al 钢在焊接时主要注意以下问题。

① 焊缝金属的合金化　含 Al 钢由于含有较多的 Al，所以耐蚀性能好，但 Al 在高温下对氧的亲和力比别的元素强，焊接过程中会被强烈氧化，使其他元素还原，影响焊缝金属的合金化，从而使焊缝出现增 Si 和增 C 现象，性能变坏。

② 焊接接头脆化　含 Al 钢焊接头的脆化机制与一般的低合金高强钢不同，它不是由于淬硬组织引起的，相反，由于其含 Al 较高，淬硬倾向小，焊接时不需预热和后热。这种钢脆化发生部位主要在焊缝和热影响区近缝区内，其脆化原因与含 Al 高有关。

当焊缝含 Al 量高时，会生成粗大的铁素体组织而使焊缝变脆，可选用非同质焊材来降低焊缝中的含 Al 量。热影响区脆化的原因是由于生成了粗大晶粒的"铁素体带"。"铁素体带"（又称"脱碳层"，俗称"白带"）主要是 Al 在 α-Fe 中的固溶体，偶尔能发现一些硬脆相，可能是 Fe 与 Al 的二元碳化物，该区域塑性和韧性差，室温下具有较高的缺口敏感性，焊后退火不能消除，甚至还有可能加宽。

## 4.2.3　低合金耐蚀钢的焊接工艺

（1）焊条电弧焊

耐大气、耐海水腐蚀用钢一般选用焊条电弧焊。其焊条的熔敷金属必须具有与母材相匹配的耐腐蚀性和综合力学性能，同时也应具有优良的工艺性能，常用低合金钢焊条选用见表 4-11 所示，焊接工艺参数见表 4-12 所示。低合金耐蚀钢焊条电弧焊的接头形式、坡口尺寸及其加工工艺等，与一般的低合金结构钢相同。

表 4-11　常用低合金耐蚀钢焊接材料的选用

| 钢号 | 焊条 | 埋弧焊 | |
|---|---|---|---|
| | | 焊丝 | 焊剂 |
| 15MnMoVAlTiRE | J557Mo、J557MoV | — | — |
| 12MoAlV | J507Mo | H10Mn2<br>H10MnMo | HJ431<br>HJ250 |
| 15Al3MoWTi | A917 | | |
| 15Al2Cr2MoWTi | A907 | | |
| 09CuPTiRE<br>08CuPVRE | J506W-Cu<br>J502W-Cu（薄板） | $CO_2$ 气体保护焊用 TY-01 焊丝 | |
| 09MnCuPTi | J421CuP（薄板）<br>J502、J502CuP、J503、J506、J506Cu<br>J506CuP、J507、J507Cu、J507CuP、J522<br>J553、J502CuCrNi、J502NiCu、J502WCu | H08MnA<br>H10Mn2<br>H08Mn2Si | HJ431 |
| 10MnPNbRE | J507CuP、J502CuP、J507CuPRE | H08MnA<br>H10Mn2 | HJ431 |
| 09CuWSn | J506WCu | H08CuWSn | HJ250、HJ431 |
| DT | J350 | — | — |
| 10NiCuP | J507NiCuP | H08NiCuP | HJ250 |
| 10MoVWNb | A370、J507MoW | — | — |
| 16MnCu | J502CuP | H08A | HJ431 |

表 4-12　常用低合金耐蚀钢焊条电弧焊工艺参数

| 钢　种 | 焊条直径/mm | 电源极性 | 焊接电流/A | 焊接电压/V |
|---|---|---|---|---|
| DT | 2.5<br>3.2<br>4.0 | 直流反接 | 90～110<br>120～160<br>170～210 | 23～24<br>24～25<br>24～25 |
| 10CrAl | 4.0 | 直流反接 | 160～180 | 24～25 |
| 10NiCuP | 4.0 | 直流反接 | 150～160 | 24～25 |
| 10MoWVNb | 2.5<br>3.2<br>4.0 | 直流反接<br>（或正接） | 80～90<br>110～140<br>140～150 | 22～23<br>24～25<br>24～25 |
| 09CuPTiRE<br>08CuPVRE | 4.0 | 直流反接 | 180～190 | 24～25 |
| 09CuWSn | 4.0 | 直流反接 | 160～170 | 24～25 |
| 15Al3MoWTi | 3.2 | 直流反接 | 80～110 | 23～24 |
| 16MnCu | 4.0 | 直流反接 | 130～160 | 24～25 |

（2）埋弧焊

　　大厚度耐蚀钢一般选用埋弧焊，其焊接工艺参数与低合金结构钢基本相同，但应选择偏小的线能量，大的线能量易使接头过热，形成粗大晶粒，降低接头的冲击韧性。常用低合金耐蚀钢的埋弧焊材料选用见表 4-9 所示。

（3）$CO_2$ 气体保护焊

　　耐大气、耐海水腐蚀用钢适于采用 $CO_2$ 气体保护焊和 $CO_2$＋Ar 的混合气体保护焊等方法。其焊接操作与工艺要求也与一般的低合金钢基本相同，但在选择焊接材料时应选择具有耐大气或耐海水腐蚀的焊丝，如 FGC-55 等。

# 4.3 珠光体耐热钢的焊接

珠光体耐热钢以 Cr-Mo 和 Mn-Mo 基多元合金耐热钢为主，加入合金元素 Cr、Mo、V，有时还加入少量 W、Ti、Nb、B 等，合金元素添加量小于 7%。由于具有较高的抗氧化性和热强性，广泛用于制造工作温度在 350～600℃ 范围内的蒸气动力发电设备；同时，珠光体耐热钢还具有良好的抗硫化物和氢的腐蚀能力，在石油、化工和其他工业部门也得到了广泛的应用。

## 4.3.1 珠光体耐热钢的成分和性能

珠光体耐热钢中含 Cr 量一般为 0.5%～9%，含 Mo 量一般为 0.5% 或 1%。合金元素 Cr 能形成致密的氧化膜，提高钢的抗氧化性能，当钢中含 Cr 量小于 1.5% 时，随着 Cr 的增加钢的蠕变强度增加；当含 Cr 量大于等于 1.5% 时，钢的蠕变强度随着含 Cr 量的增加而降低。Mo 是耐热钢中的强化元素，与碳的结合能力比 Cr 弱，当 Mo 优先溶入固溶体时可强化固溶体。Mo 的熔点高达 2625℃，固溶后可提高钢的再结晶温度，从而使钢的高温强度和抗蠕变能力得到提高；同时，Mo 可减少钢材的热脆性和提高钢材的抗腐蚀能力。

因而珠光体耐热钢随着 Cr、Mo 含量的增加，钢的抗氧化性、高温强度和抗硫化物腐蚀性能也都增加，若在 Cr-Mo 钢中加入少量的 V、W、Nb、Ti 等元素，可进一步提高钢的热强性。因此，这类钢的合金系统基本上是：Cr-Mo、Cr-Mo-V、Cr-Mo-W-V、Cr-Mo-W-V-B、Cr-Mo-V-Ti-B 等。常用珠光体耐热钢的化学成分见表 4-13，室温力学性能和高温力学性能见表 4-14 和表 4-15。

珠光体耐热钢的室温强度不高，通常在正火＋回火或淬火＋回火状态下使用，以达到最高的高温强度和蠕变强度。珠光体耐热钢通常在退火状态或正火＋回火状态供货，当合金元素含量小于 2.5% 时，钢的组织为珠光体＋铁素体；合金元素含量大于 3% 时，为贝氏体＋铁素体组织（即贝氏体耐热钢）。厚度不超过 30mm 的 Mo 钢和 Mn-Mo 钢可以在热轧状态供货或直接使用，其他的耐热钢应以热处理状态供货，对于铸钢还应作均匀化处理。热处理的目的是使钢材获得最佳的金相组织、晶粒尺寸和所要求的力学性能。常用珠光体耐热钢的热处理制度见表 4-16 所示。

## 4.3.2 珠光体耐热钢的焊接性

珠光体耐热钢的焊接性与低碳调质高强钢相近，主要问题是热影响区的硬化、冷裂纹、软化以及焊后热处理或高温长期使用中的再热裂纹问题，如焊接材料选择不当，焊缝还有可能产生热裂纹。

（1）热影响区硬化

珠光体耐热钢中的 Cr 和 Mo 等都显著提高钢的淬硬性，Mo 的作用比 Cr 大约 50 倍，这些合金元素推迟了冷却过程中的组织转变，提高了奥氏体的稳定性。在焊接线能量过小时，易出现淬硬组织；焊接线能量过大时，热影响区晶粒又显著变粗，因而使焊接热影响区的塑韧性都明显降低。

表 4-13　常用珠光体耐热钢的化学成分

单位：%

| 钢号 | C | Si | Mn | Cr | Mo | V | W | Ti | S≤ | P≤ | B | 其他 |
|---|---|---|---|---|---|---|---|---|---|---|---|---|
| 12CrMo | ≤0.15 | 0.20~0.40 | 0.40~0.70 | 0.40~0.70 | 0.40~0.55 | — | — | — | 0.04 | 0.04 | — | Cu≤0.30 |
| 15CrMo | 0.12~0.18 | 0.17~0.37 | 0.40~0.70 | 0.80~1.10 | 0.40~0.55 | — | — | — | 0.04 | 0.04 | — | — |
| 20CrMo | 0.17~0.24 | 0.20~0.40 | 0.40~0.70 | 0.80~1.10 | 0.15~0.25 | — | — | — | 0.04 | 0.04 | — | — |
| 12Cr1MoV | 0.08~0.15 | 0.17~0.37 | 0.40~0.70 | 0.90~1.20 | 0.25~0.35 | 0.15~0.30 | — | — | 0.04 | 0.04 | — | — |
| 12Cr3MoVSiTiB | 0.09~0.15 | 0.60~0.90 | 0.50~0.80 | 2.50~3.00 | 1.00~1.20 | 0.25~0.35 | — | 0.22~0.38 | 0.035 | 0.035 | 0.005~0.011 | — |
| 12Cr2MoWVB | 0.08~0.15 | 0.45~0.70 | 0.45~0.65 | 1.60~2.10 | 0.50~0.65 | 0.28~0.42 | 0.30~0.55 | 0.30~0.55 | 0.035 | 0.035 | <0.008 | — |
| 13CrMo44 | 0.10~0.18 | 0.15~0.35 | 0.40~0.70 | 0.70~1.00 | 0.40~0.50 | — | — | — | 0.04 | 0.04 | — | — |
| 10CrMo910 | ≤0.15 | 0.15~0.50 | 0.40~0.60 | 2.00~2.50 | 0.90~1.10 | — | — | — | 0.04 | 0.04 | — | — |
| 10CrSiMoV7 | ≤0.12 | 0.90~1.20 | 0.35~0.75 | 1.60~2.0 | 0.25~0.35 | 0.25~0.35 | — | Nb | 0.04 | 0.04 | — | — |
| WB36<br>(15NiCuMoNb5) | 0.10~0.17 | 0.25~0.50 | 0.80~1.20 | ≤0.30 | 0.25~0.50 | Ni 1.00~1.30 | Cu 0.50~0.80 | Nb 0.015~0.045 | 0.03 | 0.03 | N ≤0.02 | Al ≤0.05 |

表 4-14　珠光体耐热钢的室温力学性能

| 钢号 | 热处理状态 | 取样位置 | 力学性能 | | | |
|---|---|---|---|---|---|---|
| | | | $\sigma_s$/MPa | $\sigma_b$/MPa | $\delta_5$/% | $A_{KV}$/J·cm$^{-2}$ |
| 12CrMo | 900~930℃正火＋680~730℃回火 | — | 210 | 420 | 21 | 68 |
| 15CrMo | 930~960℃正火＋680~730℃回火 | 纵向 | 240 | 450 | 21 | 59 |
| | | 横向 | 230 | 450 | 20 | 49 |
| 20CrMo | 880~900℃淬火（水或油冷）＋580~600℃回火 | 纵向 | 550 | 700 | 16 | 78 |
| 12Cr1MoV | 980~1020℃正火＋720~760℃回火 | 纵向 | 260 | 480 | 21 | 59 |
| | | 横向 | 260 | 450 | 19 | 49 |
| 12Cr3MoVSiTiB | 1040~1090℃正火＋720~770℃回火 | — | 450 | 640 | 18 | — |
| 12Cr2MoWVB | 1000~1035℃正火＋760~780℃回火 | — | 350 | 550 | 18 | — |
| 13CrMo44 | 910~940℃正火＋650~720℃回火 | — | 300 | 450~580 | 22 | — |
| 10CrMo910 | 900~960℃正火＋680~780℃回火 | — | 270 | 450~600 | 20 | — |
| 10CrSiMoV7 | 970~1000℃正火＋730~780℃回火 | — | 300 | 500~650 | 20 | — |
| WB36(15NiCuMoNb5) | 900~980℃正火＋580~660℃回火 | 纵向 | 449 | 622~775 | 19 | — |
| | | 横向 | | | 17 | — |

表 4-15 珠光体耐热钢的高温力学性能

| 钢号 | 热处理状态 | 温度/℃ | 持久强度/MPa | 蠕变强度/MPa |
|---|---|---|---|---|
| 12CrMo | 900～930℃正火＋680～730℃回火 | 480 | 200 | 153 |
| | | 510 | 120 | 70 |
| | | 540 | 70 | 35 |
| 15CrMo | 930～960℃正火＋680～730℃回火 | 500 | 110～140 | 80 |
| | | 550 | 50～70 | 45 |
| 20CrMo | 860～870℃淬火油冷＋690～700℃回火 | 420 | 380 | 290 |
| | | 470 | 260 | 140 |
| | | 520 | 120～140 | 62 |
| 12Cr1MoV | 1000～1200℃正火＋740℃回火 | 480 | 200 | 190 |
| | | 520 | 160 | 130 |
| | | 560 | 100 | 80 |
| | | 580 | 80 | 60 |
| 12Cr3MoVSiTiB | 1050～1090℃正火＋720～760℃回火 | 580 | 110～118 | 78～82 |
| | | 600 | 94～100 | 60～64 |
| | | 620 | 65～85 | 41～44 |
| 12Cr2MoWVB | 1025℃正火＋750～790℃回火 | 580 | 110～142 | 120～140(570℃) |
| | | 600 | 90～138 | 54～65 |
| | | 620 | 58～95 | 36～50 |
| ZG20CrMoV | 940～950℃正火＋920℃正火＋690～710℃回火 | 480 | 240 | 100～150 |
| | | 540 | 170 | 60～100 |
| | | 560 | 140 | 45 |
| | | 600 | 90～100 | 35 |
| ZG15Cr1Mo1V | 1050℃正火＋990℃正火＋720℃回火 | 565 | 90～130 | 50～75 |
| | | 580 | 80～100 | 45 |
| 13CrMo44 | 910～940℃正火＋650～700℃回火 | 510 | 143 | 102 |
| | | 540 | 67 | 50 |
| | | 550 | 50 | 37 |
| | | 560 | 39 | 27 |
| 10CrMo910 | 900～960℃正火＋680～780℃回火 | 540 | 87 | 64 |
| | | 560 | 65 | 48 |
| | | 570 | 57 | 41 |
| | | 580 | 50 | 36 |
| 10CrSiMoV7 | 970～1000℃正火＋730～780℃回火 | 560 | 60 | 42 |
| | | 580 | 45 | 32 |
| | | 600 | 35 | 25 |

注：持久强度是指钢材高温运行 $10^5$ h 断裂时的应力；蠕变强度是指钢材工作 $10^5$ h 总变形量为 $1\%$ 的应力值。

表 4-16 常见珠光体耐热钢的热处理制度

| 钢 号 | 规格要求的热处理 | 正火温度/℃ | 退火温度/℃ | 回火温度/℃ |
|---|---|---|---|---|
| 15Mo3 | 退火处理 | — | 650～700 | 620～650 |
| 12CrMo | 正火＋回火处理或正火处理 | 900～930 | — | 650～680 |
| 15CrMo | 正火处理或正火＋回火处理 | 900～920 | — | 630～650 |
| 12Cr1MoV | 正火＋回火处理 | 960～980 | — | 740～760 |
| 10CrMo910 | 退火，正火＋回火处理或完全退火处理 | 920～940 | 670～690 | 680～700 |

续表

| 钢　号 | 规格要求的热处理 | 正火温度/℃ | 退火温度/℃ | 回火温度/℃ |
|---|---|---|---|---|
| 12Cr2MoWVTiB | 正火＋回火处理 | 1000～1035 | 740～780 | 760～790 |
| 14MnMoV<br>18MnMoNb | 正火＋回火处理 | 930～960 | 600～640 | 650～680 |
| 13MnNiMoNb | 正火＋回火处理 | 890～950 | 530～600 | 580～690 |

（2）再热裂纹

珠光体耐热钢再热裂纹倾向主要取决于钢中碳化物形成元素的特性及含量。再热裂纹与焊接工艺、焊接应力及热处理制度有关，一般出现在 500～700℃ 的焊接热影响区的粗晶区内。在实际工作中可采取以下措施防止珠光体再热裂纹。

① 采用高温塑性高于母材的焊接材料，严格限制母材和焊接材料中的合金成分，特别是严格限制 V、Ti、Nb 等合金元素的含量到最低的程度；

② 将预热温度提高到 250℃，层间温度控制在 300℃ 左右；

③ 采用低线能量的焊接工艺，减小焊接过热区宽度，细化晶粒；

④ 选择合适的热处理制度、避免在敏感温度区间停留较长时间。

（3）焊接冷裂纹

当焊缝中扩散氢含量过高、焊接线能量较小时，由于淬硬组织和扩散氢的作用，常在珠光体耐热钢的焊接接头中出现焊接冷裂纹。在实际生产中，可采用低氢焊条与适当的焊接线能量和预热、后热等措施避免焊接冷裂纹。

（4）回火脆性

Cr-Mo 钢及其焊接接头在 350～500℃ 温度区间长期运行过程中发生剧烈脆变的现象称为回火脆性。产生回火脆性的原因主要有两方面：一是由于在回火温度范围内长期加热后 P、As、Sb、Sn 等杂质元素在奥氏体晶界偏析而引起的晶界淬化；二是 Mn、Si 等元素可促进回火脆性。因此，为了防止回火脆性，应严格控制有害杂质元素含量，同时降低 Mn、Si 元素含量。

## 4.3.3　珠光体耐热钢的焊接工艺

（1）焊前准备

一般焊件的坡口加工可采用火焰切割法，但切割边缘会形成低塑性的淬硬层，往往会成为后续加工的开裂源。为了防止切割边缘开裂，可采用如下措施。

① 对于所有厚度的 2.25Cr-Mo～3Cr-Mo 钢和 15mm 以上的 1.5Cr-Mo 钢板，切割前应预热 150℃ 以上，切割边缘应作机械加工并用磁粉探伤方法检查是否存在表面裂纹；

② 对于 15mm 以下的 1.25Cr-0.5Mo 钢板和 15mm 以上的 0.5Mo 钢板，切割前应预热到 100℃ 以上，切割边缘应作机械加工并用磁粉探伤方法检查是否存在表面裂纹；

③ 对于厚度在 15mm 以下的 0.5Mo 钢板，切割前不必预热，切割边缘最好经机械加工。

（2）焊接方法

珠光体耐热钢的焊接可选用气焊、焊条电弧焊、埋弧自动焊、熔化极气体保护焊、电渣焊、钨极氩弧焊和电阻焊等方法。通常以焊条电弧焊为主,埋弧焊和电渣焊也常用。

钨极氩弧焊具有超低氢的特点,焊接时可适当降低预热温度。它常用于管道生产以实现单面焊双面成形,但当母材的含 Cr 量超过 3％时,焊缝背面应通氩气保护,防止焊缝表面氧化,以改善焊缝成形。但这种焊接方法焊接效率低,因而生产中常用其焊接根部焊道,而填充及盖面焊采用其他焊接方法。

低合金耐热钢的管件和棒材可采用电阻压力焊、感应加热压力焊以及电阻感应联焊法进行焊接。

(3) 焊接材料

焊接材料的选择原则是焊缝金属的合金成分与强度性能应基本与母材相应的指示一致或应达到产品技术条件提出的最低性能指示。焊件如焊后需经退火、正火或热成形等热处理或热加工,则应选择合金成分或强度级别较高的焊接材料。为了防止焊缝有较大的热裂倾向,焊缝含碳量应比母材略低一些,焊缝性能有时也要比母材低一些。如没有适当的气焊丝时,可采用从同一钢材上切下来的钢条代替气焊丝进行焊接。如需要将珠光体耐热钢和普通碳钢焊在一起时,一般可选用珠光体耐热钢焊条或焊丝进行焊接。

珠光体耐热钢常用焊接材料见表 4-17 所示。

表 4-17　珠光体耐热钢常用焊接材料

| 钢号 | 焊条电弧焊 | 气体保护焊 | 埋弧自动焊 | | 氩弧焊丝 |
|---|---|---|---|---|---|
| | | | 焊丝 | 焊剂 | |
| 16Mo | E5015-A1(R107) | H08MnSiMo | H12Mo,H08MnMoA | HJ350 | H05MoTiRE |
| 12CrMo | E5505-B1(R207) | H08MnSiMo,ER55-B2 | H10CrMoA | HJ350 | H05Cr1MoTiRE |
| 15CrMo | E5515-B2(R307) | H08Mn2SiCrMo,ER55-B2L | H08CrMoA,H12CrMo | HJ350 | H05Cr1MoTiRE |
| 20CrMo | R307 | — | H08CrMoV | HJ350 | H05Cr1MoVTiRE |
| 12Cr1MoV | E5515-B2-V(R317) | H08CrMoVA | H08CrMoV | HJ350 | H05Cr1MoVTiRE |
| 12Cr3MoVSiTiB | R407VNb | — | — | — | H05Cr3MoVNbTiRE |
| 12Cr2MoWVB | E5515-B3-VW9(R347) | H08Cr2MoWVNbB | — | — | H10Cr2MnMoWVTiB |
| 13CrMo44 | R307 | ER62-B3 | H12CrMo | HJ350 | H05Cr1MoTiRE |
| 10CrMo910 | E6015-B3(R407) | — | HH-HT8A | HJ350 | H05Cr2MoTiRE |
| 10CrSiMoV7 | R317 | — | H08CrMoV | HJ350 | H05Cr1MoVTiRE |

注:气体保护焊的保护气体为 $CO_2$ 或 Ar+20％$CO_2$ 或 Ar+(1％～5％)$O_2$。

珠光体耐热钢所用的焊条和焊剂都容易吸潮,并且各种焊条和焊剂的吸潮特性随制造工艺的不同而不同,因而在焊接工艺规程中应详细规定焊条和焊剂的保存和烘干制度。常用珠光体耐热钢焊条的保存和烘干制度见表 4-18 所示。

表 4-18　常用珠光体耐热钢焊条和焊剂的烘干制度

| 焊条和焊剂牌号 | 烘干温度/℃ | 烘干时间/h | 保存温度/℃ |
|---|---|---|---|
| R102,R202,R302 | 150～200 | 1～2 | 50～80 |
| R107,R207,R307<br>R317,R407,R347 | 350～400 | 1～2 | 127～1500 |
| HJ350,HJ250(熔炼焊剂) | 400～450 | 2～3 | 120～150 |
| SJ101,SJ301(烧结焊剂) | 300～350 | 2～3 | 120～150 |

（4）预热和焊后热处理

预热温度主要依据合金成分、接头的拘束度和焊缝金属的氢含量来确定。一般当母材含碳量大于 0.45%，最高硬度大于 350HV 时，应进行预热。

氢在珠光体中扩散较慢，为了防止冷裂纹，焊后应加热到 250℃ 以上进行后热处理。

为了消除焊接残余应力，改善组织提高接头的综合力学性能（焊接接头的高温蠕变强度和组织稳定性），降低焊缝及热影响区的硬度，焊后一般也应进行热处理。珠光体耐热钢焊接时的预热和热处理温度见表 4-19 所示。

表 4-19  常用珠光体耐热钢焊接的预热和焊后热处理温度

| 钢 号 | 预热温度/℃ | 焊后热处理温度/℃ | 钢 号 | 预热温度/℃ | 焊后热处理温度/℃ |
|---|---|---|---|---|---|
| 12CrMo | 200～250 | 650～700 | 12MoVWBSiRE | 200～300 | 750～770 |
| 15CrMo | 200～250 | 670～700 | 12Cr2MoWVB | 250～300 | 760～780 |
| 12Cr1MoV | 250～350 | 710～750 | 12Cr3MoVSiTiB | 300～350 | 740～760 |
| 17CrMo1V | 350～450 | 680～700 | 20CrMo | 250～300 | 650～700 |
| 20Cr3MoWV | 400～450 | 650～670 | 20CrMoV | 300～350 | 680～720 |
| Cr2.25Mo | 250～350 | 720～750 | 15CrMoV | 300～400 | 710～730 |

注：12Cr2MoWVB 的气焊接头焊后宜作正火＋回火处理，推荐工艺参数为：正火 1000～1030℃＋回火 760～780℃。

（5）焊接工艺参数

珠光体耐热钢常用的焊接方法是钨极氩弧焊封底、焊条电弧焊和埋弧自动焊盖面。珠光体耐热钢管子钨极氩弧焊封底的工艺参数见表 4-20 所示；焊条电弧焊盖面工艺参数见表 4-21 所示；埋弧自动焊工艺参数见表 4-22 所示。

表 4-20  珠光体耐热钢管子钨极氩弧焊封底的工艺参数

| 焊道数 | 钨极 | | 填充丝直径/mm | 焊接电流/A | 电弧电压/V | 氩气流量/L·min⁻¹ | 喷嘴到焊件距离/mm |
|---|---|---|---|---|---|---|---|
| | 牌号 | 直径/mm | | | | | |
| 1 | WTH15 | 3.0 | 2～2.5 | 55～125 | 10～12 | 10～15 | 8～10 |

（6）珠光体耐热钢焊接时应注意的要点

① 定位焊和正式施焊前都需要预热，若焊件刚性大，宜整体预热。

② 焊条电弧焊时，应尽量减小接头的拘束度；可选用奥氏体焊条（如 A202、A302、A307、A312 等），焊前按预热工艺参数预热，焊后一般不进行回火处理。

③ 焊接过程中保持焊件的温度不低于预热温度（包括多层焊时的层间温度），避免中断，如必须中断时，应保证焊件缓慢冷却，重新施焊前仍需预热；焊接完毕应将焊件保持在预热温度以上数小时，然后再缓慢冷却。

④ 气焊时，宜采用右焊法施焊，选择乙炔量稍多的中性焰，焊后应采取正火加回火的热处理制度，以防晶粒粗大，塑性和韧性降低。

⑤ 焊缝正面余高不宜过高。

表 4-21　珠光体耐热钢焊条电弧焊盖面工艺参数

| 坡口形式 | 焊件厚度/mm | 焊道数 | 焊条直径/mm | 焊接电流/A | 电弧电压/V |
|---|---|---|---|---|---|
| <br>90°<br>1 ∨ 2 | 1.5～5 | 横焊位置（管子垂直固定） | | | |
| | | 2 | 2.5 | 70～90 | 21～24 |
| | | 其余 | 3.2 | 105～125 | 21～24 |
| | | 全位置（管子水平固定） | | | |
| | | 2 | 2.5 | 70～90 | 21～24 |
| | | | 3.2 | 95～110 | 21～24 |
| <br>90°<br>1 ∨ 2 | 5～16 | 横焊位置（管子垂直固定） | | | |
| | | 2 | 3.2 | 85～105 | 21～24 |
| | | 3～4 | 3.2 | 105～125 | 21～24 |
| | | 其余 | 4.0 | 125～150 | 22～25 |
| | | 全位置（管子水平固定） | | | |
| | | 2 | 3.2 | 85～105 | 21～24 |
| | | 其余 | 3.2 | 95～110 | 21～24 |
| <br>10°<br>1.5 ∨ 2 | ＞30 | 横焊位置（管子垂直固定） | | | |
| | | 2～3 | 3.2 | 85～105 | 21～24 |
| | | 4～6 | 3.2 | 105～125 | 21～24 |
| | | 7～10 | 4.0 | 125～150 | 22～25 |
| | | 其余 | 5.0 | 230～255 | 23～26 |
| | | 面层 | 4.0 | 125～150 | 22～25 |
| | | 全位置（管子水平固定） | | | |
| | | 2 | 3.2 | 85～105 | 21～24 |
| | | 3～4 | 4.0 | 105～125 | 22～25 |
| | | 其余 | 4.0 | 125～150 | 22～25 |

表 4-22　珠光体耐热钢埋弧自动焊工艺参数

| 坡口形式 | 焊件厚度<br>/mm | 焊丝直径<br>/mm | 焊接电流<br>/A | 电弧电压<br>/V | 焊接速度<br>/cm·s⁻¹ | 备注 |
|---|---|---|---|---|---|---|
| <br><br>⊢⊢ | 4～6 | 3 | 300～500 | 32～35 | 1.19～1.22 | 双面焊 |
| | 8～12 | 3 | 500～700 | 32～38 | 0.97～1.11 | |
| | | 5 | 550～750 | 32～38 | 0.97～1.11 | |
| | 14～16 | 5 | 650～850 | 36～40 | 0.83～0.94 | |
| 65°<br>3<br>4 ∨ | 6～12 | 3 | 350～400 | 32～34 | 1.11～1.22 | 手工封底焊 |
| | | 4 | 500～550 | 32～34 | 1.11～1.22 | |
| | 14～25 | 5 | 600～700 | 34～38 | 0.97～1.11 | |

续表

| 坡口形式 | 焊件厚度/mm | 焊丝直径/mm | 焊接电流/A | 电弧电压/V | 焊接速度/cm·s$^{-1}$ | 备注 |
|---|---|---|---|---|---|---|
| | 20~30 | 5 | 550~700 | 34~38 | 0.78~0.83 | 第一面多道焊 |
| | | | 650~800 | 36~40 | 0.89~0.94 | 第二面第一道 |
| | | | 600~650 | 34~38 | 0.83~1.0 | 中间多道焊 |
| | | | 650~700 | 36~40 | 1.0~1.11 | 盖面焊 |
| | >30 | 5 | 550~700 | 34~38 | 0.78~0.83 | 第一面第一道 |
| | | | 650~800 | 36~38 | 0.89~0.94 | 第二面第一道 |
| | | | 550~650 | 34~36 | 0.83~1.0 | 中间多层焊 |
| | | | 650~700 | 36~40 | 0.78~0.83 | 盖面焊 |
| | >30 | 5 | 450~650 | 36~40 | 0.83~0.97 | 手工封底多道焊 |

### 4.3.4 焊接实例

15CrMo 钢的焊接，该钢的焊接性能较好，其他加工性能尚可。在火电厂的锅炉、管道中应用较为广泛，用它可制造 530℃ 高压锅炉过热器管、蒸汽导管和石化容器等。焊接时可采用焊条电弧焊、熔化极气体保护焊和埋弧焊等，焊接材料的选择见表 4-17。焊条和焊剂在使用前应按规定进行高温烘干，当焊件壁厚大于 20mm 时，预热温度应在 120℃ 以上，焊接过程中，焊件应保持层间温度不低于最低预热温度 120℃。表 4-23 为 15CrMo 钢压力容器筒身纵缝电渣焊焊接工艺规程。

表 4-23　15CrMo 钢压力容器筒身纵缝电渣焊的焊接工艺规程

| 焊接方法 | 电渣焊 | | 母材 | 15CrMo |
|---|---|---|---|---|
| 坡口形式 | | | 焊前准备 | (1)清除坡口氧化皮<br>(2)磁粉探伤坡口表面检查裂纹<br>(3)装配压马和引出板。定位焊,拉紧焊缝采用 J507 焊条,焊前预热 150~200℃ |
| 焊接材料 | 焊条:R307(E5515-B2)4mm,5mm,用于补焊<br>焊丝:H13CrMo　3mm<br>焊剂:HJ431 | | | |
| 预热及层间温度 | 预热温度:120℃<br>层间温度:120℃<br>后热温度:— | | 焊后热处理规范 | 正火温度:930~950℃/1.5h<br>回火温度:650~10℃/4h<br>消除应力处理:630~10℃/3h |
| 焊接参数 | 焊接电流:500~550A<br>电弧电压:41~43V<br>焊丝伸出长度:60~70mm | | | 熔池深度:50~60mm<br>焊丝根数:2<br>焊接速度:1.4m/h |

续表

| 操作技术 | 焊接位置：立焊 | 焊接方向：自上而下 |
| | 焊道层数：单层 | 焊丝摆动参数：不摆动 |
| 焊后检查 | 正火处理后100%超声波探伤 | |

## 思考与练习

1. 填空题

(1) 根据对不同使用性能的要求，低合金特殊性能钢可分为_____、_____、_____三种。

(2) 9%Ni钢焊接时应注意_____、_____、_____问题。

(3) 低温用钢焊接应该用_____电流。

(4) 低合金耐蚀钢主要分为_____和_____两类。

(5) 含铝钢属于_____钢。焊接性问题主要有_____和_____。

(6) 耐热钢焊接性问题主要有_____、_____、_____和_____。

2. 低温钢是如何分类的？

3. 焊接铁素体、马氏体和奥氏体低温钢时应注意哪些方面的问题？

4. 低温钢进行焊条电弧焊时，如何选择焊条？

5. 珠光体耐热钢中Cr、Mo元素有何作用？

6. 如何防止珠光体耐热钢边缘热切割开裂？

7. 请按照低温用钢、耐蚀钢和耐热钢的焊接性，选择一种材料，编写一份焊接工艺。

# 第 5 章　不锈钢的焊接

　　不锈钢是指能耐空气、水、酸、碱、盐及其溶液和其他腐蚀介质腐蚀的，具有高度化学稳定性的钢种。它主要是通过加入合金元素铬（含量应高于 12%）使钢处于钝化状态，从而不锈。由于不锈钢具有良好的耐蚀性、优良的力学性能和工艺性能，因而目前广泛用于石油、化工、仪表、电力、医疗、核能及食品等工业部门。

>>> **知识目标**

　　1. 了解不锈钢的分类、物理和力学性能；

　　2. 掌握晶间腐蚀的原理；

　　3. 掌握各种类型的不锈钢焊接性的问题及其解决方法。

>>> **能力目标**

　　通过本章学习，能分析不锈钢焊接时出现各种问题的原因，能根据不同种类不锈钢焊接性的特点，制订合理的焊接工艺。

>>> **观察与思考**

　　1. 经常看见有些让人买不锈钢制品时，用磁铁去判断是否是真的不锈钢，认为有磁性就不是不锈钢，没有磁性就是不锈钢，这种说法或做法是否正确。

　　2. 日常生活中，我们常见的不锈钢制品有哪些？有什么特点？

　　3. 图 5-1 和图 5-2 是某厂生产的硝酸储存罐和压力容器壳体，制造材料的选取上有什么不同？

图 5-1　硝酸储存罐

图 5-2　压力容器

## 5.1　不锈钢的分类和性能

### 5.1.1　不锈钢的分类

　　不锈钢的分类方法较多，主要有按钢的用途、组织或化学成分等分类方法。其中按用途可分为不锈钢、抗氧化钢和热强钢；按化学成分可分为以铬为主和以铬镍为主两大类，即 Cr 系不锈钢和 Cr-Ni 系不锈钢。下面主要介绍按组织分类。

（1）铁素体型不锈钢

这类钢含 Cr 量在 13%～30% 范围内，不含镍，不能热处理强化，在退火状态下供货。主要用作抗氧化和耐热钢，如 0Cr13Al、1Cr17 等。

（2）马氏体型不锈钢

这类钢含 $w_{Cr} \geqslant 13\%$，$w_C = 0.10\%～0.4\%$，属于热处理强化钢，一般在淬火-回火状态下使用。主要包括 Cr13 系及以 Cr12 为基的多元合金化的钢，如 1Cr13、2Cr13、3Cr13、1Cr11MoV、1Cr12WmoV 等，常用于制作要求力学性能较高，并有一定耐蚀性的零件。

（3）奥氏体型不锈钢

这类钢是目前应用最广泛的一种不锈钢，它是在 18% 铬铁素体型不锈钢中加入 Ni、Mn、N 等奥氏体形成元素而获得的钢种。根据加入的合金元素不同，可分为以 Cr18Ni8 为代表的 18-8 型钢，它是目前应用最多的奥氏体不锈钢，如 0Cr19Ni9、1Cr18Ni9Ti 等，主要在耐蚀条件下使用；以 Cr18Ni12Mo 为代表的 18-12 型钢，主要作热强钢使用；以 Cr25Ni20Si 为代表的 25-20 型钢，主要用作高温腐蚀条件下工作的热稳定钢使用。

（4）铁素体-奥氏体型不锈钢

这类钢是在 18-8 型奥氏体不锈钢的基础上，添加更多的铬、钼、硅等有利于形成铁素体的元素，或降低钢的含碳量而获得的双相不锈钢。钢中铁素体占 60%～40%，奥氏体占 40%～60%。主要用于在含氯离子环境下工作的石油、化工等设备，如 00Cr18Ni5Mo3Si2、00Cr22Ni5Mo3N 等。

（5）沉淀硬化（PH）不锈钢

这类钢是经过时效强化处理以形成析出硬化相的高强度不锈钢，主要用作要求强度高、耐蚀的容器和构件。最典型的有马氏体沉淀硬化钢，如 0Cr17Ni4Cu4Nb，简称 17-4PH；半奥氏体（奥氏体＋马氏体）沉淀强化钢，如 0Cr17Ni7Al，简称 17-7PH。

## 5.1.2　不锈钢的基本特性

（1）不锈钢的物理性能

不锈钢的物理性能见表 5-1 所示。奥氏体不锈钢的电阻可达碳钢的 5 倍，铜的 40 倍；奥氏体不锈钢的膨胀系数比碳钢约大 50%，马氏体和铁素体不锈钢的线胀系数和碳钢大体相当；奥氏体不锈钢的热导率仅为碳钢的 1/3 左右，马氏体和铁素体不锈钢的热导率约为碳钢的 1/2。奥氏体不锈钢通常是非磁性的，但当冷加工硬化产生马氏体相变时，将产生磁性，可通过热处理方法来消除这种马氏体和磁性。

表 5-1　不锈钢的物理性能

| 类型 | 钢号 | 密度 $\rho$<br>(20℃)<br>/g·cm$^{-3}$ | 比热容 $C$<br>(0～100℃)<br>/J·(g·K)$^{-1}$ | 热导率 $\lambda$<br>(100℃)<br>/W·(m·K)$^{-1}$ | 线胀系数 $\alpha$<br>(0～100℃)<br>/10$^{-6}$·K | 电阻率 $\mu$<br>(20℃)<br>/$\mu\Omega$·cm |
|---|---|---|---|---|---|---|
| 铁素体型 | 0Cr13 | 7.5 | 0.46 | 0.27 | 10.8 | 61 |
| | 4Cr25N | 7.47 | 0.50 | 0.21 | 10.4 | 67 |
| 马氏体型 | 1Cr13 | 7.75 | 0.46 | 0.25 | 9.9 | 57 |
| | 2Cr13 | 7.75 | 0.46 | 0.25 | 10.3 | 55 |

续表

| 类型 | 钢号 | 密度 ρ (20℃) /g·cm⁻³ | 比热容 C (0~100℃) /J·(g·K)⁻¹ | 热导率 λ (100℃) /W·(m·K)⁻¹ | 线胀系数 α (0~100℃) /10⁻⁶·K | 电阻率 μ (20℃) /μΩ·cm |
|---|---|---|---|---|---|---|
| 18-8 型奥氏体钢 | 0Cr19Ni10 | 8.03 | 0.5 | 0.15 | 16.9 | 72 |
| | 1Cr18Ni9Ti | 8.03 | 0.5 | 0.16 | 16.7 | 74 |
| 25-20 型奥氏体钢 | 2Cr25Ni20 | 8.03 | 0.5 | 0.14 | 14.4 | 78 |
| | 0Cr21Ni32 | 8.03 | 0.5 | 0.11 | 14.2 | 99 |
| 碳素钢 | | 7.86 | 0.50 | 0.59 | 11.4 | 13 |

（2）不锈钢的力学性能

不锈钢的力学性能见表 5-2 所示。马氏体不锈钢在退火状态下，硬度最低，可淬火硬化，正常使用时的回火状态硬度又稍有下降；铁素体钢的特点是常温冲击韧度低，当在高温长时间加热时，力学性能将进一步恶化；奥氏体不锈钢常温具有低的屈强比（40%～50%），伸长率、断面收缩率和冲击吸收功均很高并具有高的冷加工硬化。

表 5-2　不锈钢的力学性能

| 类型 | 钢号 | 热处理 | | | | 力学性能，不小于 | | | | | | 退火或高温回火状态 | |
|---|---|---|---|---|---|---|---|---|---|---|---|---|---|
| | | 淬火温度 /℃ | 冷却剂 | 回火温度 /℃ | 冷却剂 | $\sigma_b$ /MPa | $\sigma_s$ /MPa | $\delta_5$ /% | $\psi$ /% | $\alpha_{KU}$ /J·cm⁻² | HRC | HB 不大于 | 压痕直径/mm 不小于 |
| 铁素体型 | 0Cr13 | 1000~1050 | 油、水 | 700~790 | 油、水、空 | 492 | 344 | 24 | 60 | — | | — | — |
| | 1Cr17 | — | — | 750~800 | 空 | 393 | 246 | 20 | 50 | — | | — | — |
| | 1Cr28 | — | — | 700~800 | 空 | 443 | 295 | 20 | 45 | — | | — | — |
| | 0Cr17Ti | — | — | 700~800 | 空 | 443 | 295 | 20 | — | — | | — | — |
| 马氏体型 | 1Cr13 | 1000~1050 | 油、水 | 700~790 | 油、水、空 | 590 | 413 | 20 | 60 | 88.2 | | 187 | 4.4 |
| | 2Cr13 | 1000~1050 | 油、水 | 660~770 | 油、水、空 | 649 | 443 | 16 | 55 | 78.4 | | 197 | 4.3 |
| | 3Cr13 | 1000~1050 | 油 | 200~300 | — | — | — | — | — | — | 48 | 207 | 4.2 |
| | 1Cr17Ni2 | 950~1050 | 油 | 275~350 | 空 | 1082 | — | 10 | — | 49.0 | | 286 | 3.6 |
| 奥氏体型 | 0Cr18Ni9 | 1080~1130 | 水 | | | 492 | 197 | 45 | 60 | — | | — | — |
| | 1Cr18Ni9 | 1100~1150 | 水 | | | 541 | 197 | 45 | 60 | — | | — | — |
| | 0Cr18Ni9Ti | 950~1050 | 水 | | | 492 | 197 | 40 | 55 | — | | — | — |
| | 1Cr18Ni9Ti | 1000~1100 | 水 | | | 541 | 197 | 40 | 55 | — | | — | — |

（3）不锈钢的耐蚀性能

不锈钢在一定条件下也可能发生腐蚀，一般可分为均匀腐蚀和局部腐蚀，其中危害最大的是局部腐蚀。

① 均匀腐蚀　又叫总体腐蚀，是指接触腐蚀介质的金属表面全部产生腐蚀的现象。不锈钢之所以耐腐蚀性，主要是其表面具有富铬的钝化膜，对内部金属起着保护作用。对于硝酸等氧化性酸，不锈钢表面的钝化膜能阻止金属的离子化，故不易产生均匀腐蚀；但对于硫酸等还原性酸，只含有铬的马氏体钢和铁素体钢则不耐腐蚀，而含有镍的奥氏体不锈钢则具有良好的耐蚀性。若钢中含有钼，则在各种酸中均有改善耐蚀性的作用。

② 点蚀和缝隙腐蚀　点蚀是指在金属表面产生小孔状或小坑状的腐蚀，其直径一般等于或小于深度；缝隙腐蚀是在金属结构的各种缝隙处产生的腐蚀。两者形成的条件不同，但

产生的腐蚀机理一样，都是在腐蚀区产生"闭塞电池腐蚀"作用所致。

点蚀主要是不锈钢在含有氯离子等卤素离子的溶液中，使钝化膜局部破坏点形成了腐蚀电池以至形成腐蚀坑，甚至发生穿孔，如图5-3所示，材料若存在组织缺陷、各种表面机械损伤以及焊接的各种表面缺陷都可能加速点蚀的产生；缝隙腐蚀主要是在氯离子环境中由于有缝隙存在，从而使该处溶液流动发生迟滞，介质扩散受到限制，出现介质成分和浓度与整体有很大差别，形成闭塞电池而产生的。

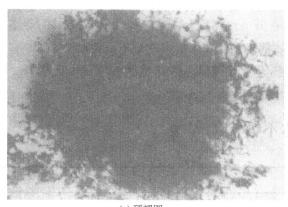

(a) 顶视图

(b) 纵剖面

图 5-3　18-8 型不锈钢点蚀形貌 （×86）

③ 晶间腐蚀　是指介质从金属表面沿晶界向内部扩展，造成沿晶的腐蚀破坏。材料发生了这种腐蚀后，其表面仍存金属光泽，但内部晶粒彼此间已失去了联系，使钢质变脆，因而其具有一定的隐蔽性，危害极大。

晶间腐蚀常发生在奥氏体不锈钢中，该钢对晶间腐蚀的敏感程度与其成分、加热温度和时间有关，如图5-4所示。从图中可看出，18-8型奥氏体不锈钢在450～850℃加热后对晶间腐蚀最为敏感，通常把这一温度区域称为敏化温度区间，把这一温度区间加热的过程称为敏化过程。

奥氏体不锈钢的晶间腐蚀可用贫铬理论解释。奥氏体不锈钢在进行敏化处理时，过饱和固溶的碳向晶粒间界的扩散比铬的扩散快，从而在晶界附近和铬结合沉淀出 $Cr_{23}C_6$ 或 （Fe，Cr）$_{23}C_6$ （常简写为 $M_{23}C_6$），形成了晶粒边界附近区域的贫铬现象，如图5-5所示。当晶

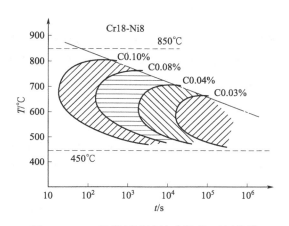

图 5-4　18-8 钢晶间腐蚀敏感温度-时间曲线

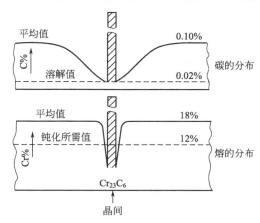

图 5-5　贫铬理论示意图

界边界层含铬量低于钝化所需的极限含量 12% 时，就会加速该区域的腐蚀。当温度低于 450℃时，碳原子活动能很弱，$M_{23}Cr_6$ 析出困难而不会形成贫铬层；当温度高于 850℃时，由于晶内铬向晶界贫铬区的加速扩散而使贫铬区得以恢复。

④ 应力腐蚀　又称应力腐蚀开裂（简称 SCC）。它是在拉应力与腐蚀介质共同作用下引起的破裂。这种破裂常常在拉应力远远低于材料屈服点和很微弱的腐蚀环境中以裂纹形式出现，并以很快的速度扩展，危险性大。产生应力腐蚀主要有以下三个条件。

a. 介质条件　应力腐蚀大部分是由氯引起的，高浓度的苛性碱、硫酸水溶液等也会引起应力腐蚀。

b. 应力条件　应力腐蚀在拉应力作用下才能产生，在压应力作用下不会产生。

c. 材料条件　一般情况下，纯金属不会产生应力腐蚀，应力腐蚀常发生在合金中。在晶界上的合金元素偏析是引起应力腐蚀的重要原因。

# 5.2　奥氏体不锈钢的焊接

## 5.2.1　奥氏体不锈钢的焊接性

奥氏体不锈钢由于不发生相变，对氢脆不敏感，接头具有良好的塑性和韧性，因而焊接性较好。但由于其热导率小、熔点低、线胀系数大，易形成粗大的铸态组织，因而常需要解决焊接接头的耐蚀性、焊接热裂纹和接头脆化等问题。

（1）焊接接头的晶间腐蚀

18-8 型不锈钢的焊接接头，有三个部位易出现晶间腐蚀现象，如图 5-6 所示。

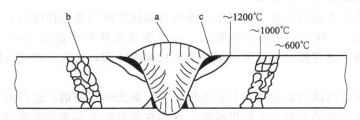

图 5-6　18-8 钢焊接接头可能出现晶间腐蚀的部位
a—焊缝区；b—HAZ 敏化区；c—熔合区

① 焊缝区的晶间腐蚀　18-8 型不锈钢在多层焊缝的前层焊缝热影响区达到敏化温度（600~1000℃）的区域，在晶界上容易析出 $M_{23}C_6$ 型碳化物，形成贫铬晶粒边界，从而产生焊缝晶间腐蚀。为了提高焊缝耐晶间腐蚀的能力，可采取以下几方面的措施。

a. 降低母材和焊缝中的含碳量。使钢中含碳量（$w_C \leqslant 0.015\% \sim 0.03\%$）低于在 γ 相中的溶解度，减少 $Cr_{23}C_6$ 型碳化物的析出。

b. 添加 Nb、Ti 等稳定化的元素，改变碳化物的类型。当钢中加入 Nb、Ti 等元素时，由于其与碳的亲和力大于铬，因而优先与碳结合形成 NbC 或 TiC，从而减少碳与铬的结合，避免了贫铬层的产生。

c. 焊后进行固溶处理。使已析出的 $Cr_{23}C_6$ 重新溶于奥氏体中，但这种方法加热时间长，同时受工件尺寸等限制，使用较少。

d. 调整焊缝的组织形态。使焊缝由单一的奥氏体（γ）相调整为奥氏体-铁素体（γ+δ）双相不锈钢。当焊缝中存在一定量的δ相时，一方面可打乱单一γ相柱状晶的方向性，不致形成连续的贫铬层，如图5-7所示；另一方面δ相富Cr，可减少γ晶粒形成贫Cr层。δ相数量不宜过多，一般控制在4%～12%之间，过多后会引起脆化倾向。

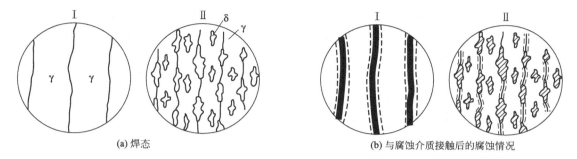

(a) 焊态　　　　　　　　　　　　(b) 与腐蚀介质接触后的腐蚀情况

图5-7　焊缝中δ相对晶间腐蚀通道的影响

Ⅰ—单相焊缝；Ⅱ—γ+δ焊缝

② HAZ敏化区晶间腐蚀　是指焊接热影响区中加热峰值温度处于敏化加热区的部位所发生的晶间腐蚀。对于普通的18-8型钢，当焊接热影响区加热到600～1000℃，就会出现敏化区腐蚀，而含Ti或Nb的18-8Ti或18-8Nb，以及超低碳18-8钢，不易出现敏化区腐蚀。

③ 焊接接头的刀口腐蚀　在熔合区产生的晶间腐蚀，其形式有如刀削一样，故称刀口腐蚀。它只发生于含有铌、钛等稳定剂的奥氏体钢的焊接接头上，初期宽度不超过3～5个晶粒，逐步扩展到1.0～1.5mm。

刀口腐蚀产生原因也和 $M_{23}C_6$ 析出后形成的贫铬层有关。以18-8Ti为例，如图5-8(a)所示，焊前为1050～1150℃水淬固溶处理，使 $M_{23}C_6$ 全部固溶，大部分碳与钛结合成TiC。焊接时，过热区的峰值温度高达1200℃以上，从而使钢中TiC溶入奥氏体中，如图5-8(b)所示。冷却时，由于碳的扩散能力强，优先扩散到晶界聚集而成为过饱和状态，而Ti扩散能力弱，留在了晶内，当接头再经450～850℃敏化加热时，将发生 $M_{23}C_6$，如图5-8(c)所示，从而在晶界形成贫铬区，发生刀口腐蚀。

为了防止刀口腐蚀，除了可采用降低含碳量、焊后进行稳定化处理、减少近缝区过热等措施外，还可采用合理安排焊接顺序，使与腐蚀介质接触的焊缝尽可能最后焊接和后焊焊缝的敏化区不与第一面焊缝表面的过热区重合等措施。

（2）焊接接头的应力腐蚀开裂

应力腐蚀是不锈钢腐蚀中最突出的问题，在化工设备破坏事故中，不锈钢的应力腐蚀超过60%。应力腐蚀裂纹大多发生在焊缝表面，深入焊接金属内部，尖部多分枝，主要穿过奥氏体晶粒，少量穿过晶界处的铁素体晶粒。防止应力腐蚀的主要措施如下。

① 合理调整焊缝成分。这是提高接头抗应力腐蚀的重要措施之一。

② 减少或消除焊接残余应力。通过焊接结构的合理设计，尽量减少接头的拘束度，合理安排焊接顺序，焊后进行消除应力处理。

③ 改变焊件表面状态。对敏化侧表面进行喷丸处理，使该区产生残余应力，或对敏化表面进行抛光、电镀或喷涂等，提高耐腐蚀性能。

④ 采用合理的焊接工艺。选用热源集中的焊接方法、小线能量以及快速冷却处理等措施，减少碳化物析出和避免接头组织过热。

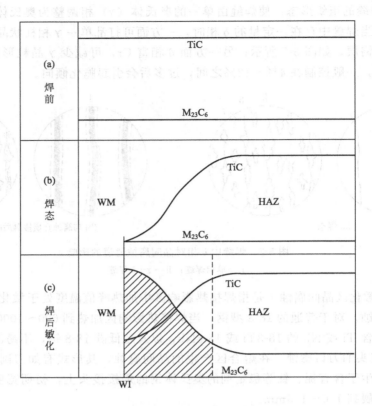

图 5-8　18-8Ti 钢 HAZ 中碳化物分布特征
（WI—焊缝 WM 边界）

⑤ 对于某些特殊的介质，可采用高铬不锈钢 00Cr25Ni25Si2V2Ti（Nb）、00Cr20Ni25Mo4.5Cu 等。

（3）焊接接头的热裂纹

奥氏体不锈钢焊接时，在焊缝和热影响区可能产生热裂纹，其中主要是以结晶裂纹为主，个别钢种会产生液化裂纹。

① 热裂纹产生的原因

a. 奥氏体不锈钢的线胀系数大，热导率小，延长了焊缝金属在高温区停留时间，提高了焊缝金属在高温时经受的拉伸应变。

b. 奥氏体不锈钢焊缝结晶时，液相线与固相线之间的距离大，凝固过程的温度范围大，使低熔点杂质偏析严重，并且在晶界聚集。

c. 纯奥氏体焊缝的柱状晶间存在低熔点夹层薄膜，在凝固结晶后期以液态膜形式存在于奥氏体柱状晶粒之间，在一定的拉应力作用下起裂、扩展形成晶间开裂。

② 影响产生热裂纹的因素

a. 焊缝金属组织　单相奥氏体焊缝对热裂纹较为敏感，这主要是由于单相奥氏体的合金化程度高，奥氏体非常稳定，焊接时易产生方向性很强的粗大柱状晶组织，同时高合金化增大了液固相线的间距，加剧了偏析，此外硫、磷等杂质元素与镍形成低熔点共晶体，在晶界形成熔夹层，增加单相奥氏体对热裂纹的敏感性。

b. 焊缝的化学成分　常用合金元素对奥氏体焊缝热裂纹倾向的影响见表 5-3 所示。其中硫、磷等杂质元素由于在晶间形成低熔点共晶，显著增大了热裂纹敏感性。

表 5-3　常用合金元素对奥氏体焊缝热裂纹倾向的影响

| 元素 | | γ 单相组织焊缝 | γ＋δ 双相组织焊缝 |
|---|---|---|---|
| 奥氏体化元素 | Ni | 显著增大热裂倾向 | 显著增大热裂倾向 |
| | C | 含量为 0.3％～0.5％,同时有 Nb、Ti 等元素时减小热裂倾向 | 增大热裂倾向 |
| | Mn | 含量为 5％～7％时,显著减小热裂倾向,但有 Cu 时增加热裂倾向 | 减小热裂倾向,但若使 δ 消失,则增大热裂倾向 |
| | Cu | Mn 含量极少时影响不大,但 Mn 含量≥2％时增大热裂倾向 | 增加热裂倾向 |
| | N | 提高抗裂性 | 提高抗裂性 |
| | B | 含量极少时,强烈增加热裂倾向,但含量为 0.4％～0.7％时,减小热裂倾向 | — |

c. 焊接应力　焊接区形成较大的应力，是形成焊接热裂纹的必要条件之一。

③ 防止产生焊接热裂纹的主要措施

a. 调整焊缝金属为双相组织　大量实践表明，在奥氏体基础上加入适量的铁素体时，裂纹敏感性大大降低。一般情况下，铁素体的含量应小于 5％，否则会造成脆化，如图 5-9 所示，当 $w_P \leqslant 0.04\%$ 时，3％的 δ 相可获得良好的效果。

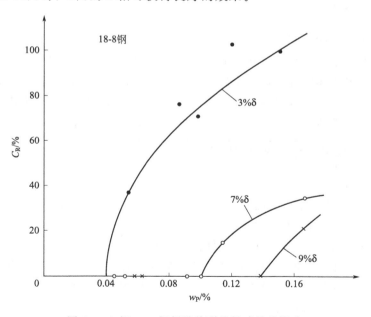

图 5-9　δ 相 18-8 钢焊缝热裂纹敏感性的影响

b. 控制焊缝金属的化学成分　主要应严格控制 S、P 和 Ni 等有害杂质的含量，适当增加 Cr、Mn、Si 和 Mo 等元素的含量。

c. 正确选用焊接材料　用低氢型焊条可以使焊缝晶粒细化，减少杂质偏析，提高抗裂性，但易使焊缝含 C 量增加，降低耐腐蚀性；用酸性焊条，氧化性强，合金元素烧损严重，抗裂性差，而且晶粒粗大，容易产生热裂纹。

　　d. 采用合适的焊接工艺参数　采用小线能量焊接，减少熔池过热，避免形成粗大的柱状晶，如图 5-10 所示；采用快速冷却，减少偏析，提高抗裂性；多层焊时，要控制层间温度，后道焊缝要在前焊道冷却到 60℃ 以下再施焊。

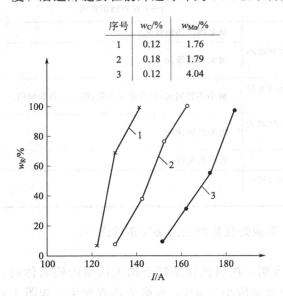

| 序号 | $w_C$/% | $w_{Mn}$/% |
|------|---------|------------|
| 1 | 0.12 | 1.76 |
| 2 | 0.18 | 1.79 |
| 3 | 0.12 | 4.04 |

图 5-10　焊接电流对焊缝　　　　图 5-11　铁素体含量对奥氏体铬镍钢
　　　　热裂纹影响　　　　　　　　　　　　焊缝金属力学性能的影响

　　(4) 铁素体含量的控制

　　焊缝金属的力学性能与铁素体含量有一定的关系，如图 5-11 所示。从图可知，当铁素体含量增加时，奥氏体铬镍钢焊缝金属的强度提高，而塑性下降，从而使材料变脆。但适量的铁素体有利于防止产生焊接热裂纹，因而应严格控制铁素体含量，使其既能防止产生热裂纹，又对材料力学性能影响不大，一般铁素体含量不超过 5% 左右。

## 5.2.2　奥氏体不锈钢的焊接工艺

　　(1) 焊前准备

　　① 下料方法　奥氏体不锈钢一般不采用氧-乙炔火焰切割，常用机械切割、等离子弧切割或碳弧气刨等方法下料和加工坡口。

　　② 焊前清理　焊前应将坡口及其两侧 20～30mm 范围内的油污、油脂等杂质用丙酮消除干净。表面氧化皮较薄时，可用酸洗清除；氧化皮较厚时，可用钢丝刷、打磨或喷丸等机械方法清理。清理完毕后，应涂上白垩粉，防止飞溅损伤钢材表面。

　　(2) 接头形式与坡口尺寸

　　对于不同的板厚，根据不同的焊接方法设计接头的形式和坡口尺寸。奥氏体不锈钢典型的接头形式和坡口尺寸见表 5-4。

　　(3) 焊接材料的选择

　　奥氏体不锈钢焊接要求按"等成分原则"选择焊材，以满足奥氏体不锈钢特殊的使用性能，填充金属的选择主要考虑所获得的熔敷焊缝的显微组织。常用焊接方法焊接奥氏体不锈

表 5-4 奥氏体钢典型接头设计和坡口尺寸

| 接头形式 | 焊接方法 | 板厚/mm | 根部间隙/mm | 钝边/mm | 坡口角度/(°) |
|---|---|---|---|---|---|
| I 形坡口单道焊 | 焊条电弧焊 | 1.0～3.3 | 0～1.0 | — | — |
| | 钨极氩弧焊 | 1.0～3.3 | 0～2.0 | — | — |
| | 熔化极氩弧焊 | 2.0～4.0 | 0～2.0 | — | — |
| I 形坡口两道焊 | 焊条电弧焊 | 3.0～6.35 | 0～2.0 | — | — |
| | 钨极氩弧焊 | 3.0～6.35 | 0～1.0 | — | — |
| | 熔化极氩弧焊 | 3.0～8.13 | 0～1.0 | — | — |
| | 埋弧焊 | 3.8～8.13 | 0 | — | — |
| V 形坡口 | 焊条电弧焊 | 3.0～12.7 | 0～2.0 | 1.5～3.0 | 60 |
| | 钨极氩弧焊 | 3.8～6.35 | 0～0.25 | 1.5～2.0 | 90 |
| | | 6.35～16 | 0～0.51 | 1.0～1.5 | 70 |
| | 熔化极氩弧焊 | 3.8～12.7 | 0～2.0 | 1.5～3.0 | 60 |
| | 埋弧焊 | 7.9～12.7 | 0～2.0 | 1.5～4.0 | 60 |
| X 形坡口 | 焊条电弧焊 | 12.7～32 | 1.0～3.3 | 1.0～4.0 | 60 |
| | 熔化极氩弧焊 | 12.7～32 | 0～2.0 | 2.0～3.0 | 60 |
| U 形坡口 | 焊条电弧焊 | 12.7～19 | 0～2.0 | 2.0～3.0 | 15 |
| 双 U 形坡口 | 焊条电弧焊 | ＞32 | 1.0～2.0 | 2.0～3.0 | 10～15 |

钢的焊接材料选择见表 5-5 所示。

表 5-5 常用奥氏体不锈钢焊接材料的选择

| 钢材牌号 | 焊条 | | 氩弧焊丝 | 埋弧焊材料 | | 使用状态 |
|---|---|---|---|---|---|---|
| | 型号 | 牌号 | | 焊丝 | 焊剂 | |
| 0Cr19Ni9 | E0-19-1016 | A102 | H0Cr21Ni10 | H0Cr21Ni10 | HJ260 HJ151 | 焊态或固溶处理 |
| 1Cr18Ni9 | E0-19-10-15 | A107 | | | | |
| 0Cr17Ni12Mo2 | E0-18-12Mo2-16 | A202 | H0Cr19Ni12Mo2 | H0Cr19Ni12Mo2 | | |
| 0Cr19Ni13Mo3 | E0-19-13Mo2-16 | A242 | H0Cr20Ni14Mo3 | — | — | |
| 00Cr19Ni11 | E00-19-10-6 | A002 | H00Cr21Ni10 | H00Cr21Ni10 | HJ172 HJ151 | 焊态或消除应力处理 |
| 00Cr17Ni14Mo2 | E00-18-12Mo2_16 | A022 | H00Cr19Ni2Mo2 | H00Cr19Ni12Mo2 | | |
| 1Cr18Ni9Ti | E0-19-10Nb-16 | A132 | H0Cr20Ni10Ti H0Cr20Ni10Nb | H0Cr20Ni10Ti H0Cr20Ni10Nb | | 焊态或稳定化和消除应力处理 |
| 0Cr18Ni11Ti | | | | | | |
| 0Cr18Ni11Nb | | | | | | |
| 0Cr23Ni13 | E1-23-13-16 | A302 | H1Cr24Ni13 | — | — | 焊态 |
| 2Cr23Ni13 | | | | — | — | |
| 0Cr25Ni20 | E2-26-21-16 | A402 | H0Cr26Ni21 | — | — | |
| 2Cr25Ni20 | | | H1Cr21Ni21 | | | |

（4）焊接方法的选择

① 焊条电弧焊 奥氏体不锈钢焊条电弧焊具有热影响区小，易于保证质量，适应各种焊接位置与不同板厚工艺要求。为了提高抗热裂能力，多选择碱性焊条，因而常用直流反接

电源。

a. 焊接电流的选择  奥氏体不锈钢焊条电弧焊时尽量采用小电流、快速焊，一般焊接电流比低碳钢低 20％左右。如表 5-6 所示。

表 5-6  奥氏体不锈钢焊接电流选择

| 焊件厚度/mm | 焊条直径 $\phi$/mm | 焊接电流/A | | |
|---|---|---|---|---|
| | | 平焊 | 立焊 | 仰焊 |
| <2.0 | 2.0 | 40～70 | 40～60 | 40～50 |
| 2.0～2.5 | 2.5 | 50～80 | 50～70 | 50～70 |
| 3.0～5.0 | 3.2 | 70～120 | 70～95 | 70～90 |
| 5.0～8.0 | 4.0 | 130～170 | 130～150 | 130～140 |
| 8.0～12.0 | 5.0 | 160～200 | | |

b. 焊接  施焊时应采用短弧、高速焊，尽量减小焊缝截面积（一次焊成的焊缝宽度不应超过焊条直径的 3 倍），焊条不做横向摆动。多层焊时，每焊完一层焊缝后，应彻底清除焊渣，层间温度不能高于 60℃，与腐蚀介质接触的焊缝应在最后焊接。焊后可采取强冷措施，以缩短焊接区在 450～850℃温度区间的停留时间。焊接开始时，不要在焊件上随意引弧，以免损伤焊件表面，影响耐蚀性能，收弧时必须填满弧坑。

c. 焊后热处理  为了防止晶间腐蚀，焊后可进行固溶处理（加热到 1050～1100℃，然后迅速冷却，稳定奥氏体组织）。对含有 Ti、Nb 等稳定化元素的不锈钢，焊后可进行稳定化处理（850～950℃，保温 2h）。

② 埋弧焊  埋弧焊生产效率高，质量容易保证，通常适用于中厚板（6～50mm）的焊接，但有时也用于薄板，由于在进行埋弧焊时 Cr、Ni 元素烧损，可在焊丝或焊剂中给以补偿。

a. 焊接工艺参数的选择  见表 5-7 所示。

表 5-7  埋弧焊焊接工艺参数选择

| 焊件厚度/mm | 焊丝直径 $\phi$/mm | 坡口形式 | 正面焊缝 | | | 反面焊缝 | | |
|---|---|---|---|---|---|---|---|---|
| | | | 焊接电流/A | 电弧电压/V | 焊接速度/(m/h) | 焊接电流/A | 电弧电压/V | 焊接速度/(m/h) |
| 6 | 3.2 | I | 250～300 | 32～34 | 36 | 450 | 32～34 | 36 |
| 10 | 4 | I | 500～550 | 34～36 | 40 | 600 | 34～36 | 30 |
| 12 | 4 | V | 450～500 | 34～36 | 30～32 | 600 | 34～6 | 28～30 |
| 14 | 4 | V | 500～550 | 34～36 | 24～26 | 550～580 | 34～6 | 24～26 |
| 16 | 4 | X | | 34～36 | 20～4 | 560～600 | 34～36 | 20～24 |
| 20 | 4 | X | 550～600 | 34～36 | 20～24 | 560～600 | 34～36 | 20～24 |
| 32 | 4 | X | 550～600 | 34～36 | 18～20 | 560～600 | 34～36 | 18～22 |
| 60 | 4 | U | 480～520 | 36～38 | 26～30 | 560～600 | 34～36 | 25～26 |

　　b. 焊接工艺要点　奥氏体不锈钢的埋弧焊由于熔深浅，坡口钝边不宜过大。焊接线能量及焊丝伸出长度均应小于低碳钢的规范。其余可参照焊条电弧焊的焊接要点。

　　③ 氩弧焊　氩弧焊由于焊接熔池保护好、焊缝质量可靠、电弧稳定、热量集中，焊接变形小，常用于奥氏体不锈钢的薄件焊接。氩弧焊时应选用直流正接电源。氩弧焊焊接工艺参数见表 5-8 所示。

表 5-8　奥氏体不锈钢薄板氩弧焊焊接工艺参数

| 板材厚度/mm | 接头形式 | 焊接电流/A | 气体流量/(L/min) |
| --- | --- | --- | --- |
| 1.0 | 对接 | 40～70 | 3.5～4 |
| 1.5 | 对接 | 50～85 | 4～5 |
| 2.0 | 对接 | 85～120 | 5～6 |
| 3.0 | 对接 | 120～160 | 6～7 |

## 5.2.3　焊接实例

　　采用 316L（00Cr17Ni14Mo2）制作某容器，如图 5-12 所示。工作真空 $5 \times 10^{-4}$ Pa，最高压力 0.1MPa，焊缝不允许有未焊透、未熔合、裂纹和条形缺陷，射线探伤满足 JB 4730.2-2005 Ⅰ 级要求。

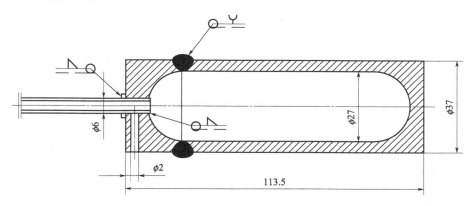

图 5-12　容器结构

　　根据奥氏体不锈钢的材料特点和零件结构特点，选择手工钨极氩弧焊焊接。根据"等成分"原则，同时为增强结构抗晶间腐蚀和热裂纹能力，使接头中尽量不出现铁素体，所以选择 H00Cr19Ni12Mo2 氩弧焊焊丝，焊丝成分见表 5-9。

表 5-9　化学 H00Cr19Ni12Mo2 成分

| 成分 | C | Si | Mn | P | S | Ni | Cr | Mo |
| --- | --- | --- | --- | --- | --- | --- | --- | --- |
| 含量(质量分数)/% | 0.012 | 0.13 | 1.7 | 0.019 | 0.007 | 13.23 | 18.72 | 2.38 |

　　焊接坡口形式如图 5-13 所示。

　　为了防止焊接变形，筒体对接使用点固焊，点固焊缝对称分布。不锈钢焊接时，采用小电流、快速焊；多层焊时严格控制层间温度＜60℃。采用手工钨极氩弧焊熔焊打底，双面氩气保护，焊接参数见表 5-10，焊丝电弧焊填充盖面，焊接参数见表 5-11。

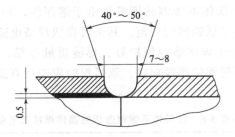

图 5-13　焊接结构坡口形式

表 5-10　手工钨极氩弧焊熔焊焊接参数

| 电源极性 | 焊接电流/A | 焊接电压/V | 钨极直径/mm | 焊接速度/cm·min⁻¹ | 氩气流量/L·min⁻¹ | |
|---|---|---|---|---|---|---|
| | | | | | 外面 | 里面 |
| 直流正极 | 70～90 | 10～14 | 2.4 | 5～8 | 4～6 | 2～3 |

表 5-11　焊丝电弧焊焊接参数

| 电源极性 | 焊接电流/A | 焊接电压/V | 焊丝材料 | 焊丝直径/mm | 焊接速度/cm·min⁻¹ | 氩气流量/L·min⁻¹ | |
|---|---|---|---|---|---|---|---|
| | | | | | | 外面 | 里面 |
| 直流正极 | 70～90 | 10～14 | H00Cr19Ni12Mo2 | 2 | 5～8 | 4～6 | 2～3 |

　　焊接时还应注意，焊前零件应严格清理，零件焊前预热到 300℃，保温 2h，严格控制层间温度，焊接区可用水强冷。

# 5.3　铁素体不锈钢的焊接

　　铁素体型不锈钢是含有足够的 Cr 或 Cr 加一些铁素体形成元素（如 Al、Mo、Ti）的 Fe-Cr-C 三元合金，其中奥氏体形成元素，如 C 和 Ni 的含量比较低。由于其制造成本低，抗氧化性好，具有较好的耐应力腐蚀性能，因而主要用于制作耐氧化、腐蚀的设备，以及汽车工业和家电工业，但其力学性能、耐腐蚀性能和焊接性能不及奥氏体型不锈钢。

## 5.3.1　铁素体型不锈钢的焊接性

　　焊接铁素体型不锈钢最大的问题是热影响区的脆化和焊接接头的晶间腐蚀。

　　(1) 热影响区脆化

　　① 粗晶脆化　焊接时，焊缝和热影响区的近缝区被加热到 950℃ 以上，从而导致晶粒粗大，降低了热影响区的韧性，产生粗晶脆化。

　　② σ 相脆化　σ 相是一种硬脆而无磁性的 FeCr 金属间化合物相，具有变成分和复杂的晶体结构。在纯 Fe-Cr 合金中，$w_{Cr} > 13\%$ 时即可产生 σ 相，其硬度高达 38HRC 以上，并主要集中于柱状晶的晶界。如果焊后在 650～850℃ 温度区间缓慢冷却，铁素体会向 σ 相转化，从而导致接头的韧性降低。

　　③ 475℃ 脆化　是指含 Cr 超过 15% 的铁素体不锈钢，在 430～480℃ 的温度区间长时间加热并缓慢冷却，从而导致在常温时或负温时出现的脆化现象。475℃ 脆化的原因主要是在

Fe-Cr 合金系中，通过产生两相分离，以共析反应的方式时效沉淀析出富 Cr 的 α 相（体心立方结构），引起材料硬化。杂质对 475℃脆化也有促进作用。

（2）焊接接头的晶间腐蚀

铁素体钢产生晶间腐蚀的原因与奥氏体不锈钢基本相同，也是 $M_{23}C_6$ 析出后形成贫铬层的结果。但由于钢的成分和组织不同，铁素体不锈钢出现晶间腐蚀的部位及温度与奥氏体不锈钢不完全相同。

① 普通高铬铁素体不锈钢焊接接头晶间腐蚀　高温加热对不含稳定元素的普通高铬铁素体不锈钢晶间腐蚀敏感性的影响与镍奥氏体不锈钢不同。普通高铬铁素体不锈钢加热到950℃以上温度冷却，将产生敏化腐蚀，在 1100℃水淬或空冷都可能产生严重腐蚀。加热温度越高，敏化程度越大。因此普通高铬铁素体不锈钢焊接热影响区，由于受到热循环高温作用产生敏化，在强氧化性酸中产生晶间腐蚀。产生晶间腐蚀的位置在邻近焊缝的高温区，焊后经 700~850℃退火处理，使铬均匀化，可恢复其耐蚀性。

② 超高纯铁素体不锈钢焊接接头晶间腐蚀　超纯铁素体不锈钢由 1100℃水淬后，与普通铁素体不锈钢不同，腐蚀率很低，不产生晶间腐蚀，晶界上也无富铬碳化物和氮化物析出。由 1100℃空冷，晶界上有碳、氮化物析出，晶间腐蚀严重。在 900℃保温，析出物聚集长大并变得不连续，但没有晶间腐蚀。在 600℃长时保温，晶间上虽有析出物，但消除了晶间腐蚀。因此，晶界上富铬碳化物和氮化物析出与超高纯铁素体不锈钢的晶间腐蚀不存在对应关系。

对于高铬铁素体不锈钢最容易引起敏化的加热温度是 1100~1200℃，正是碳、氮化物大量溶解的温度。冷却过程中，约在 950~500℃，过饱和碳、氮将析出，是否引起贫铬现象与碳氮含量、冷却速度和其他合金元素（如 Mo、Ti、Nb 等）含量有关，如图 5-14 所示，Cr17Ti 的耐蚀能力即明显优于 Cr17。能引起敏化的温度区约在 700~500℃。

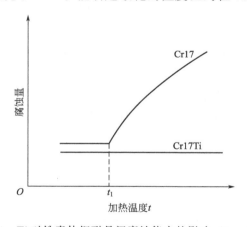

图 5-14　Ti 对铁素体钢耐晶间腐蚀能力的影响（$t_1$＝820℃）

## 5.3.2　铁素体型不锈钢的焊接工艺

（1）焊接方法的选择

铁素体不锈钢通常采用焊条电弧焊、钨极氩弧焊或熔化极氩弧焊焊接。各种焊接方法适用情况见表 5-12 所示。对于普通高铬铁素体不锈钢可采用焊条电弧焊、气体保护焊、埋弧焊、等离子弧焊、电子束焊等熔焊方法；而对于超高纯高铬铁素体不锈钢，为了获得良好的保护，主要采用氩弧焊、等离子弧焊和电子束焊等方法。

表 5-12    铁素体不锈钢电弧焊方法及其适用性

| 焊接方法 | 一般适用板厚/mm |
| --- | --- |
| 焊条电弧焊 | ＞1.5 |
| 钨极氩弧焊 | 0.5～3 |
| 熔化极氩弧焊 | ＞3 |

（2）焊接材料的选择

铁素体不锈钢焊接时填充金属主要有两大类：一类是同质的铁素体型焊条；另一类是异质的奥氏体型（或镍基合金）焊条。选用同质焊条的优点是：焊缝与母材颜色一样、相同的线胀系数和大小相似的耐蚀性，但抗裂性不高。用异质焊条时焊缝具有良好的塑性，应用较多，但要控制好母材金属对奥氏体焊缝的稀释，同时用异质焊条时，不能防止热影响区的晶粒长大和焊缝形成马氏体组织，而且焊缝与母材金属的色泽也不相同。表 5-13 列出了铁素体不锈钢常用的焊条和焊丝。

表 5-13    铁素体不锈钢常用的焊条和焊丝

| 母材钢号 | 对焊接接头性能的要求 | 焊条 | | 焊丝 | 预热及热处理温度 |
| --- | --- | --- | --- | --- | --- |
| | | 型号 | 牌号 | | |
| Cr17<br>Cr17Ti | 耐硝酸及耐热 | E430 | G302 | H0Cr17Ti | 预热 100～200℃<br>焊后 750～800℃回火 |
| Cr17<br>Cr17Ti<br>Cr17Mo2Ti | 提高焊缝塑性 | E316 | A207 | HCr18Ni12Mo2 | 不预热，焊后不热处理 |
| Cr25Ti | 抗氧化性 | E309 | A307 | HCr25Ni13 | 不预热，焊后 760～780℃回火 |
| Cr28<br>Cr28Ti | 提高焊缝塑性 | E310<br>E310Mo | A402<br>A412 | HCr25Ni20<br>— | 不预热，焊后不热处理 |

（3）焊接工艺要点

① 普通高铬铁素体不锈钢的焊接工艺要点

a. 预热    高铬铁素体不锈钢在室温时韧性很低，如图 5-15 所示，若工件刚性大，则易

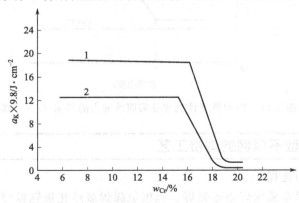

图 5-15    高铬铁素体钢在室温下的韧性

$1—w_C=0.08\%$；$2—w_C=0.20\%$

产生冷裂纹。一般在 70～150℃ 范围内预热，可使焊接接头在富有韧性的状态下施焊，能有效防止裂纹的产生。铬含量越高，预热温度应越高，但预热温度不能过高，否则会使焊接接头近缝区的晶粒急剧长大，引起脆化。

b. 焊接材料的选择　对于焊前预热或焊后进行热处理的焊接构件，可选用与母材金属相同化学成分的焊接材料；对于不允许预热或焊后不能进行热处理的焊接构件，应选用奥氏体不锈钢焊接材料，以保证焊缝具有良好的塑性和韧性。

c. 焊接工艺参数　铁素体不锈钢具有强烈的晶粒长大、475℃ 脆化和 σ 相脆化的倾向。因而要求用小电流、快速度，焊条不横向摆动，多层焊，并且严格控制层间温度，并待前道焊缝冷却至预热温度，再焊下一层。对于大厚度工件，为了减少收缩应力，每道焊缝焊完后，可用手锤轻轻锤击焊缝。

d. 焊后热处理　铁素体不锈钢焊后热处理的目的是消除应力，并使焊接过程中产生的马氏体或中间相分解，获得均匀的铁素体组织。但焊后热处理不能使已经粗化的铁素体晶粒重新细化。常用的焊后热处理方法有两种：一是在 750～800℃ 加热后空冷的退火处理，使组织均匀化，可提高韧性和抗腐蚀性能，退火后应快冷，以防止出现 475℃ 和 σ 相脆化；二是在 900℃ 以下加热水淬，使析出脆性相重新溶解，得到均一的铁素体组织，提高接头的韧性。

采用奥氏体型焊条可免除预热和焊后热处理。

② 超高纯高铬铁素体不锈钢的焊接工艺要点

a. 焊接材料的选择　同钢种焊接时，一般采用与母材同成分的焊丝作为填充材料。焊前应去除焊丝加工或保管过程中产生的表面玷污。

b. 预热　由于超高纯高铬铁素体不锈钢对高温热作用引起的脆化不显著，焊接接头有很好的塑性和韧性，因而不需预热。

c. 焊接工艺措施要点　超高纯高铬铁素体不锈钢焊接时关键是防止焊污染，以免增加焊缝 C、N、O 含量。具体工艺措施要点如下。

（a）增加熔池保护，如采用双层气体保护、用气体透镜、增大喷嘴直径、增加氩气流量等；或者采取在焊枪后面加保护气拖罩的办法，延长焊接熔池的保护时间。填充焊丝时，要特别注意防止焊丝的高温端离开保护区。

（b）采用尾气保护，特别是多层焊时更应注意。

（c）焊缝背面通氩气保护，最好采用通氩的水冷铜垫板，减少过热，增加冷却速度。

（d）尽量减少线能量，多层焊时控制层间温度低于 100℃。

## 5.3.3　焊接实例

Cr17Ti 不锈钢进行焊条电弧焊的实例。焊接接头采用对接 V 形坡口，其坡口角度为 60°～70°。由于这种钢熔化金属流动性较 18-8 型铬镍钢差，为保证焊透，坡口间隙要比 18-8 型铬镍钢大些（为 2～2.5mm）。

Cr17Ti 不锈钢及其焊接结构件可以在室温下（10℃ 以上）进行校正、弯曲和卷圆加工，但必须缓慢施加载荷。Cr17Ti 不锈钢也可以进行热处理，温度为 700～800℃，最高不高于 850～900℃。加热时间总和不多于 30～40min，加热次数不多于 3 次。

焊接可在常温下（10℃ 以上）进行，焊后经过 X 射线探伤检查没有发现裂纹。当母材厚度大于 20mm 时，焊接时需要预热，最低预热温度为 50℃。为了避免晶粒长大和钢的脆化，在保证不产生焊接缺陷的情况下，尽量采用小电流、短弧焊操作方法。焊接电流见表5-14。采用多层焊时，应严格控制层间温度，待前一层冷却后再焊接下一层。焊后进行力学性能试验、金相检验和腐蚀检验，可得到满意的结果。

**表 5-14　Cr17Ti 不锈钢的焊接参数举例**

| 焊接层数 | 焊条直径/mm | 焊接电流/A | 焊接速度/mm·min$^{-1}$ | 电弧电压/V |
|---|---|---|---|---|
| 1 | 3 | 70～80 | 230～240 | 23～25 |
| 2 | 5 | 120～130 | 240～300 | 31～33 |

# 5.4　马氏体不锈钢的焊接

马氏体型不锈钢主要是 Fe-Cr-C 三元合金，与铁素体型不锈钢相对，其铁素体形成元素铬的含量较少，含有较高的奥氏体形成元素 C（有时还含有 Ni）。这类钢具有较高的强度，但其耐腐蚀性能和焊接性能比奥氏体型和铁素体型不锈钢差，主要用于制造硬度、强度和高周疲劳负荷要求较高的零、部件。

## 5.4.1　马氏体型不锈钢的焊接性

焊接马氏体型不锈钢时，常见的问题是热影响区的脆化和冷裂纹。

（1）热影响区脆化

马氏体不锈钢尤其是铁素体形成元素较高的马氏体不锈钢，具有较大的晶粒长大倾向。冷却速度较小时，焊接热影响区易产生粗大的铁素体和碳化物；冷却速度较大时，热影响区会产生硬化现象，形成粗大的马氏体。这粗大的组织会使马氏体不锈钢焊接热影响区塑性和韧性降低而脆化。此外，马氏体不锈钢还具有一定的回火脆性。

（2）焊接冷裂纹

马氏体不锈钢由于含铬量高，极大地提高了淬硬性，不论焊前的原始状态如何，焊接总会使其近缝区产生马氏体组织。马氏体不锈钢热影响区随含碳量增多，导致马氏体转变温度（$M_s$点）下降、硬度提高、韧性降低。随着淬硬倾向的增大，接头对冷裂纹也更加敏感，尤其在有氢存在时，马氏体不锈钢还会产生更危险的氢致延迟裂纹。

对于焊接含奥氏体形成元素碳或镍较少，或含铁素体形成元素铬、钼、钨或钒较多的马氏体不锈钢，焊后除了获得马氏体组织外，还会产生一定量的铁素体组织。这部分铁素体组织使马氏体回火后的冲击韧性降低。在粗大铸态焊缝组织及过热区中的铁素体，往往分布在粗大的马氏体晶间，严重时可呈网状分布，这会使焊接接头对冷裂纹更加敏感。

## 5.4.2　马氏体型不锈钢的焊接工艺

（1）焊接方法的选择

马氏体型不锈钢的焊接方法有焊条电弧焊、埋弧焊和熔化极气体保护焊等，目前仍以焊条电弧焊为主。常用焊接方法及适用性见表5-15所示。

（2）焊接材料的选择

马氏体不锈钢焊接可以采用两种不同的焊条和焊丝。

表 5-15 马氏体型不锈钢电弧焊方法及其适用性

| 焊接方法 | 适用性 | 一般适用板厚/mm | 说　明 |
|---|---|---|---|
| 焊条电弧焊 | 适用 | >1.5 | 薄板焊条电弧焊易焊透、焊缝余高大 |
| 手工钨极氩弧焊 | 较适用 | 0.5~3 | 大于 3mm 可以用多层焊,但效率不高 |
| 自动钨极氩弧焊 | 较适用 | 0.5~3 | 大于 4mm 可以用多层焊,小于 0.5mm 操作要求严格 |
| 熔化极氩弧焊 | 较适用 | 3~8 | 开坡口,可以单面焊双面成形 |
| | | >8 | 开坡口,多层焊 |
| 脉冲熔化极氩弧焊 | 较适用 | >2 | 线能量最低,工艺参数调节范围广 |

① Cr13 型马氏体不锈钢焊条和焊丝　采用 Cr13 型马氏体不锈钢焊条和焊丝,可使焊缝金属的化学成分与母材相近,具有较高的强度,但焊缝的冷裂纹倾向较大。因此焊前应预热,温度不应超过 450℃,以防止 475℃脆化;焊后应进行热处理,一般冷至 150~200℃,保温 2h,使奥氏体各部分转变为马氏体,然后立即进行高温回火,加热到 730~790℃,保温时间每 1mm 板厚为 10min,但不少于 2h,最后空冷。如果焊后冷至室温再进行高温回火,则有产生裂纹的危险。

② Cr-Ni 奥氏体型不锈钢焊条与焊丝　Cr-Ni 奥氏体型焊缝金属具有良好的塑性,可以缓和热影响区马氏体转变时产生的应力。此外,Cr-Ni 奥氏体不锈钢型焊缝对氢的溶解度大,可以减少氢从焊缝金属向热影响区的扩散,有效地防止冷裂纹,因此焊前不需预热。但焊缝的强度较低,也不能通过焊后热处理来提高。

马氏体不锈钢常用焊接材料见表 5-16 所示。

表 5-16 马氏体不锈钢常用的焊接材料

| 母材钢号 | 对焊接接头性能的要求 | 焊　条 | | 焊丝 | 预热及热处理温度 |
|---|---|---|---|---|---|
| | | 型号 | 牌号 | | |
| 1Cr13 | 抗大气腐蚀及汽蚀 | E410 | G202 G207 | H0Cr14 | 焊前预热 150~350℃ 焊后 700~730℃回火 |
| | 耐有机酸腐蚀并耐热 | E410 | G217 | — | |
| 2Cr13 | 要求的焊缝有良好的塑性 | E308 E316 E310 | A102,A107 A202,A207 A402,A407 | H0Cr18Ni9 H0Cr18Ni12Mo2 HCr25Ni20 | 焊前不预热(对厚大工件或预热至 200℃),焊后不进行热处理 |
| Cr12MoV | 540℃ 以下有良好的热塑性 | E11MoVNi | R802 R807 | — | 焊前预热 300~400℃,焊后冷至 100~150℃后,再在 700℃ 以上高温回火 |
| 1Cr12WMoV (F11) | 600℃以下有良好的热塑性 | E11MoVNiW | R817 | — | 焊前预热 300~450℃,焊后冷至 100~120℃后,再在 740~760℃以上高温回火 |

（3）焊接工艺要点

① 预热　焊前预热温度应低于马氏体开始转变温度,一般为 150~400℃,最高不超过 450℃。影响预热温度的主要因素有碳含量、材料厚度、填充金属种类、焊接方法和拘束度等。

含碳量小于 0.1% 时，可不预热，也可预热到 200℃；含碳量为 0.1%～0.2% 时，预热温度为 200～260℃。在特别苛刻情况下可采用更高的预热温度，如预热到 400～450℃。含碳量大于 0.2% 时，需要保持层间温度。

薄板有时可以不预热，即使预热，温度为 150℃ 即可。对于刚性大的厚板结构，以及淬硬倾向大的钢种，预热温度相应高些，通常选在马氏体开始转变温度 $M_s$ 点以上。如焊接厚度大于 25mm，预热温度为 300～400℃。

采用 Cr-Ni 奥氏体不锈钢焊条或焊丝焊接马氏体不锈钢时，一般可以不进行预热，只有在焊接厚板时才预热 200℃ 左右。

② 焊接工艺参数　马氏体不锈钢焊接时，一般选用较大的焊接线能量，可降低冷却速度。同时应保证全部焊透，注意填满弧坑，严格控制层间温度，防止在熔敷后续焊道前发生冷裂纹。

③ 后热及焊后热处理　绝大多数马氏体不锈钢焊后不允许直接冷却到室温，以防止产生冷裂纹。马氏体不锈钢焊接中断或焊完之后，应立即施加后热，以使奥氏体在不太低的温度下全部转变为马氏体（有时还有贝氏体）。如果焊后立即进行热处理，则可以免去后热。

焊后热处理的目的是降低焊缝和热影响区硬度，改善塑性和减少韧性，同时减少焊接残余应力。焊后热处理有两种：一种是焊后进行调质处理，这种应在焊后立即进行；另一种是焊前已进行了调质处理，焊后只进行高温回火处理，而且回火的温度应比调质的回火温度略低，使之不影响母材原有的组织状态。

## 5.4.3　焊接实例

发电机复环与叶片的焊接实例。发电机复环材质为 2Cr13，叶片材质为 1Cr13，均为马氏体不锈钢。采取如下焊接工艺焊接。

① 焊前预热温度为 100℃。

② 选用 A207（E316 型）焊条，其直径为 3.2mm。

③ 在引弧板上引弧，待电弧稳定后引入待焊处，采用短弧焊，收弧时要填满弧坑，减少弧坑裂纹，并使焊缝与母材金属呈圆滑过渡。

④ 焊后为防止焊件的变形和开裂，需进行回火热处理来消除焊接残余应力。回火温度为 700℃，保温 30min，然后随炉冷却。

⑤ 用超声波探伤对焊缝内部进行检测，发现有超标焊接缺陷时，应立即返修。补焊工艺与焊接工艺相同，直至合格为止。

**思考与练习**

1. 填空题

(1) 根据组织的不同，不锈钢可以分为 _____、_____、_____、_____、_____。1Cr13、2Cr13 属于 _____ 钢，1Cr18Ni9Ti 属于 _____ 钢。

(2) 不锈钢腐蚀主要有 _____、_____、_____、_____ 四种。

(3) 产生应力腐蚀条件主要有 _____、_____、_____。

(4) 奥氏体不锈钢发生晶间腐蚀的区域主要在 _____、_____、_____。

(5) 奥氏体不锈钢焊接要求按 _____ 选择焊材。

(6) 奥氏体不锈钢焊条电弧焊时尽量采用 _____ 电流、快速焊，一般焊接电流比低碳钢 20% 左右。

(7) 铁素体不锈钢热影响区脆化主要有 _____、_____、_____ 三种。

（8）铁素体不锈钢发生晶间腐蚀的根本原因是_____。

2. 不锈钢与碳钢在物理性能上有哪些差别？

3. 点蚀和缝隙腐蚀产生的机理相同吗？它们形成的环境有何差别？

4. 试用贫铬理论解释奥氏体不锈钢晶间腐蚀形成机理。如何提高奥氏体不锈钢耐晶间腐蚀的能力？

5. 以 18-8Ti 为例，说明刀口腐蚀产生原因。

6. 试分析奥氏体不锈钢的焊接性。

7. 说明 475℃脆化的定义及形成原因。

8. 马氏体型不锈钢焊接时主要问题是什么？

9. 硝酸储存罐应该使用哪种材料？请编写一份焊接工艺。

# 第6章 铸铁的焊接

铸铁由于具有优良的铸造性能、耐磨性能、减震性能和良好的切削加工性能，在工业领域得到了广泛的应用。目前，铸铁的焊接主要应用于铸造缺陷的焊补、已损坏的铸铁成品件补焊和铸铁件（指球墨铸铁）与钢件连接使用等三种场合。

>>> 知识目标

1. 掌握灰铸铁焊接性；
2. 掌握同质焊缝冷焊法、热焊法和异质焊缝冷焊法焊接工艺制定时的要点；
3. 了解灰铸铁气焊的基本方法，球墨铸铁、白口铸铁、可锻铸铁、蠕墨铸铁焊接性。

>>> 能力目标

能对灰铸铁同质和异质焊缝焊条电弧焊编制合理的焊接工艺，并能解决和分析灰铸铁焊接过程中出现的焊接性问题。

>>> 观察与思考

图 6-1 是某大型立铣铸铁横梁失效部位，需焊接修复，想一想，该横梁如果采用高强钢，是否能达到使用要求。

图 6-1　某大型立铣铸铁横梁（灰铸铁）

## 6.1　灰铸铁的焊接

灰铸铁中碳主要以片状石墨形式存在，分布于不同的基体上，断口呈灰黑色，强度、硬度低，塑性几乎为零，在工业中应用最广。

### 6.1.1 灰铸铁的焊接性

灰铸铁中碳含量和硫、磷杂质含量高，在快速冷却时，结晶时间短，易导致石墨化过程不充分，致使熔合区，甚至焊缝上碳常以化合物状态存在，形成白口及淬硬组织；同时由于其强度和塑性低，在快速冷却而焊件受热不均匀产生较大焊接应力作用下，又很容易产生裂纹。

（1）焊接接头易出现白口及淬硬组织

图 6-2 是含碳量为 3.0%、含硅量为 2.5% 的灰铸铁焊接接头组织变化图。由图可见，产生白口组织的主要区域是焊缝区、半熔化区和奥氏体区。

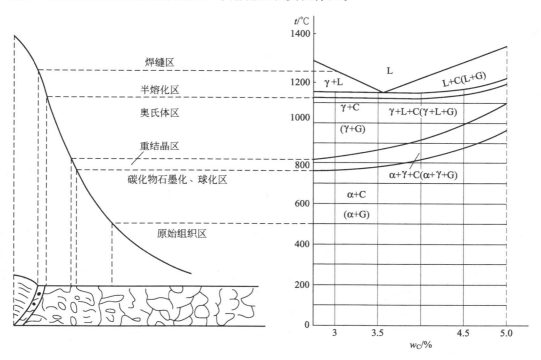

图 6-2 灰铸铁焊接接头组织变化图

C—$Fe_3C$；G—石墨

① 焊缝区 铸铁焊接时，由于所用焊接材料不同，焊缝材质有两种类型：一种是铸铁成分；另一种是非铸铁（钢、镍、镍铁、镍铜或铜铁等）成分。焊缝为铸铁成分时，由于焊接时冷却速度快，焊缝主要为共晶渗碳体、二次渗碳体和珠光体组成，即焊缝基本上为白口组织。即使增大焊接线能量，白口组织也很难消除。当焊缝为非铸铁成分时，不存在白口组织，但由于母材含碳量高，会使焊缝中含碳量增大到高碳，在焊接快冷的条件下，会形成脆硬的高碳马氏体组织。

② 半熔化区 该区域很窄，温度为 1150～1250℃，处于液相线和固相线之间。焊接时，部分铸铁晶粒已熔化，部分铸铁晶粒通过石墨中碳的扩散作用，转变成被碳饱和的奥氏体。由于一般电弧焊过程中，该区冷却速度很快，虽然此区的温度较高，但低于焊缝区，同时又与热影响区相邻，热很快传导给热影响区，加快了冷却速度。因此该区比焊缝更易形成白口

组织和淬硬组织。

③ 奥氏体区　该区处于固相线与共析温度区间上限之间，其温度范围为 820～1150℃，加热时全部为奥氏体加石墨。由于奥氏体中含碳量较高，冷却较快时，会产生马氏体或贝氏体组织，硬度比母材高。

铸铁焊接接头白口组织的存在，不仅造成加工困难，还会引起裂纹等缺陷的产生，因而应避免产生白口组织，其主要途径是改变焊缝化学成分或减缓冷却速度来防止白口组织的产生。

改变焊缝化学成分，主要是增加焊缝石墨化元素含量或使焊缝成为非铸铁组织。如在焊芯或药皮中加入一些石墨化元素（碳、硅等），使其含量高于母材，以促进焊缝石墨化；或使用异质材料，如镍基合金、高钒、铜钢等焊条，让焊缝分别形成奥氏体、铁素体、有色金属等非铸铁组织。这样可改变焊缝中碳的存在形式，以使其不出现冷硬组织，并具有一定的塑性。

减缓冷却速度，可延长熔化区处于红热状态的时间，有利于石墨的充分析出，故可实现半熔化区的石墨化过程。通常采用的措施是焊前预热和焊后保温缓冷。对焊缝为铸铁时，一般预热温度为 400～700℃；焊缝为非铸铁时，一般采用不预热的冷焊方法，有时可略加预热，预热温度为 100～200℃或稍高一些。

（2）焊接接头裂纹

① 冷裂纹　当焊缝金属为铸铁型（同质）时，焊接灰铸铁容易出现冷裂纹，它多在 400℃以下温度产生，并多以横向分布，当温度高于 400℃时，铸铁具有一定的塑性，同时焊缝承受的拉应力降低，此时产生冷裂纹的倾向较小。灰铸铁焊接时，冷裂纹可发生在焊缝或热影响区。

a. 焊缝中的冷裂纹　焊接过程中由于工件局部不均匀受热，焊缝在冷却过程中会产生很大的拉应力，这种拉应力随焊缝温度的下降而增大。当焊缝为灰铸铁时，由于石墨呈片状存在，不仅减少了焊缝的有效工作截面，而且石墨如刻槽一样，在其两端呈严重的应力集中状态。铸铁强度低，400℃以下基本无塑性，当应力超过此时铸铁的抗拉强度时，即发生焊接裂纹。由于焊缝强度低，基本无塑性，裂纹很快扩展，并呈脆性断裂，如图 6-3 所示。

b. 热影响区的冷裂纹　这种裂纹多数发生在含有较多渗碳体及马氏体的热影响区，如图 6-4 所示。有时也可能发生在离熔合线稍远的热影响区。

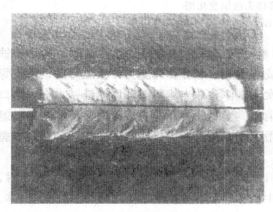

图 6-3　同质焊缝冷裂纹

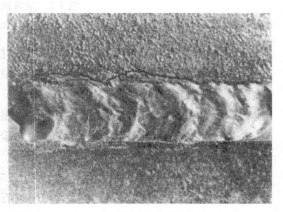

图 6-4　热影响区冷裂纹

当焊接接头刚度大，焊补层数多，焊补金属体积大，使焊接接头处于高应力状态时，如焊缝金属的屈服强度又较高，难以通过塑性变形来松弛焊接接头的高应力，则焊接冷裂纹易于在热影响区的白口区或马氏体区发生。白口铸铁及马氏体灰铸铁不仅脆，而且基本无塑性变形能力，而且它们的抗拉强度也较低。当焊接接头的应力大于该二区中某区的抗拉强度时，裂纹即发生。由于该二区都很脆，裂纹容易沿该二区扩展，严重时，甚至可形成剥离性裂纹，如图6-5所示。此外，由于半熔化区上白口铸铁的收缩率比其相邻的奥氏体区收缩率大，而奥氏体转变为马氏体时，伴随着体积膨胀，更增大该二区之间剪切力，也有助于冷裂纹的发生，如图6-6所示。

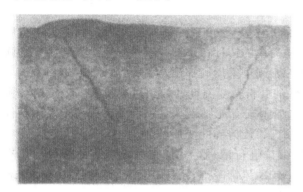

图6-5 铸铁焊接时剥离性裂纹

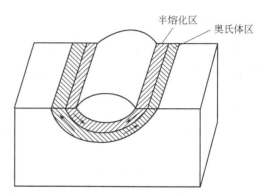

图6-6 半熔化区切应力示意图

② 热裂纹 当焊缝金属为铸铁型（同质）时，由于焊缝由高温冷却时将会析出石墨，伴随产生石墨化膨胀，使焊缝体积增加而收缩率减小，有利于降低接头的拉应力，同时，铸铁焊缝的成分接近于共晶点，其固液温度区间小，脆性温度区较小，所以铸铁型（同质）焊缝的热裂纹倾向不大。

当采用镍基焊接材料及一般常用的低碳钢焊条焊接铸铁时，焊缝金属对热裂纹较敏感。这主要是由于靠近母材的焊缝中，熔入了较多的碳、硫及磷元素；或者在粗大的奥氏体晶界处富集了较多的镍与硫、磷等元素形成的低熔点共晶组织。

由以上分析可知，灰铸铁在焊接时，焊缝裂纹倾向较大。为了防止裂纹的产生，可采用预热或冷焊法等工艺减弱焊接接头的应力；加入稀土元素，调整焊缝金属的化学成分，减小脆性温度区间，增强焊缝的脱硫、脱磷冶金反应；控制焊缝杂质含量并使焊缝晶粒细化等措施。

## 6.1.2 灰铸铁的焊接工艺

灰铸铁的焊接方法有焊条电弧焊、气焊、钎焊和手工电渣焊等。制订焊接工艺时，主要根据：①铸铁的形状，如大小、厚薄和结构复杂程度；②焊接部位缺陷情况，如缺陷类型、大小、刚度等；③焊后质量要求，如焊后接头的力学性能、焊缝颜色、密封性以及加工性等；④现场设备和经济性等要求来选择。其中最常用的是焊条电弧焊和气焊。

（1）同质焊缝的焊条电弧焊

同质焊缝是指焊后形成铸铁型焊缝，其焊条电弧焊工艺可分为热焊（包括半热焊）和冷焊（又称不预热焊）两种。

① 热焊及半热焊 热焊是焊前将铸铁件整体或局部预热到600～700℃，然后在此温度下进行焊接，焊接过程焊件的温度不能低于450℃。其优点是焊件受热均匀，冷却速度缓

慢，有利于焊缝金属石墨化，减少和避免出现白口组织，有利于降低焊接热应力，有效防止产生裂纹。缺点是劳动条件恶劣、加热费用大、工件变形大、表面易氧化等。半热焊是指将铸件整体或局部预热到 300～400℃ 左右。与热焊法相比能改善劳动条件，同时也能获得较好的焊接质量。

　　a. 热焊及半热焊焊条　热焊及半热焊的焊条有两种类型：一种是铸铁芯石墨化铸铁焊条（Z408），主要用于焊补厚大铸件的缺陷；另一种是钢芯石墨化铸铁焊条（Z208），外涂强石墨化药皮。

　　b. 热焊工艺　热焊适用于中厚（>10mm 以上）铸件的大缺陷焊补，对于 8mm 以下的薄壁铸件焊补时，易烧穿，不宜采用。

　　（a）预热　对于结构复杂的铸件（如柴油机缸盖），由于焊补区刚性大，焊缝无自由膨胀收缩的余地，故宜采用整体预热；对于结构简单的铸件，焊补处刚性小，焊缝有一定的膨胀收缩的余地，如铸件边缘的缺陷及小块断裂，则可采用局部预热。

　　预热温度一般在 700℃ 以下，不超过铸铁的共析转变温度，如超过共析转变温度时，则会引起铸铁的基体组织变化，使珠光体中的渗碳体分解形成石墨，从而使铸件硬度和耐磨性降低；同时，由于石墨析出，还伴随着体积长大，使铸件的变形增加。

　　（b）焊前清理　在热焊前，应先对待焊部位进行清理，并加工好坡口。如待焊部位有油污，可用气焊火焰烧掉，同时可用砂轮、扁铲、风铲等工具将缺陷中及其附近 10～20mm 范围的型砂、氧化皮和铁锈等清除干净，直至露出金属光泽。

　　（c）造型　对边角部位及穿透缺陷，焊前为防止熔化金属流失，保证一定的焊缝成形，应在待焊部位造型，如图 6-7 所示。

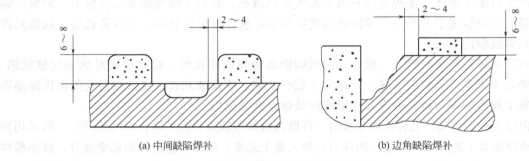

(a) 中间缺陷焊补　　　　　　　　　(b) 边角缺陷焊补

图 6-7　热焊焊补区造型示意图

　　造型材料可用型砂加水玻璃，或黄泥，内壁最好放置耐高温的石墨片，并在焊前进行烘干。

　　（d）焊接　焊接时，为了保证预热温度，缩短高温工作时间，要求在最短时间内焊完，故宜采用大电流、长弧、连续焊。焊接电流一般取焊条直径 $d$ 的 40～60 倍，即 $I=(40～60)d$。

　　（e）焊后缓冷　焊后应采取缓冷措施，一般用保温材料（如石棉灰等）覆盖，最好随炉冷却。

　　热焊法由于劳动条件恶劣，加热费用大，工件变形大，表面易氧化等，因而其发展和应用受到一定限制。

　　c. 半热焊工艺　半热焊法由于预热温度较低，与热焊法相比，改善了焊工劳动条件，但由于加热时塑性变形不明显，因而在焊补刚性较大的铸件时，不易产生变形，同时焊接应力较大，可能导致接头产生裂纹等缺陷，因此，半热焊只适用于焊补区刚度较小或形状简单的铸件。

半热焊预热温度较低，铸件焊接时的温差比热焊条件下大，因而焊接区的冷却速度加快，易产生白口组织。为了防止白口组织及裂纹的产生，焊缝中石墨化元素含量应高于热焊时的含量，一般可采用"Z208"或"Z248"焊条，其焊接工艺基本过程与热焊相同，即大电流、长弧、连续焊，焊后保温缓冷。

② 电弧冷焊　又称不预热焊法。它是在提高焊缝石墨化的基础上，采用大直径焊条、大焊接线能量的连续焊工艺，以增加熔池存在时间，达到降低接头冷却速度、防止白口组织产生的目的。这种方法用于中厚度以上铸件的大缺陷焊补，基本上可以避免白口组织产生，获得了较好的效果。

a. 电弧冷焊焊条　电弧冷焊时由于焊缝冷却速度较快，为了防止出现白口组织，同质焊缝冷焊焊条的石墨化元素碳、硅的含量应比热焊焊条高，一般情况下可采用"Z208"或"Z248"焊条。

b. 电弧冷焊工艺要点

（a）焊前清理及坡口制备　焊接前应对焊补区进行清理并制备好坡口。为防止冷焊时因熔池体积过小而冷速增大，焊补区的面积须大于 $8cm^2$，深度应大于 7mm，铲挖出的型槽形状应光滑，并为上大下小呈一定的角度。如图 6-8 所示。

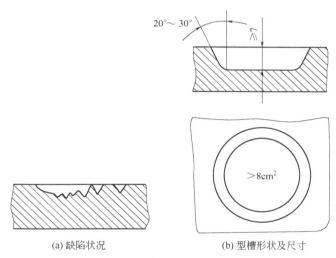

（a）缺陷状况　　　　　　（b）型槽形状及尺寸

图 6-8　铸铁型焊条冷焊焊前准备示意图

（b）造型　坡口制备好后，为防止焊缝液态铁流失和保证焊缝高于母材，应在待焊部位造型。造型方法与材料和热焊法基本相同，如图 6-7 所示。

（c）焊接　焊接时采用大直径焊条，使用直流反接电源，进行大电流、长弧、连续施焊。焊接电流根据焊条直径选择，当焊条直径为 5mm 时，焊接电流约为 $250\sim350A$；焊条直径为 8mm 时，焊接电流约为 $380\sim600A$。电弧长度约为 $8\sim10mm$，由中心向边缘连续焊接。坡口焊满后不要断弧，应将电弧沿熔池边缘靠近砂型移动，如图 6-9（a）所示，使焊缝堆高。一般焊缝的高度要超出母材表面 $5\sim8mm$，以防止半熔化区的白口，焊后焊缝截面形状如图 6-9（b）所示。

焊后立即覆盖熔池，保温缓冷。

（2）异质焊缝的焊条电弧冷焊

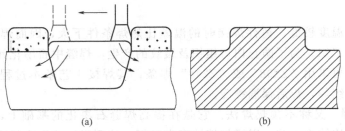

图 6-9　铸铁型焊条冷焊示意图

异质焊缝即焊后形成非铸铁焊缝。电弧冷焊由于焊前不需预热，简化了焊接工艺过程，改善了操作者的工作条件，具有适应范围广、可进行全位置焊接及焊接效率高的特点，因此，这是一种很有发展前途的焊接工艺方法。

① 异质焊缝电弧冷焊焊条　我国目前已发展了多种系列的非铸铁型焊缝铸铁焊条。常用铸铁焊条的性能及用途见表 6-1 所示。

表 6-1　常用铸铁焊条的性能及主要用途

| 牌号 | 型号 | 药皮类型 | 电源种类 | 焊缝金属的类型 | 熔敷金属主要化学成分/% | 主要用途 |
|---|---|---|---|---|---|---|
| Z100 | EZFe-2 | 氧化型 | 交直流 | 碳钢 | — | 一般灰铸铁件非加工面的焊补 |
| Z116 | EZV | 低氢钠型 | | 高钒钢 | C≤0.25，Si≤0.70 V8~13，Mn≤1.5 | 高强度灰铸铁件及球墨铸铁的焊补 |
| Z117 | EZV | 低氢钾型 | 直流 | | | |
| Z122Fe | EZFe-2 | 铁粉钛钙型 | | 碳钢 | — | 多用于一般灰铸铁件非加工面的焊补 |
| Z208 | EZC | 石墨型 | 交直流 | 铸铁 | C2.0~4.0，Si2.5~6.5 | 一般灰铸铁焊补 |
| Z238 | EZCQ | | | 球墨铸铁 | C3.2~4.2，Si3.2~4.0 Mn≤0.80 球化剂0.04~0.15 | 球墨铸铁件焊补 |
| Z238SnCu | EZCQ | | | | C3.5~4.0，Si≥3.5 Mn≤0.80 Sn、Cu、RE、Mg 适量 | 用于球墨铸铁、蠕墨铸铁、合金铸铁、可锻铸铁、灰铸铁的焊补 |
| Z248 | EZC | | | 铸铁 | C2.0~4.0，Si2.5~6.5 | 灰铸铁的焊补 |
| Z258 | EZCQ | | | 球墨铸铁 | C3.2~4.2，Si3.2~4.0 球化剂0.04~0.15 | 球墨铸铁件焊补，Z268 也可用于高强度灰铸铁的焊补 |
| Z268 | EZCQ | | | | C≈2.0，Si≈4.0 球化剂适量 | |
| Z308 | EZNi-1 | | | 纯镍 | C≤2.00，Si≤2.50 Ni≥90 | 重要灰铸铁薄壁件和加工面的焊补 |
| Z408 | EZNiFe-1 | | | 镍基合金 | C≤2.0，Si≤2.5 Ni45~60，Fe 余 | 重要高强度灰铸铁件及球铸铁件的焊补 |
| Z408A | EZNiFeCu | | | 镍铁铜合金 | C≤2.0，Si≤2.0，Fe 余，Cu4~10，Ni45~60 | 重要灰铸铁及球墨铸铁的焊补 |
| Z438 | EZNiFe | | | 镍铁合金 | C≤2.5，Si≤3.0 Ni45~60，Fe 余 | |
| Z508 | EZNiCu | | | 镍铜合金 | C≤1.0，Si≤0.8，Fe≤6.0 Ni60~70，Cu24~35 | 强度要求不高的灰铸铁件焊补 |

续表

| 牌号 | 型号 | 药皮类型 | 电源种类 | 焊缝金属的类型 | 熔敷金属主要化学成分/% | 主要用途 |
|------|------|----------|----------|----------------|-------------------------|----------|
| Z607 | — | 低氢钠型 | 直流 | 铜铁混合 | $Fe \leq 30$，Cu 余量 | 一般灰铸铁件非加工面的焊补 |
| Z612 | | 钛钙型 | 交直流 | | | |

② 异质焊缝的电弧冷焊工艺

a. 焊前清理　焊前应将铸件缺陷周围的型砂、油污清理干净，否则会产生气孔及影响焊接接头质量。清理方法及要求与同质焊缝的焊条电弧焊相同。

b. 坡口制备　常用坡口形式有 U 形与 V 形，坡口形式与尺寸如图 6-10 所示。开坡口前应先在裂纹两端钻止裂孔，孔的位置一般在裂纹前 3～5mm，孔径为 $\phi5\sim8mm$，深度应比裂纹所在的平面深 2～4mm，穿透性裂纹则应钻透。坡口表面进行机械加工时，要尽量平整，以减少基本金属的熔入量。

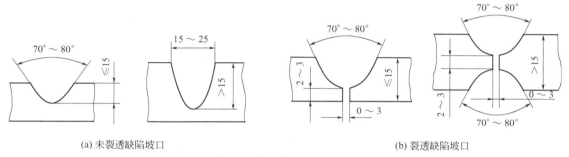

(a) 未裂透缺陷坡口　　　　　　　　(b) 裂透缺陷坡口

图 6-10　裂纹缺陷的坡口

c. 焊接　异质型焊条进行电弧冷焊的主要工艺特点是：采用小焊接电流，"短段、分散、断续"焊接，并且注意焊接顺序，在焊后及时锤击焊道，以减少应力防止裂纹。

冷焊法不是通过预热的方法，而是通过降低焊接区温度来达到降低焊接区与母材温差的目的，因此焊接电流应尽可能小些。若焊接电流过大，一方面会增加熔深，母材铸铁熔入焊缝过多，影响焊缝成分，使熔合区白口层增厚，不仅难以加工，甚至引起裂纹使焊缝剥离；另一方面还会加大焊接区与母材的温差，导致开裂。焊接电流的选择应根据焊条的类型和焊条的直径来确定，如表 6-2 所示。

表 6-2　常用灰铸铁电弧冷焊焊接电流　　　　　　　　　　A

| 焊条类型 | 焊条直径/mm | | | |
|----------|------|------|------|------|
| | 2.0 | 2.5 | 3.2 | 4.0 |
| 氧化铁型焊条 | — | — | 80～100 | 100～120 |
| 高钒铸铁焊条 | 40～60 | 60～80 | 80～120 | 120～160 |
| 镍基铸铁焊条 | — | 60～80 | 90～100 | 120～150 |
| 低碳钢焊条 | — | — | 120～130 | — |

采用"短段、分散、断续"焊接的措施，主要是为了减少焊接应力，防止局部过热。"短段"是指每道焊缝要短，每段焊缝长约 10～40mm（薄壁件取下限，厚壁件取上限）。因

为焊缝越长，所承受的拉应力就越大，采用短段焊将有利于改善焊缝的应力状态；"分散"是指每段焊缝短且不连续，而采取分散多处起焊，以减少接头温差，降低应力；"断续"是指每焊完一段焊缝后，要铸件冷却至约 50～60℃（用手摸），再焊下一道焊缝，以降低焊补处的局部过热倾向。

焊接过程中，每焊一小段后，应立即采用带圆角的尖头小锤快速锤击焊缝。焊缝底部锤击不便时，可用回刃扁铲轻捻，这样既可松弛焊接应力，防止裂纹，又可锤紧焊缝微孔，增加焊缝致密性。

焊接方向应视焊件上裂纹产生的部位来确定，一般应先从刚度大的部位起焊，刚度小的部位后焊，如图 6-11 所示。

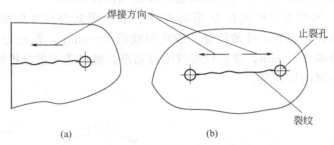

图 6-11　裂纹状态与焊接工艺

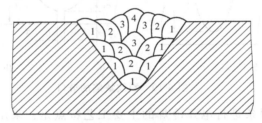

图 6-12　多层焊顺序

对于深坡口（其壁厚为 15～20mm 时），因焊缝体积大，不能一次焊满，焊接后应力增大，容易引起焊缝剥离，因而，还须采取下列措施。

（a）当坡口较大时，应采用多层焊，注意合理的焊接顺序，如图 6-12 所示。多层焊的后层焊缝对前层焊缝和热影响区有热处理作用，可以降低硬度和焊缝收缩应力，减少和防止裂纹与剥离。

（b）当母材材质差，焊缝强度高时，或工件受力大，要求强度高时，可采用栽丝焊法。即在铸件坡口上钻孔攻螺纹，然后拧入钢质螺钉（一般用 M8 螺钉，间距 20～30mm），可防止剥离裂纹的产生，如图 6-13 所示。

（c）坡口内装加强筋条，如图 6-14 所示。焊接厚大铸件时，坡口较深较大，可将加强筋条改成加强板，且叠加几层。这样不仅可承受巨大应力，提高焊补接头的强度和刚性，同时还可减少焊缝金属，降低焊接应力，有效防止焊缝剥离。

（d）当铸件上集中较多裂纹不宜逐条焊补时，可采用镶块焊补法，即将焊补区域挖出，用比铸件壁厚稍薄的低碳钢制备一块尺寸与补焊处相同的镶块，整体焊在铸件上。镶块可以做成凸鼓形，焊后冷却收缩即可拉平；可也在平镶块中间开一缝隙，焊接时亦可起到降低应力的作用（缝隙最后焊），如图 6-15 所示。

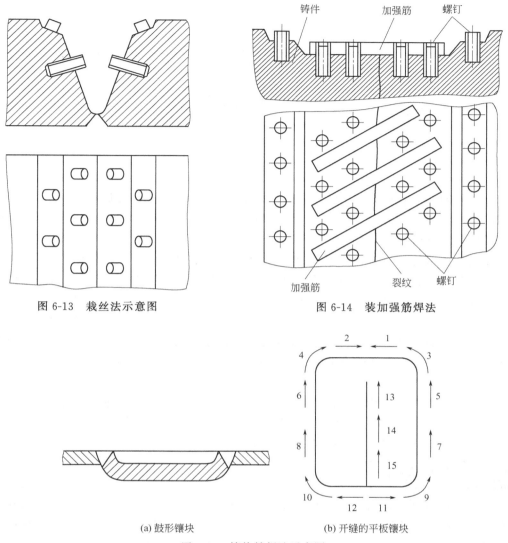

图 6-13 栽丝法示意图

图 6-14 装加强筋焊法

(a) 鼓形镶块　　　　　(b) 开缝的平板镶块

图 6-15 镶块补焊法示意图

（e）当焊补较大的缺陷时，为了节约昂贵的镍基焊条或高钒焊条，可在第一、二层采用镍基焊条或高钒焊条，以后各层低碳钢焊条焊满，称组合焊接法，如图 6-16 所示。

（3）灰铸铁的气焊

气焊时由于氧乙炔火焰的温度比电弧焊低，而且火焰分散，热量不集中，焊接加热时间长，焊补区加热体积大，焊后冷却速度缓慢，有利于焊接接头的石墨化。但是，由于加热时间长，局部区域过热严重，导致加热区产生很大的热应力，容易引起裂纹。因而，气焊铸铁时，对刚度较小的薄壁铸件可不预热；对结构复杂或刚度较大的焊件，应采用整体或局部预热的热焊法；有些刚度较大的铸件，可采用"加热减应区"法施焊。

① 气焊焊接材料 为了保证气焊的焊缝处不产生白口组织，并有良好的切削加工性，铸铁焊丝中含碳和硅较高，常用焊丝有 RZC-1，适用于热焊；焊丝 RZC-2，适用于冷焊。焊接铸铁用气焊熔剂的牌号为"CJ201"，其熔点较低约 650℃，呈碱性。

② 灰铸铁气焊工艺要点

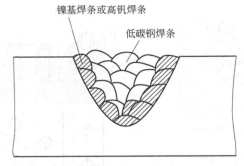

镍基焊条或高钒焊条

低碳钢焊条

图 6-16 组合焊法

a. 焊前准备 检查缺陷、清理缺陷、选择焊丝、熔剂和选用焊炬等。

b. 焊前预热 根据铸件的大小、复杂程度等选择热焊还是冷焊，若热焊，一般将工件整体或局部预热到 600~700℃。

c. 焊接 焊接火焰采用中性焰或弱碳化焰，不能用氧化焰，以防烧损碳、硅等元素，焰心端部距熔池液面 8~10mm，在操作过程中，使火焰始终盖住熔池，以加强保护；焊接速度在保证焊透和排除熔渣、气孔情况下，越快越好；焊炬和焊丝应均匀而又相互协调地运动。

一般较小的铸件气焊时，凡是缺陷位于边角和刚度较小的地方，可用冷焊法；但当缺陷位于铸件中央、接头刚度较大或铸件形状复杂时，应采用热焊法或者是"加热减应区"法焊接。

加热减应区法是气焊铸铁中常用方法之一，这种方法关键是正确选择减应区，同时也要注意边加热减应区边焊接，不焊接时，气体火焰不能对着其他不焊的部位；减应区温度不宜过高，一般不超过 250℃，以免该区性能降低。

## 6.1.3 焊接实例

如图 6-17 所示发动机缸体在使用过程中产生了裂纹 1 和裂纹 2，现要对其进行修补。由于是单件焊补，焊补量不大，考虑到焊接成本、焊接时间和焊缝接头要求，选用异质焊缝电弧冷焊的方法来焊补该发动机侧壁上的两条裂纹，焊接材料选用镍铁合金焊芯、强还原性、强石墨化的 Z408 镍铁铸铁焊条，焊条直径为 3.2mm。

焊前准备：用碱水、汽油擦洗，气焊火焰清除裂纹附近表面上的锈斑、油污及其他杂质，在其不易观察的一面涂上煤油，然后借用放大镜在另一面仔细观察，或在背面涂白垩水察看，找出裂纹的末端，在离裂纹端部 5mm 处钻直径为 8mm 的止裂孔。在裂纹处开如图 6-18 所示的坡口，将裂纹铲净，先用扁铲铲出坡口形状，然后用角向砂轮精心磨削。施焊前，使各段焊道尽可能水平位置，便于操作，用火焰进行低温预热，使待焊处达到 200℃ 左右。

焊接工艺：将 3.2mm 的 Z408 镍铁焊条，烘干放入保温箱中，随用随取。选用直流弧焊机，采用反转法，焊接电流为 90~110A。

本着从拘束度大的部位向拘束度小的部位焊接的原则，裂纹 2 处于拘束度较大的部位，先焊补裂纹 2，又由于裂纹两端的拘束度比中心大，焊接从裂纹两端的止裂孔开始交替向中心分段焊接，有助于减少焊接应力，内外面同时焊，每一段焊道长度约为 10~20mm，每焊

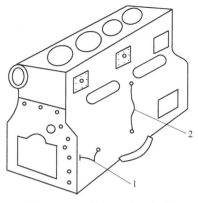

图 6-17 灰铸铁发动机缸体

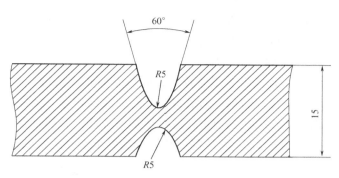

图 6-18 坡口形式

完一段，趁焊缝金属高温下塑性好时，立即用小圆头锤子快速轻击焊缝，直到出现密布的麻点，以此消除伴随冷却收缩而增大的热应力。待到焊道边缘不烫手时，再焊下一段。焊完裂纹 2 后，立即焊补裂纹 1。焊接裂纹 1 时，应从闭合的止裂孔一端向开口端方向分段焊接，焊接方法与焊补裂纹 2 相同。

# 6.2 球墨铸铁的焊接

球墨铸铁与灰铸铁的不同之处在于熔炼过程中加入一定量的球化剂，如 Mg、Ce、Y 等，故石墨以球状存在，从而使力学性能明显提高。

## 6.2.1 球墨铸铁的焊接性

球墨铸铁的焊接性与灰铸铁有许多相似之处，焊接时存在的主要问题是白口、淬硬组织与焊接裂纹。但由于球墨铸铁化学成分和力学性能与灰铸铁不同，其焊接性具有以下特点。

① 焊接接头白口化倾向及淬硬倾向比灰铸铁大 由于球铁中球化剂有阻碍石墨化及提高淬硬临界冷却速度的作用，所以焊接球墨铸铁时，同质焊缝及半熔化区更易形成白口，奥氏体区易出现马氏体组织。

② 焊缝组织、性能与母材相匹配 由于球墨铸铁的强度和塑性等力学性能较好，故对焊接接头的力学性能要求也较高。在熔化条件下，应实现焊接接头与母材组织、性能相匹配。

## 6.2.2 球墨铸铁的焊接工艺

球墨铸铁常用的焊接方法是电弧焊和气焊，而电弧焊又分为冷焊和热焊。异质焊缝常采用镍铁焊条和高钒焊条进行冷焊，当焊缝成分是球墨铸铁时（同质），多采用热焊。

（1）同质焊缝的熔化焊

① 气焊 球墨铸铁气焊有很多优点：气焊温度低，可减少 Mg、Y 等球化剂的蒸发，有利于焊缝球化；气焊火焰热量不集中，加热和冷却过程缓慢，有利于焊接接头石墨化，可减少白口和淬硬组织，防止产生裂纹；气焊方法灵活，焊前可用气体火焰清理油污、开坡口、局部预热工件及后热使接头缓冷等。生产中气焊主要用于薄壁件焊补。

常用气焊焊丝有 RZCQ-1、RZCQ-2 及 HS402，气焊熔剂与灰铸铁相同。

球墨铸铁的气焊工艺与灰铸铁基本相同，采用中性焰或弱碳化焰。对于中、小型球墨铸铁件采用不预热焊补工艺，注意焊接操作及保温；对于厚大工件及刚度大的缺陷焊补时，应采用预热焊补工艺（焊前先预热到 500～700℃），焊后缓冷。

② 焊条电弧焊

a. 焊条　球墨铸铁焊条电弧焊同质焊条可分为两大类：一类是球墨铸铁芯外涂球化剂和石墨化剂药皮，通过焊芯和药皮共同作用，使焊缝中石墨球化；另一类是低碳钢芯外涂球化剂和石墨化剂药皮，通过药皮使焊缝中石墨球化。第一类统一牌号为 Z258 型，第二类统一牌号为 Z238 型。常用球墨铸铁焊条牌号及特点见表 6-3 所示。

表 6-3　球墨铸铁焊条的选用及特点

| 焊补要求 | 牌号 | 焊芯 | 药皮中的球化剂 | 特　点 |
|---|---|---|---|---|
| 厚大件的较大缺陷 | Z258 | 球墨铸铁 | 钇基重稀土及钡、钙 | 球化能力强，焊条直径 4～6mm |
| 焊补处不经热处理可以进行切削加工 | Z238 | 低碳钢 | 适量的镁、铈球化剂 | 药皮中有适量球化剂，适合于球墨铸铁的焊接。可以进行正火处理，处理后硬度 200～300HB。退火处理后硬度 200HB 左右 |
| | Z238F | 低碳钢 | 适量的镁、铈球化剂及微量铋 | 焊缝颜色、硬度与母材接近，适用于铸态球墨铸铁的焊接。焊态硬度为 180～280HB，抗拉强度大于 490MPa。正火处理后硬度为 200～250HB，抗拉强度大于 590MPa。退火后硬度为 160～230HB，抗拉强度大于 410MPa |
| 焊态不进行机加工 | Z238SnCu | 低碳钢 | 适量的镁、铈球化剂，另加适量锡、铜 | 该焊条可以与不同等级的球铁相匹配，冷焊后焊缝存在少量的渗碳体 |

b. 焊接工艺要点

（a）焊前准备　清理缺陷，开坡口，小缺陷应扩大至 $\phi 30～40mm$，深 8mm 以上。

（b）焊前预热　对于大刚度部位较大缺陷的焊补，应采取加热减应区法工艺或焊前预热 200～400℃。

（c）焊接　采用大电流，连续焊工艺，焊接电流 $I = (36～60)d$，$d$ 为焊条直径。中等缺陷应连续填满；较大缺陷采取分段（或分区）填满再向前推移，保证焊补区有较大的焊接热输入量。

（d）焊后处理　焊后应缓冷以防止裂纹，也可根据对基本组织的要求，进行正火或退火处理。如需焊态加工，焊后应立即用气体火焰加热焊补区至红热状态，并保持 3～5min。

（2）异质焊缝焊条电弧冷焊

球墨铸铁焊条电弧焊异质焊条主要有镍铁焊条（Z408）、高钒焊条（Z116、Z117），以及在 Z408 基础上研制的新 Z408、球 408 等焊条。其焊补工艺与灰铸铁冷焊工艺基本相同。

### 6.2.3　焊接实例

某厂生产 QT600-3 球墨铸铁的气缸体，壁厚 28mm，在整个缸体加工基本完成后发现在缸体和冷却层之间的缸壁上有砂眼、裂纹等缺陷，需要进行补焊。球墨铸铁气缸对强度要求较高，而且焊后需要进行加工，因此，选用 EZNiFe-1（Z408）焊条。

焊前，用手砂轮将缺陷加工出 U 形坡口，坡口深 15mm，宽 18mm。由于气缸工作压力较低，故不要求焊透。

补焊分两步进行，首先在坡口两侧用 EZNiFe-1（Z408）焊条堆焊，采用跳焊法，堆焊在裂纹边缘，不能压住裂纹，以免堆焊层过薄被拉裂，焊后立即锤击焊道，为了减少焊接应力先焊厚壁一侧，待冷却后再焊下一段。

第二步在已堆焊的底层焊缝上将裂纹封口，这样可以减少母材对焊缝金属的影响，其顺序是先将端部封住，再由裂纹处起弧，向裂纹一侧堆焊，然后再从裂纹外起弧，向另一侧堆焊。每段焊缝约长 10mm，焊后立即锤击焊道。焊接参数：焊条直径 4mm，焊接电流 130～150A。

# 6.3 白口铸铁的焊接

白口铸铁中的碳几乎全部以渗碳体状态存在，断口呈白色，硬而脆、强度低，不易机加工，但由于其价格低廉，在冶金、矿山机械等行业中应用越来越广泛。

## 6.3.1 白口铸铁的焊接性

白口铸铁焊接时主要问题如下。

① 热应力裂纹及剥离。白口铸铁组织为连续渗碳体的基体上分布着莱氏体与珠光体，硬而脆，其伸长率为"零"，冲击韧度（10mm×10mm 无缺口冲击试样）仅为 $0.3～0.4J/cm^2$，体积收缩率为 $4.5\%～5.4\%$，线收缩率为 $1.6\%～2.3\%$，约为灰铸铁的 2～3 倍。而焊接工艺本身的特点是热源温度高度集中，焊接过程局部被迅速加热熔化，焊接接头冷却过程中冷却速度很快，整个接头存在很大的温度梯度，因此产生很大的拉伸热应力，当这种热应力超过材料的强度极限时，将产生裂纹。对于异质焊缝，裂纹易产生于熔合区和热影响区上。服役过程中，裂纹在疲劳载荷的作用下扩展，从而导致焊接区与母材的剥离。

② 低硬度的异质焊缝，耐磨性不能满足服役条件的要求。一般白口铸铁件多要求具有较高的耐磨性，因此要求焊补区域与母材具有相近的耐磨性，但硬度高的异质焊缝，在常规的焊接工艺下，更易产生裂纹。采用塑性较好的焊条（如 Z308 等），可以减少裂纹，改善焊接性，但焊缝硬度低不能满足耐磨使用性能。

## 6.3.2 白口铸铁的焊接工艺

白口铸铁由于价廉，因而只有厚大件才有修复价值。对于厚大的白口铸铁件，如采用电弧热焊或气焊，不仅工作条件差而且焊补成本高，同时接头长时间处于高温加热，会使母材性能改变，工件变形，焊接工艺控制不当时还会产生裂纹。因此，白口铸铁焊接一般都采用电弧冷焊工艺。

（1）焊接材料的选择

由于白口铸铁硬脆，焊接性极差，因此选择焊接材料时，应使焊缝金属满足：

① 与白口铸铁具有良好的熔合性，结合牢固。

② 适当的硬度，以保证接头的耐磨性与白口铸铁相匹配，并在满足耐磨性条件下，具有较高塑性和韧性，使焊缝金属具有较高的塑变功和撕裂功。

③ 焊缝金属在冷却过程中具有尽量小的收缩系数，以减小焊接过程中焊缝的收缩量。

④ 采用白口铸铁专业焊条 BT-1 和 BT-2 相互配合使用，可达到预期的焊补效果。专用

焊条的主要性能和特点见表 6-4 所示。

表 6-4　白口铸铁专业焊条的性能特点

| 焊条类型 | 药皮类型 | 焊芯类型 | 熔敷金属组织 | 特　点 |
|---|---|---|---|---|
| BT-1 | 石墨型 | Ni-Fe 合金 | 纯奥氏体和球状石墨 | 药皮中加入适量的钡及稀土镁等作球化剂。焊缝金属具有较高塑性,与白口铸铁熔合良好,且球状石墨析出对焊缝的削弱小,线胀系数与白口铸铁相近,焊接时具有较小的焊接热应力,具有较高的抗裂性,主要用于焊缝打底层 |
| BT-2 | 碱性 CaO-CaF₂渣系 | H08A | 马氏体、碳化物质点和残余奥氏体 | 熔敷金属的合金系统为 C-Cr-Mo-Ni-W-V,与白口铸铁熔合良好,焊缝硬度 48～52HRC,具有较高耐磨性,同时又具有较高的抗裂性和抗热疲劳性。主要用于熔敷白口铸铁工作层 |

（2）焊接工艺要点

① 焊前准备　清理缺陷,要清除干净原有的裂层。制备坡口,裂层较浅的坡口其侧面与底面约成 100°角。坡口截面见图 6-19(a) 所示,有利于提高抗裂性。对于深度较大的缺陷,坡口斜度不宜太大,见图 6-19(b) 所示,以减少表层熔合区产生裂纹。

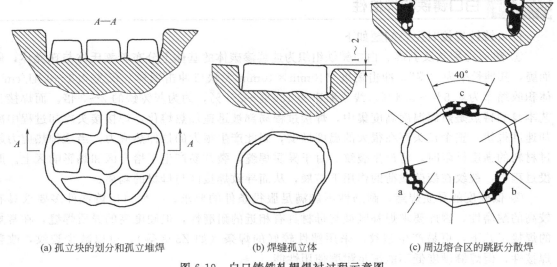

| (a) 孤立块的划分和孤立堆焊 | (b) 焊缝孤立体 | (c) 周边熔合区的跳跃分散焊 |
|---|---|---|

图 6-19　白口铸铁轧辊焊衬过程示意图

② 焊接顺序　用 BT-1 焊条焊补底层,用 BT-2 焊条焊补工作层,使整个接头为"硬-软-硬",既满足性能要求,又提高抗裂和剥离性能。

③ 焊接时采用"大电流,高温重锤击"　用 BT-1 焊条打底时,焊接电流为正常焊接电流的 1.5 倍以上($\phi$4.00mm 的 BT-1 焊条,$I=240$A),形成大熔深,使焊缝底部与母材形成曲折熔合面,增强焊缝与母材的熔合,有利于提高抗裂性和抗剥离能力。

焊后由于产生很大的热应力,必须进行锤击消除应力。锤击时应把握"锤击时机、锤击力大小和锤击次数"。锤击力一般为传统的铸铁冷焊工艺锤击力的 10～15 倍;锤击时机以在较高温度区间（800～400℃）为宜,温度低于 300℃时不宜再锤击,此时焊缝金属硬度增加,延展性变差,锤击不仅不能消除残余应力,反而由于剧烈的震动和冲击使熔敷焊缝剥离;锤击次数应与锤击力大小相互联系,当采用重锤击时,应减少锤击次数,以每秒 2 次为宜。

④ 分块孤立堆焊　将清理后的缺陷用 BT-1 打底后,划分成 40mm×40mm 的若干个孤立块,各块之间及孤立块与母材之间的间隙为 7～9mm,如图 6-19(a) 所示。用 BT-2 分别

在各孤立块内进行补焊，可以跳跃堆焊或分散堆焊，始终保留间隙，并且确保孤立块与母材之间的间隙，以减少焊接过程热应力作用于周边母材而导致裂纹的产生。每块焊到要求的尺寸后，再将各孤立块间隙填满，最后使整个焊缝成为与周边母材保持预留间隙的"孤立体"，如图 6-19(b) 所示。

⑤ 焊缝与周边焊材最后焊合　焊缝与周边母材的最后焊合是焊补成功的关键，可以先将周边分成 a、b、c…若干段，每段长约 40mm，焊补顺序按 a→b→c…跳跃分散进行，如图 6-19(c) 所示，层间用扁凿锤击焊缝一侧，切忌锤击在熔合区外的白口铸铁侧，以防止锤裂母材。焊接时采用大电流电弧倾斜向焊缝，以防止母材过热。

⑥ 焊后整个焊补面应调出周围母材 1~2mm，然后用手动砂轮磨平。

# 6.4　其他铸铁的焊接

## 6.4.1　可锻铸铁的焊接

可锻铸铁中石墨呈团絮状，它与灰铸铁相比，有较好的强度和塑性，特别是低温冲击韧性较好，耐磨性和减振性优于碳素钢，主要用于管类零件、农机具和汽车。

焊补可锻铸铁常用的方法有焊条电弧焊、钎焊和气焊，对于加工面多采用黄铜钎焊，非加工面一般采用焊条电弧冷焊。

(1) 可锻铸铁的焊接性

可锻铸铁中的碳、硅含量比灰口铸铁低，导致同质焊缝熔化焊时，焊缝及半熔化区形成白口倾向更加严重，使可锻铸铁的焊接更加困难。

(2) 可锻铸铁的焊接工艺

① 焊条电弧焊工艺　可锻铸铁焊条电弧焊可选用 Z408 焊条（加工面焊补）、Z116 焊条（非加工面焊补）、J506 和 J507 焊条。

② 气焊工艺　损坏的螺孔可用气焊修复。先将损坏的螺孔用钻头扩孔，然后用铸铁焊丝氧乙炔火焰焊补，焊后再在原位置钻孔、攻螺纹；受磨损的可锻铸件可用铸铁焊丝氧乙炔火焰气焊进行表面堆焊，堆焊时也要和钎焊一样，不能使工件熔化，而只将焊条熔化。

## 6.4.2　蠕墨铸铁的焊接

蠕墨铸铁中石墨呈蠕虫状，它的力学性能介于灰铸铁与球墨铸铁之间，主要用来制造大功率的柴油机气缸盖、电动机外壳等。

(1) 蠕墨铸铁的焊接性

蠕墨铸铁除含有 C、Si、Mn、S、P 外，还含有少量稀土蠕化剂，其含量比球墨铸铁低，故焊接接头形成白口倾向比球墨铸铁小，但比灰铸铁大。在基体组织相同的情况下，蠕墨铸铁的力学性能高于灰铸铁而低于球墨铸铁，因此，蠕墨铸铁的焊接性比灰铸铁差，比球墨铸铁稍好。蠕墨铸铁的抗拉强度为 300~500MPa，伸长率为 1%~6%，为了与蠕墨铸铁力学性能相匹配，其焊缝及焊接接头力学性能应与蠕墨铸铁相等或相近。

(2) 蠕墨铸铁的焊接工艺

① 气焊工艺　采用如表 6-5 所示工艺可使焊接接头的力学性能与蠕墨铸铁母材相匹配，并有满意的加工性能。

表 6-5　蠕墨铸铁的气焊工艺及焊接接头性能

| 方法 | 焊接材料 | 焊接接头性能 | | | | |
|---|---|---|---|---|---|---|
| | | 焊缝蠕墨化率/% | 基体组织 | 硬度(HB) | 抗拉强度/MPa | 伸长率/% |
| 氧乙炔中性焰 | 铸铁焊丝＋铸201焊剂 | 70 | 铁素体＋珠光体 | 230 | 370 | 1.7 |

② 同质焊缝电弧冷焊工艺　采用 H08 低碳钢芯，外涂强石墨化药皮，并加入适量的蠕墨化剂和特殊元素，在缺陷直径大于 $\phi40mm$、缺陷深度大于 8mm 的情况下，配合大电流连续焊工艺，可形成与蠕墨铸铁力学性能相匹配的接头，如表 6-6 所示。

表 6-6　蠕墨铸铁电弧冷焊工艺及焊接接头性能

| 方法 | 焊接材料 | 焊接接头性能 | | | |
|---|---|---|---|---|---|
| | | 焊缝蠕墨化率/% | 基体组织 | 硬度(HB) | 抗拉强度/MPa | 伸长率/% |
| 电弧冷焊 | H08 | 50 | 铁素体＋珠光体 | 270 | 390 | 1.5 |

③ 异质焊缝电弧冷焊工艺　采用 Z308 纯镍焊条电弧冷焊，具有良好的加工性，但其熔敷金属的抗拉强度仅为 238MPa 左右，达不到蠕墨铸铁力学性能。

**思考与练习**

1. 填空题

(1) 灰铸铁焊接性主要问题是_____和_____。

(2) 促进灰铸铁焊缝石墨化的方法主要有_____和_____。

(3) 同质材料热焊法时焊接参数选择原则_____，同质材料冷焊法时焊接参数选择原则_____。

(4) 异质材料冷焊法时焊接参数选择原则_____。

(5) 灰铸铁气焊应采用_____或_____火焰焊接。

(6) 球墨铸铁的焊接性主要问题有_____和_____。

(7) 白口铸铁的焊接性主要问题有_____和_____。

2. 试分析灰铸铁冷焊时形成白口及淬硬组织的原因。

3. 试分析灰铸铁冷焊时形成裂纹的原因及防止措施。

4. 分析灰铸铁热焊和半热焊的异同。

5. 为什么灰铸铁异质型焊条焊接时要采用"小焊接电流，短段、分散、断续"焊接？

6. 灰铸铁深坡口（其壁厚为 15～20mm 时）焊时，如何防止焊缝剥离？

7. 白口铸铁焊接时，为何要采用"大电流"，如何控制"锤击时机、锤击力大小和锤击次数"？

8. 图 6-1 使用的铸铁材料焊接性如何？请编制焊接工艺。

# 第7章　常用有色金属的焊接

随着工业的发展，有色金属也得到了广泛使用，其中使用最多的是铝、铜和钛等。有色金属由于其物理和化学性能与合金钢和非合金钢（碳钢）有较大的差异，因而其焊接性和焊接工艺也有特殊的一面。

## 知识目标

1. 了解铝、铜、钛及其合金的性能特点和应用；
2. 熟悉铝、铜、钛及其合金的焊接性；
3. 掌握铝、铜、钛及其合金的焊接工艺。

## 能力目标

能够根据铝、铜、钛及其合金的实际条件正确分析它们的焊接性，并可以制订相应的焊接工艺。

## 观察与思考

观察图 7-1 三幅图片，思考如下问题：

1. 图 7-1(a) 中的铝合金结构需要承受一定的强度，铝合金焊接时可能会出现什么问题？采用何种焊接工艺方法比较合适？

2. 图 7-1(b) 所示铜壶的材质为黄铜，吊耳和鹅颈壶嘴均焊在壶体上，请问用何种焊接方法比较合适，需注意哪些事项？

3. 图 7-1(c) 所示的钛合金管道采用哪种焊接方法比较合适？

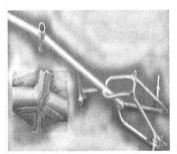

(a) 铝合金自行车架　　　　　　　　　(b) 铜壶　　　　　　　　　(c) 钛合金管道

图 7-1　几种有色金属构件

## 7.1　铝及铝合金的焊接

铝及铝合金具有良好的耐蚀性、导电性和导热性，以及较高的比强度（强度/密度），目前广泛应用于航空、航天、汽车、机械制造、电力和化工等行业。

## 7.1.1 铝及铝合金的焊接性

铝及铝合金由于其物理和化学性能较特殊，因而其焊接性比碳钢较差，主要表现为以下几方面。

（1）氧化能力强

铝与氧的亲和力大，在空气中极易结合成致密的、厚度约为 $0.1\mu m$ 的 $Al_2O_3$ 薄膜。$Al_2O_3$ 的熔点远远超过铝，约为 2050℃，其密度（$3.95g/cm^3$）约为铝的 1.4 倍，焊接时不易上浮，在焊缝中易形成夹杂；同时 $Al_2O_3$ 薄膜吸水能力强，在焊接时易于在焊缝中产生气孔。因而，铝及铝合金焊接前应严格清理焊件和焊丝表面的氧化膜，并对熔池及高温区金属进行保护，防止在焊接过程中产生氧化膜。

（2）热导率和比热容较大

铝及铝合金的热导率大（约为钢的三倍）、比热容高（约为钢的两倍），在焊接时有大量的热量被迅速传导到其他部位，需消耗大量的热量。因而焊接铝及铝合金时，为了保证接头处熔合良好，应采用能量集中、功率较大的热源，有时还需采取预热等工艺措施。

（3）焊缝中容易形成气孔

气孔是铝及铝合金焊接时常见的缺陷之一，其主要原因是由于焊接时存在大量的氢。

铝及铝合金的液体熔池很容易吸收气体，在高温下溶入大量气体，焊后冷却凝固过程中来不及析出，而聚集在焊缝中形成气孔；同时，弧柱气氛中的水分、焊接材料及母材表面氧化膜吸附的水分都可能产生大量的氢，从而形成气孔。因此，焊前必须对铝及铝合金表面严格清理，并制订合理的焊接工艺防止气孔的产生。

（4）焊缝热裂纹倾向大

铝及铝合金的线胀系数约为钢的两倍，凝固时的体积收缩率达 6.5％左右，在焊接共晶型铝合金时，会产生过大的内应力而在脆性温度区间产生热裂纹，尤其是高强铝合金焊接时最常见，如图 7-2 所示。因而生产中常采用调整焊丝成分，增加易熔共晶数量，产生"愈合"作用；加入变质剂 Ti、Zr、V、B 等产生包晶反应，形成难熔的化合物，细化晶粒；限制有害杂质含量，改变 Fe、Si 化合物的分布和采用合理的焊接工艺等来防止热裂纹的产生。

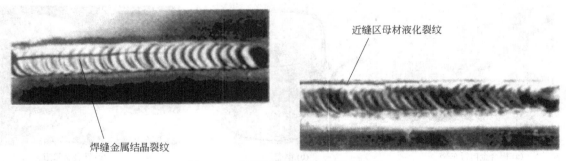

图 7-2　2A12T4 铝合金焊接裂纹示意

（5）降低焊接接头的力学性能

焊接热处理强化的铝合金时，由于焊接热的影响，会使基体金属近缝区的某些部位力学性能变坏，特别是焊缝区、半熔化区和过时效软化区，如图 7-3 所示。

焊缝区为铸造组织，组织疏松且晶粒粗大，若焊缝与母材成分相同时，强度差别不大，但塑性一般都不如母材；若焊缝成分不同于母材时，如焊缝共晶数量增多，则焊缝塑性越

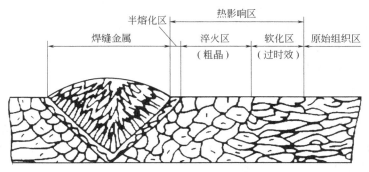

图 7-3　热处理强化铝合金焊接接头组织示意

差，从而使接头强度及塑性在焊态下远远低于母材。半熔化区除了晶粒粗化而降低塑性外，还有可能因晶界局部液化，出现晶粒过烧和被氧化，使塑性严重下降，有时还会出现显微裂纹。过时效软化区由于加热温度超过了时效温度而产生退火作用，使合金时效强化作用完全或部分消失，从而使强度、硬度等大大降低。

（6）焊接接头耐蚀性下降

铝及非热处理强化铝合金从固态到液态无同素异构转变，在无其他细化晶粒措施的情况下，易形成较大的晶粒；同时，在焊接热循环的作用下，热影响区性能的变化、焊材中元素的烧损、焊接应力和焊接缺陷的存在及母材与焊缝成分的差异等，导致接头的耐蚀性低于母材。

（7）焊接操作困难

铝及铝合金在高温下强度低、塑性差，以致不能支撑熔池中液态金属的重量，使焊缝底部形成塌陷或烧穿，在焊接薄板时应采用夹具和垫板；同时，铝及铝合金加热、冷却过程中无明显的颜色变化，不易从色泽变化判断熔池的加热状态，给焊工的操作带来一定的困难。

## 7.1.2　铝及铝合金的焊接工艺

（1）焊接方法

铝及铝合金的焊接方法很多，各种方法有不同的应用范围，必须根据材料的牌号、厚度、生产条件、产品结构及接头质量要求等因素综合选择。目前常用焊接方法有：气焊、焊条电弧焊、钨极氩弧焊、熔化极氩弧焊、等离子弧焊、超声波点焊以及真空电子束焊和爆炸焊等特殊焊接方法。

① 气焊　氧-乙炔气焊火焰的热功率较电弧焊低，热量较分散，因此焊件变形大，生产率低。用气焊焊接较厚大工件时需预热，焊后的焊缝金属不但晶粒粗大，组织疏松，而且容易产生氧化铝夹渣及裂纹等缺陷。但由于其设备简单、经济方便，常用于焊接厚度不大的不重要结构，薄板对接和铸件补焊等。

② 焊条电弧焊　焊条电弧焊热量集中，焊接速度较快，但铝焊条容易受潮，接头的质量差，在工业中应用较少，仅用于板厚大于 4mm 但要求不高的工件焊补及修理。

③ 钨极氩弧焊　钨极氩弧焊（TIG）热量集中，电弧燃烧稳定，焊缝金属致密，接头的强度和塑性高，可获得满意的接头，在工业中应用较广。一般采用交流钨极氩弧焊，利用其"阴极破碎作用"可焊接板厚在 1~20mm 的重要结构。

④ 熔化极氩弧焊　熔化极氩弧焊（MIG）电弧功率大、热量集中、焊接速度快、热影响区小，生产效率比手工钨极氩弧焊高 2～3 倍，可焊板厚在 50mm 以下的纯铝及铝合金板材。熔化极氩弧焊可实现自动焊或半自动焊，半自动焊时操作灵活，适用于点固焊道、断续的矮小焊缝及结构形状不规则的焊件。

（2）焊接材料

铝及铝合金的焊接材料主要指填充焊丝、焊条和气焊熔剂等。

① 焊丝　选择焊丝要考虑成分要求，产品的力学性能、耐蚀性能，结构的刚性、颜色及抗裂性等问题。当缺乏标准焊丝时，可采用与母材成分相同或相近的材料切条。常用铝及铝合金焊丝选用见表 7-1、表 7-2 所示。

**表 7-1　同种牌号铝及铝合金焊接用焊丝**

| 母材 | | 填充焊丝 | 备注 |
|---|---|---|---|
| 高纯铝 | L01 | L01、L02 | |
| | L02 | L02 | |
| 工业纯铝 | L1 | L1、L01 | |
| | L2 | L2 或 L1、丝 301 | |
| | L3 | L2、丝 301 或 L3、丝 302 | |
| | L4 | 丝 301、丝 302 或 L3、L4 | |
| | L5 | 丝 301、丝 302 或 L3-L5 | |
| | L6 | 丝 301、丝 302 或 L3-L6 | ①LF6 中增加 0.15%～0.24% 钛可提高抗裂性能 |
| 铝镁合金 | LF2 | LF3 | ②焊丝成分：Cu 5%～7%、Mg 2%～3%、Ti 0.2%，余量为 Al |
| | LF3 | LF3、LF5、丝 331 | ③焊丝成分：Cu 6%～7%、Ni 2%～5%、Mg 1.6%～1.7%、Mn 0.4%～0.6%、Ti 0.2%～0.3%，余量为 Al |
| | LF5 | LF5、LF6、丝 331 | ④焊丝成分 1：Mg 6%、Zn 3%、Cu 1.5%、Mn 0.2%、Ti 0.2%、Cr 0.25%，余量为 Al；成分 2：Mg 3%、Zn 6%、Ti 0.5%～1%，余量为 Al |
| | LF6 | LF6（见备注①） | |
| | LF11 | F11 | |
| 铝锰合金 | LF21 | LF21、丝 321、丝 331 | |
| 铸铝 | ZL101 | ZL101 | |
| | ZL104 | ZL104 | |
| 锻铝 | LD2 | LT1 | |
| 硬铝 | LY12 | 见备注② | |
| | LY16 | 见备注③ | |
| | LY17 | 见备注③ | |
| 超硬铝 | LC4 | 见备注④ | |

**表 7-2　异种牌号铝及铝合金焊接用焊丝**

| 母材 | Z101 | ZL04 | LF6 | LF5 LF11 | LF3 | LF2 | LF21 | L6 | L3～L5 |
|---|---|---|---|---|---|---|---|---|---|
| 焊丝 | | | | | | | | | |
| L2 | ZL101 丝 311 | ZL104 丝 311 | LF6 | LF5 | LF5 | LF3 LF2 | LF21 丝 311 | L2 | L2 |

续表

| 母材 | Z101 | ZL04 | LF6 | LF5 LF11 | LF3 | LF2 | LF21 | L6 | L3~L5 |
|---|---|---|---|---|---|---|---|---|---|
| L3~L5 | ZL101 丝311 | ZL104 丝311 | LF6 | LF5 | LF5 丝311 | LF3 LF2 | LF21 丝311 | L2 | |
| L6 | ZL101 丝311 | ZL104 丝311 | LF6 | LF5 | LF5 丝311 | LF3 LF2 | LF21 丝311 | | |
| LF21 | ZL101 丝311 | ZL104 丝311 | LF21 LF6 | LF5 | LF5 丝311 | LF3 LF2 | | | |
| LF2 | ZL101 丝311 | ZL104 丝311 | LF6 | LF5 | LF5 丝311 | | | | |
| LF3 | | | LF6 | LF5 | | | | | |
| LF5、LF11 | | | LF6 | | | | | | |

② 气焊熔剂 气焊时，为了保证焊接质量，常用气焊熔剂清除铝及铝合金的氧化膜及其他杂质。气焊熔剂是各种钾、钠、锂、钙等元素的氯化物和氟化物粉末混合物。气焊熔剂的使用方法是先把气焊熔剂用蒸馏水调成糊状（每100g气剂约加入50mL水），然后涂于焊丝表面及焊件坡口两侧，涂层厚度约为0.5~1.0mm，调好的熔剂应在12h内用完。常用气焊熔剂配方见表7-3所示。目前应用最多的气焊熔剂牌号为"气剂401"，其成分与表7-3中1号配方相近。

表 7-3 铝气焊熔剂配方（质量分数） %

| 序号 | KCl | NaCl | NaF | LiCl | BaCl | Na₃AlF₆ | 备注 |
|---|---|---|---|---|---|---|---|
| 1 | 50 | 28 | 8 | 14 | — | | 气剂 401 |
| 2 | 30 | 45 | 15 | 10 | — | | |
| 3 | 40 | 20 | 20 | — | 20 | | |
| 4 | 40 | — | — | — | 40 | 20 | |
| 5 | 30 | 45 | 15 | 10 | — | | |

③ 焊条 铝及铝合金焊接用焊条，其药皮组成与气焊熔剂相似，一般由氯化物和氟化物组成，常用焊条牌号有L109、L209、L309等。

（3）焊前准备及焊后清理

① 焊前准备 铝及铝合金焊接时，要求严格清除工件坡口及焊丝表面的氧化膜及油污等。常用的清理方法有化学清洗和机械清理两种。

a. 化学清洗 化学清洗效率高，质量稳定，适用于清理焊丝及尺寸不大、成批生产的工件，常用的清洗方法有浸洗法和擦洗法。化学清洗溶液配方及清洗工序流程见表7-4所示。

表 7-4 化学清洗溶液配方及清洗工序流程

| 除油 | 1. 用汽油、丙酮、四氯化碳等溶剂 |
|---|---|
| | 2. 用工业磷酸三钠 40~60g、碳酸钠 40~50g、水玻璃 20~30g、水 1L，加热到 60~70℃，对坡口除油（5~10min），再放入 50℃ 水中冲洗 20min，最后在冷水中冲洗 2min |

续表

| 去除氧化膜 | 被清洗材料 | 碱洗 | | | 冷水冲洗时间/min | 中和清洗 | | | 冷水冲洗时间/min | 干燥 |
|---|---|---|---|---|---|---|---|---|---|---|
| | | NaOH溶液/% | 温度/℃ | 时间/min | | HNO₃溶液/% | 温度/℃ | 时间/min | | |
| | 纯铝 | 6～10 | 40～50 | 10～20 | 2 | 30 | 室温 | 2～3 | 2 | 风干或100～1500℃烘干 |
| | 铝合金 | 6～10 | 50～60 | 5～7 | 2 | 30 | | 2～3 | 2 | |

b. 机械清理　对清洗要求不高、工件尺寸较大、难用化学清洗或清洗后易被玷污的焊件，可采用机械清理法。清理时，先用有机溶剂（如丙酮或汽油等）探试表面除油，然后用直径约 $\phi0.15mm$ 的铜丝刷或不锈钢丝刷进行刷洗，直到露出金属光泽。一般不宜用砂轮或砂纸等打磨，否则易使砂粒留在金属表面，焊接时产生夹渣等缺陷。

工件清洗后应及时装配焊接，否则焊件表面会重新氧化。一般清理后的焊丝或焊件存放时间不超过24h，在潮湿条件后，不应超过4h。

c. 垫板　为了防止焊接铝及铝合金时烧穿、凹陷等缺陷，保证背面良好成形，在允许的条件下，单面焊缝可采用垫板。垫板可用石墨板、不锈钢或碳钢等制造，一般均要开槽，常用垫板和开槽尺寸见图7-4。

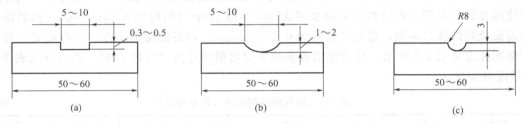

图7-4　垫板和开槽尺寸示意

d. 焊前预热　为了防止裂纹、减少气孔和焊接应力等缺陷，对厚度超过5～8mm的厚大铝件，焊前需将工件缓慢预热到100～300℃。

② 焊后清理　焊后残留在焊缝及附近的熔剂和焊渣会破坏氧化铝保护膜，应尽快清除，常用的清除方法如下。

a. 用60～80℃的热水刷洗。

b. 先用60～80℃的热水刷洗，后用60～80℃的稀铬酸（质量分数为2%）溶液浸洗5～10min，最后用清水冲洗干净。

c. 先用热水刷洗，后用质量分数为5%的硝酸和2%的重铬酸溶液清洗，最后用清水冲洗干净。

d. 用质量分数为10%的稀硫酸刷洗或浸洗，然后用清水冲洗干净。

焊后表面清洗结束时，应检查是否清洗干净。具体方法是：用质量分数为5%的硝酸银溶液滴在检查面上，若出现白色沉淀（AgCl），说明尚未清洗干净，还应再次清洗，直到检查无沉淀生成时则合格。

(4) 焊接工艺

① 气焊　铝及铝合金气焊时，最好采用对接接头，一般不宜采用搭接接头和丁字接头，因为搭接接头和丁字接头易于残留气焊熔剂和焊渣，不便于焊后清理。气焊时，应选用中性焰，严禁用氧化焰。气焊时整条焊缝应一次焊完，焊缝的接头应重叠15～20mm，不允许用

重熔池接头或改善焊缝外形。铝及铝合金气焊规范见表 7-5 所示。

**表 7-5 铝及铝合金气焊工艺规范**

| 板厚/mm | 1.0～1.5 | >1.5～3.0 | >3.0～5.0 | >5.0～7.0 | >7.0～10.0 | >10.0～20.0 |
|---|---|---|---|---|---|---|
| 焊丝直径/mm | 1.5～1.2 | 2.0～2.5 | 2.5～3.0 | 4.0～5.0 | 5.0～6.0 | 5.0～6.0 |
| 焊炬型号 | H01～6 | H01～6 | H01～6 | H01～12 | H01～12 | H01～12 |
| 焊嘴孔径/mm | 0.9 | 0.9～1.0 | 1.1～1.3 | 1.4～1.8 | 1.6～2.0 | 3.0～3.2 |
| 焊嘴号数 | 1、2 号嘴 | 2、3 号嘴 | 4、5 号嘴 | 2、3 号嘴 | 4、5 号嘴 | 5 号嘴 |
| 乙炔流量/L·h$^{-1}$ | 50～150 | 150～300 | 300～500 | 500～1200 | 1200～1800 | 2000～2500 |

② 焊条电弧焊 焊条电弧焊时，焊条熔化速度快，必须短弧快速焊接，焊工操作困难。焊接时常出现金属氧化、元素烧损等现象，导致产生气孔、裂纹等缺陷。由于焊条药皮主要由碱金属和碱土金属的氟化盐和氯化盐组成，电弧稳定性差，飞溅大，极易受潮，因此，焊条须经 150℃ 烘干 2h。焊接时采用直流反接，焊前将工件预热 100～300℃。铝及铝合金焊条电弧焊工艺规范见表 7-6 所示。

**表 7-6 铝及铝合金焊条电弧焊工艺规范**

| 板厚/mm | 焊条直径/mm | 焊接电流/A | 电弧电压/V |
|---|---|---|---|
| 3 | 3.2 | 80～100 | 20～25 |
| 3～5 | 4 | 110～150 | 22～27 |
| 5～8 | 5 | 150～180 | 22～27 |

③ 钨极氩弧焊 钨极氩弧焊适用于 0.5～5mm 厚的铝及铝合金焊接。焊接时采用交流电，以利于对熔池表面氧化膜的"阴极破碎"。焊前一般预热 100℃，钨极伸出长度为 3～5mm，喷嘴与焊件夹角为 75°～85°。铝及铝合金钨极氩弧焊工艺规范见表 7-7 所示。

**表 7-7 铝及铝合金钨极氩弧焊工艺规范**

| 板厚 /mm | 坡口形式 | | | 焊丝直径 /mm | 钨极直径 /mm | 喷嘴直径 /mm | 焊接电流 /A | 氩气流量 /L·min$^{-1}$ | 焊接层数 （正/反） |
|---|---|---|---|---|---|---|---|---|---|
| | 形式 | 间隙 /mm | 钝边 /mm | | | | | | |
| 1 | I | 0.5～2 | — | 1.5～2 | 1.5 | 5～7 | 50～80 | 4～6 | 1 |
| 1.5 | I | 0.5～2 | — | 2 | 1.5 | 5～7 | 70～100 | 4～6 | 1 |
| 2 | I | 0.5～2 | — | 2～3 | 2 | 6～7 | 90～120 | 4～6 | 1 |
| 3 | I | 0.5～2 | — | 3 | 3 | 7～12 | 120～150 | 6～10 | 1 |
| 4 | I | 0.5～2 | — | 3～4 | 3 | 7～12 | 120～150 | 6～10 | 1/1 |
| 5 | V | 1～3 | 2 | 4 | 3～4 | 12～14 | 120～150 | 9～12 | 1～2/1 |
| 6 | V | 1～3 | 2 | 4 | 4 | 12～14 | 180～240 | 9～12 | 2/1 |
| 8 | V | 2～4 | 2 | 4～5 | 4～5 | 12～14 | 220～300 | 9～12 | 2～3/1 |
| 10 | V | 2～4 | 2 | 4～5 | 4～5 | 12～14 | 260～320 | 12～15 | 3～4/1～2 |
| 12 | V | 2～4 | 2 | 4～5 | 5～6 | 14～16 | 280～320 | 12～15 | 3～4/1～2 |
| 16 | V | 2～4 | 2 | 5 | 6 | 16～20 | 340～380 | 16～20 | 4～5/1～2 |
| 20 | V | 2～4 | 2 | 5 | 6 | 16～20 | 340～380 | 16～20 | 5～6/1～2 |

注：适于纯铝，焊接铝镁、铝锰合金时，其电流值可降低到 20～40A。

④ 熔化极氩弧焊 熔化极氩弧焊适于中厚铝板焊接，且可不开坡口或开较小的坡口，

焊缝两面均可一次焊成。通常采用直流反接法进行焊接，几乎不用直流正接或交流方法。铝及铝合金熔化极自动氩弧焊的工艺规范见表 7-8 所示。

**表 7-8　铝及铝合金熔化极自动氩弧焊工艺规范**

| 板材牌号 | 焊丝牌号 | 板材厚度/mm | 坡口形式 | 坡口尺寸 | | | 焊丝直径/mm | 喷嘴直径/mm | 氩气流量/L·min⁻¹ | 焊接电流/A | 电弧电压/mm | 焊接速度/m·h⁻¹ | 备注 |
| --- | --- | --- | --- | --- | --- | --- | --- | --- | --- | --- | --- | --- | --- |
| | | | | 钝边/mm | 坡口角度/(°) | 间隙/mm | | | | | | | |
| 1060 1050A | 1060 | 6 | — | — | — | 0~0.5 | 2.5 | 22 | 30~35 | 230~260 | 26~27 | 25 | 正反面均焊一层 |
| | | 8 | V | 4 | 100 | 0~0.5 | 2.5 | 22 | 30~35 | 300~320 | 26~27 | 24~28 | |
| | | 10 | V | 6 | 100 | 0~1 | 3.0 | 28 | 30~35 | 310~330 | 27~28 | 18 | |
| | | 12 | V | 8 | 100 | 0~1 | 3.0 | 28 | 30~35 | 320~340 | 28~29 | 15 | |
| | | 14 | V | 10 | 100 | 0~1 | 4.0 | 28 | 40~45 | 380~400 | 29~31 | 18 | |
| | | 16 | V | 12 | 100 | 0~1 | 4.0 | 28 | 40~45 | 380~420 | 29~31 | 17~20 | |
| | | 20 | V | 16 | 100 | 0~1 | 4.0 | 28 | 50~60 | 450~500 | 29~31 | 17~19 | |
| | | 25 | V | 21 | 100 | 0~1 | 4.0 | 28 | 50~60 | 490~550 | 29~31 | — | |
| | | 28~30 | 双Y | 16 | 100 | 0~1 | 4.0 | 28 | 50~60 | 560~570 | 29~31 | 13~15 | |
| 5A02 | 5A03 | 12 | V | 8 | 120 | 0~1 | 3.0 | 22 | 30~35 | 320~350 | 28~30 | 24 | |
| | | 18 | V | 14 | 120 | 0~1 | 4.0 | 28 | 50~60 | 450~470 | 29~30 | 18.7 | |
| | | 20 | V | 16 | 120 | 0~1 | 4.0 | 28 | 50~60 | 450~500 | 28~30 | 18 | |
| 5A03 | 5A05 | 25 | V | 16 | 120 | 0~1 | 4.0 | 28 | 50~60 | 490~520 | 29~31 | 16~19 | |

### 7.1.3　焊接实例

某高压输电线路中的变电站主母线铝合金管采用了半自动熔化极脉冲氩弧全位置焊接（见图 7-5），铝合金管的化学成分：Si 0.6%~0.8%、Mg 0.4%~0.7%、Fe 0.4%、Cu 0.1%~0.3%、Mn 0.1%，壁厚 8mm。试述其焊接工艺。

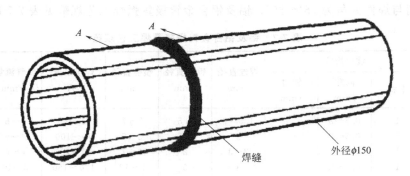

图 7-5　铝合金管焊缝示意

① 机械清理焊缝，去除油污、氧化皮；开 V 形坡口，坡口角度为 60°~80°，钝边厚度为 4mm，装配间隙 0~0.5mm。

② 焊机选择 NBA2-200 型半自动脉冲氩弧焊机，脉冲频率 100 周/s。调节脉冲电流为 300~320A（盖面层焊时 260~300A），电弧电压 26~27V。

③ 焊丝选择直径为 2.5mm 的含 Si5.3% 的铝合金焊丝。选择该成分的焊丝目的是为了提高焊缝金属的抗热裂纹性能，该焊丝可使焊缝金属产生足够数量的铝硅低熔点共晶，当焊缝金属冷却时，这些低熔点共晶会发生重新分布，并在熔池结晶过程中起到"治愈"的作

用，从而降低了裂纹的形成倾向。

④ 焊接操作过程中，先定位焊，后进行其余位置的焊接。定位焊的位置如图 7-6 所示（间隔 120°），先定位焊平焊焊缝 1，后定位焊两侧立焊焊缝 2、3，定位焊焊缝长度为 10～15mm，焊缝高度为管壁厚的 1/2。

图 7-7 所示为其余焊缝的焊接方法，$a$ 为焊接起点，施焊位置在 225°～315°时，焊炬倾角为 $\alpha$（$\alpha = 0° \sim 10°$），其余位置的焊炬倾角为 $\beta$（$\beta = 0° \sim 15°$）。

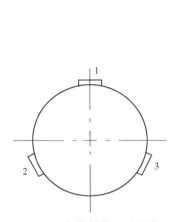

图 7-6 定位焊位置及顺序

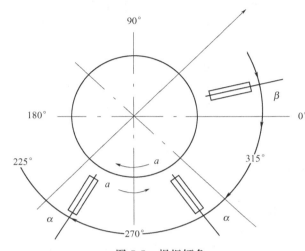

图 7-7 焊炬倾角

⑤ 其他参数设定：氩气流量为 20～25L/min，焊丝伸出导电嘴长度为 5～10mm。

⑥ 焊接时要控制好温度，当环境温度低于 5℃时，应将铝合金管的温度预热至 100～150℃，以避免产生气孔缺陷。打底焊时，焊炬应在坡口两侧稍加停留，以便焊缝能够焊透。层间温度控制在 200℃内，所以焊接速度不宜太慢。

# 7.2 铜及铜合金的焊接

铜及其合金具有优良的导电、导热性能，耐腐蚀性能和良好的加工成形性能，广泛使用在电气、电子、化工、食品和交通等工业部门。

## 7.2.1 铜及铜合金的焊接性

由于铜及铜合金具有独特的物理、化学性能，它的焊接性能不同于钢材和铝材。在焊接铜及铜合金时主要有以下几方面问题。

（1）焊缝成形能力差

铜及铜合金的热导率为普通碳钢的 7～11 倍，焊接时，大量的热量将散失于工件内部，加热范围扩大，使坡口难以熔化，造成未熔合或未焊透等缺陷，当工件厚度越大，这一现象越严重。铜在熔化温度时的表面张力比铁小 1/3，流动性比钢大 1～1.5 倍，表面成形能力差，特别是在大功率的 MIG 焊和埋弧焊时，熔化金属容易流失。因而，焊接紫铜及大多数铜合金时要采用大能量、高能束的焊接方法，同时应配合不同程度的焊前预热，不允许采用悬空单面焊接，单面焊时反面必须附加垫板成形装置。

（2）焊缝及热影响区热裂倾向大

铜在液态时很容易被氧化生成氧化亚铜 $Cu_2O$。$Cu_2O$ 与 Cu 可生成熔点为 1060℃的共晶，与 Pb 生成熔点为 326℃的 Cu+Pb 共晶，与 Bi 生成熔点为 270℃的共晶，与 CuS 生成熔点为 1067℃共晶，所有这些共晶的熔点均低于紫铜 1083℃的熔点。在结晶过程中，由于低熔点共晶体分布在枝晶间或晶界处，使铜和铜合金具有明显的热脆性。同时，铜和铜合金膨胀系数和收缩率较大，增加了焊接应力，从而易产生热裂纹。

工业纯铜中常见的杂质元素有氧、硫、铅、铋、砷和磷等，其中以氧的危害最大，它不但在冶炼时以杂质存在于铜内，在以后的轧制加工过程和焊接过程中都会以氧化亚铜的形式溶入液态铜中。

为了防止热裂纹，除了采取合适的工艺措施减少焊接应力外，还可采用以下措施：

① 严格控制铜中杂质含量，对于重要的结构，含氧量应小于 0.01%，焊接结构用紫铜含氧量应小于 0.03%，含硫量应小于 0.0015%。

② 通过加入硅、锰、磷等元素，增强对焊缝的脱氧能力。

③ 选用能获得 α+β 双相组织的焊丝，使焊缝晶粒细化，晶界增长，使易熔共晶分散、不连续，提高抗裂性能。

（3）气孔倾向严重

铜及铜合金中常见气孔有氢气孔和由冶金反应生成的水蒸气和二氧化碳在熔池凝固时来不及逸出而形成的气孔。

氢在铜中的溶解度也和钢中一样，随着温度升高而增大，如图 7-8 所示。由图可看出，氢在高温液态铜中的溶解度远远大于凝固时的溶解度，因而在结晶过程中会析出大量的氢气体，有利于氢气孔的产生。

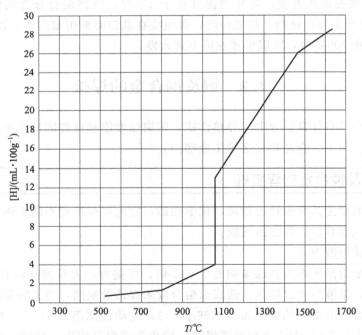

图 7-8　氢在铜中的溶解度与温度的关系（$p_{H_2}$=1 大气压）

反应气孔是由于 $Cu_2O$ 在焊缝凝固时不溶于铜而析出，与氢或 CO 反应生成水蒸气或

$CO_2$，由于铜的热导率比钢大 8 倍以上，焊缝冷速大，各种气体来不及析出，从而形成反应气孔。

因此，为了减少和消除铜焊缝中的气孔，可通过减少氢和氧的来源，用预热延长熔池存在时间，使气体易于析出，同时加入铝、钛、锰等脱氧元素，均可减小气孔倾向。

（4）接头性能下降

焊缝及热影响区受热循环作用晶粒变粗，各种脆性的低熔点共晶出现于晶界，使塑性和韧性显著下降；为脱氧加入的锰、硅等元素，以及在焊接过程中溶入的杂质和合金元素，都会不同程度地使铜接头导电性能降低；熔焊过程中，由于有益元素锌、锰、镍、铝等元素蒸发和烧损，从而使铜接头耐蚀性能下降。

为了改善接头性能，除了尽量减弱热作用、焊后进行消除应力热处理外，主要控制杂质含量和通过合金化对焊缝进行变质处理。但这些措施有时相互矛盾，比如变质处理，虽然可细化焊缝组织改善塑性，提高耐蚀性，但会使导电性降低，而为了防止导电性下降就必须防止合金化。因而应根据不同的铜合金接头的不同要求选用不同的措施。

## 7.2.2 铜及铜合金的焊接工艺

（1）焊接方法

铜及铜合金焊接中应用最多的是熔化焊，选择熔化焊的重要依据是材料的厚度，焊接时，应选用大功率、高能束的熔焊方法。对于板厚 $\delta=1\sim4mm$ 的板材，最好采用钨极氩弧焊，$\delta>15mm$ 的板材采用熔化极氩弧焊，$\delta=6\sim30mm$ 的中板可采用埋弧焊，等离子弧可焊 $6\sim8mm$ 铜板，微束等离子弧可焊 $0.1\sim0.5mm$ 厚的铜箔和直径为 $0.04mm$ 的铜丝网。铜及铜合金常见熔焊方法选择见表 7-9 所示。

表 7-9　铜及铜合金熔焊方法的选择

| 焊接方法 | 材料 | | | | | | 简要说明 |
| --- | --- | --- | --- | --- | --- | --- | --- |
| | 紫铜 | 黄铜 | 锡青铜 | 铝青铜 | 硅青铜 | 白铜 | |
| 钨极气体保护焊 | 好 | 较好 | 较好 | 较好 | 较好 | 好 | 用于薄板（$\delta<12mm$），紫铜、黄铜、锡青铜、白铜采用直流正接，铝青铜、青铜用交流，硅青铜用交流或直流 |
| 熔化极气体保护焊 | 好 | 较好 | 较好 | 好 | 好 | 好 | 板厚大于 3mm 可用，板厚大于 15mm 优点更显著，电源极性为直流反接 |
| 等离子弧焊 | 较好 | 较好 | 较好 | 较好 | 较好 | 好 | 板厚 3～6mm 可不开坡口，一次焊成，最适合 3～15mm 中厚板焊接 |
| 焊条电弧焊 | 差 | 差 | 尚可 | 较好 | 尚可 | 好 | 采用直流反接，操作技术要求高，适合的板厚为 2～10mm |
| 埋弧焊 | 较好 | 尚可 | 较好 | 较好 | 较好 | — | 采用直流反接，适用于 6～30mm 中厚板 |
| 气焊 | 尚可 | 较好 | 尚可 | 差 | 差 | — | 易变形，成形不好，用于厚度小于 3mm 的不重要结构 |

（2）焊接材料

① 焊丝　铜及铜合金的焊丝除了满足对焊丝的一般工艺、冶金要求外，最重要的是控

制其中杂质含量和提高其脱氧能力，以避免热裂纹和气孔的出现。常用铜及铜合金焊丝见表7-10所示。

**表 7-10　铜及铜合金焊丝**

| 牌号 | 名称 | 熔点/℃ | 主要用途 |
|------|------|--------|----------|
| HS201 | 特制紫铜焊丝 | 1050 | 紫铜的气焊、氩弧焊，工艺性能好，力学性能高 |
| HS202 | 低磷铜焊丝 | 1060 | 紫铜的气焊、碳弧焊 |
| HS220 | 锡黄铜焊丝 | 886 | 用于黄铜的气焊、氩弧焊，也可用于钎焊铜及铜合金 |
| HS221 | 锡黄铜焊丝 | 890 | 用于气焊黄铜，也可钎焊铜、铜镍合金、灰口铸铁及硬质合金刀具 |
| HS222 | 铁黄铜焊丝 | 860 | 与HS221相同，流动性好，烟雾少 |
| HS224 | 硅黄铜焊丝 | 905 | 与HS221相同，由于含硅0.5%左右，能控制锌蒸发，消除气孔 |

② 熔剂　气焊、碳弧焊、埋弧焊和电渣焊都使用熔剂，不同的焊接方法使用的熔剂不同。气焊和碳弧焊通用的熔剂主要有硼酸盐和卤化物或它们的混合物，如表7-11所示。硼砂熔点为743℃，在液态下有很强的化学去膜能力，能迅速与氧化铜、氧化锌等反应，生成熔点低、密度小的硼酸复合盐（熔渣）浮到熔池表面；而卤化物对熔池中的氧化物（如$Al_2O_3$）起物理溶解作用，是一种很强的去膜剂，同时还可起到调节熔剂的熔点、流动性及脱渣性的作用。埋弧焊和电渣焊铜及铜合金可采用焊接低碳钢的焊剂，如HJ431、HJ260、HJ150、HJ250等。

**表 7-11　铜及铜合金熔剂**

| 序号 | 配方/% | 备注 |
|------|--------|------|
| 1 | 硼砂50，酸性磷酸钠15，石英砂15，木炭粉20 | |
| 2 | 硼砂68，硼酸10，氯化物20，木炭粉2 | 硼砂须脱水；"3"号配方为气焊用气体熔剂；不适用于铝青铜 |
| 3 | 硼酸甲酯75，甲醇25 | |
| 4 | 硼酸60，铝焊粉（粉401）40 | 适用于铝青铜 |

注："粉301"可焊除铝青铜外的铜合金。

③ 焊条　焊条电弧焊用的铜焊条分为紫铜焊条和青铜焊条两类，其中紫铜焊条应用较多。黄铜焊接时锌容易蒸发，因而极少用焊条电弧焊，必要时可采用青铜焊条。铜及铜合金焊条见表7-12所示。

（3）焊前准备

① 焊前清理　在焊接铜及铜合金之前，应先对焊丝和工件坡口两侧30mm范围内表面的油脂、水分及其他杂质，以及金属表面氧化膜进行仔细清理，直至露出金属光泽。铜及铜合金焊前清理及清洗方法见表7-13所示。

② 接头及坡口制备　铜及铜合金焊接时，最好采用散热条件好的对接接头和端接接头，尽量不采用搭接接头、丁字接头和内角接头等，因这些接头散热快，不易焊透，且焊后清理困难。焊接不同厚度（厚度差超过3mm）的铜板对接焊时，应对厚度大的一端进行削薄处理，满足$A \geqslant 4(\delta_1 - \delta_2)$，如图7-9所示。为了保证背面成形良好，在采用单面焊接头时，必须在背面加成形垫板。一般情况下，铜及铜合金不易采用立焊和仰焊。

表 7-12　铜及铜合金焊条

| 牌号 | 型号 | 药皮类型 | 电源种类 | 焊缝主要成分 /% | $\sigma_b\geqslant$ /MPa | $\sigma_s\geqslant$ /MPa | 主要用途 |
|---|---|---|---|---|---|---|---|
| T107 | ECu | 低氢型 | 直流反接 | Si<0.5,Mn<0.4,余为Cu | 170 | 20 | 用于焊接导电铜棒、铜制热交换器、船用海水导管等钢结构件,也可用于堆焊 |
| T207 | ECuSi-B | | | Si2.4~4.0,Sn≤1.5,Mn≤1.5,余为Cu | 270 | 20 | 适用于铜、硅青铜及黄铜的焊接,化工机械管道等内衬的堆焊 |
| T227 | ECuSn-B | | | Sn7.9~9.0,P0.03~0.3,余为Cu | 270 | 12 | 适用于焊接纯铜、黄铜、磷青铜等同种及异种金属,也可用于堆焊 |
| T237 | ECuAl-C | | | Al7~9,Si≤1.0,Fe≤1.5,Mn≤2.0,余为Cu | 390 | 15 | 用于铝青铜及其他铜合金、铜合金和钢的焊接和铸铁的补焊等 |
| T307 | ECuNi-B | | | Ni29.0~33.0,Si≤0.5,Fe≤2.5,Mn≤2.5,Ti≤0.5,P≤0.02,余为Cu | 350 | 20 | 主要用于焊接 70-30 铜镍合金 |

表 7-13　铜及铜合金焊前清理及清洗方法

| 目的 | | 清理内容及工艺 |
|---|---|---|
| 去油污 | | 1. 去氧化膜前,将待焊处坡口及两侧各30mm内的油污、脏物等杂质用汽油、丙酮等有机溶剂进行清洗 |
| | | 2. 用温度30~40℃的10%NaOH溶液清除坡口油污 |
| 去氧化膜 | 机械清理 | 用风动钢丝轮或钢丝刷或砂布打磨焊丝和焊件表面,直至露出金属光泽 |
| | 化学清理 | 置于70mL/L HNO$_3$+100mL/L H$_2$SO$_4$+1mL/L HCl混合溶液中进行清洗后,用碱水中和,再用清水冲净,然后用热风吹干 |

注：经清洗合格的焊件应及时施焊。

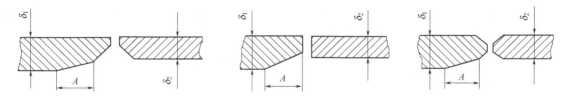

图 7-9　不同板厚的对接接头形式

（4）焊接工艺

① 气焊　氧-乙炔气焊适用于焊接薄铜件、铜件的修补或不重要结构的焊接。气焊前必须把熔剂用蒸馏水调成糊状,均匀涂在焊丝或坡口上,用火焰烘干后才可施焊。为了减少焊接内应力,防止产生缺陷,应采用预热措施。焊接薄板时,为了抑制晶粒长大,可采用左焊法;而焊接厚度大于 6mm 的工件时,应采用右焊法,以便有较高的温度加热母材和观察熔池,操作方便。铜及铜合金的气焊工艺要点见表 7-14 所示。

② 钨极氩弧焊　钨极氩弧焊是焊接铜及铜合金的主要焊接方法之一,适用于中、薄板和小件的焊接和补焊。焊件厚度小于 3mm,可采用钨极氩弧焊,不开坡口,不加焊丝;厚

表 7-14　铜及铜合金的气焊工艺要点

| 材料 | 焊丝 | 焊剂 | 火焰性质 | 预热温度 | 焊后处理 |
|---|---|---|---|---|---|
| 紫铜 | 丝 201、丝 202 或母材切条 | 粉 301 | 中性焰 | 中小件 400～500℃<br>厚大件 600～700℃ | 500～600℃水韧处理 |
| 黄铜 | 丝 221、丝 222、丝 224 | 硼砂 20、硼酸 80 或硼酸甲酯 75、甲醇 25 | 中性焰或弱氧化焰 | 薄板不预热，一般 400～500℃，＞15mm 时 550℃ | 270～560℃退火 |
| 锡青铜 | 锡青铜 | 粉 301 | 中性焰 | 350～450℃ | 焊接过程中不允许移动和冲击焊件，焊后缓冷 |
| 铝青铜 | 铝青铜 | 粉 401 | 中性焰 | 500～600℃ | 焊后锤击或退火 |

度为 3～12mm，可填丝；厚度大于 12mm 时，一般采用熔化极氩弧焊。铜及铜合金钨极氩弧焊工艺参数见表 7-15 所示。

表 7-15　铜及铜合金钨极氩弧焊工艺参数

| 母材 | 板厚<br>/mm | 坡口<br>形式 | 焊丝 | | 钨极 | | 焊接电流 | | 气体 | | 预热温度<br>/℃ |
|---|---|---|---|---|---|---|---|---|---|---|---|
| | | | 材料 | 直径<br>/mm | 材料 | 直径<br>/mm | 种类 | 电流<br>/A | 种类 | 流量<br>/L·min⁻¹ | |
| 纯铜 | ＜1.5 | I | 纯铜 | 2 | 钍钨极 | 2.5 | 直流反接 | 140～180 | Ar | 6～8 | |
| | 2～3 | I | | 3 | | 2.5～3 | | 160～280 | | 6～10 | |
| | 4～5 | V | | 3～4 | | 4 | | 250～350 | | 8～12 | 100～150 |
| | 6～10 | V | | 4～5 | | 5 | | 300～400 | | 10～14 | 100～150 |
| 黄铜 | 1.2 | 端接 | 青铜 | — | | 3.2 | 直流正接 | 185 | | 7 | 不预热 |
| | 1.2 | V | 黄铜 | | | 3.2 | | 180 | | 7 | |

③ 焊条电弧焊　用焊条电弧焊焊接铜及铜合金时，焊缝含氧、氢量较高，锌蒸发严重，不但容易出现气孔，焊后接头的强度低，导电和导热能也要下降，因而对紫铜和大多数的铜合金的焊接不推荐采用焊条电弧焊，只是部分青铜和白铜焊接时，可选用此方法。铜及铜合金焊条电弧焊工艺要点见表 7-16 所示，焊接工艺规范见表 7-17 所示。

表 7-16　铜及铜合金焊条电弧焊工艺要点

| 材料 | 焊条牌号 | 工艺要点 |
|---|---|---|
| 紫铜 | T107<br>T227<br>T237 | 母材厚 $\delta$＞3mm，预热 400～500℃ |
| 黄铜 | T227<br>T237 | 预热 250～350℃，重要结构不推荐用焊条电弧焊 |
| 锡青铜 | T227 | 预热 150～200℃，层间温度＜200℃，焊后加热至 480℃，并快速冷却 |
| 铝青铜 | T237 | 母材含 Al＜7%，厚件预热＜200℃，焊后不热处理；母材含 Al＞7%，厚件预热 620℃，焊后有时 620℃退火消除应力 |
| 硅青铜 | | 不预热，层间温度＜100℃，以防热应力裂纹 |
| 白铜 | T307 | 不预热，层间温度＜70℃，以防脆性倾向 |

表 7-17　铜及铜合金焊条电弧焊工艺规范

| 焊条直径/mm | 焊接电流/A | | |
|---|---|---|---|
| | 紫铜 | 黄铜 | 青铜 |
| 3.2 | 120～140 | 90～130 | 90～130 |
| 4.0 | 150～170 | 110～160 | 110～160 |
| 5.0 | 180～200 | 150～200 | 150～200 |

　　④ 埋弧焊　埋弧焊由于电弧热效率高，对熔池保护效果好，焊丝的熔化系数大，因而其熔深大、生产率高，20mm 厚度以下的铜及铜合金焊接时可不预热和开坡口也能获得优质接头，特别适合于中、厚板的长焊缝焊接。紫铜、青铜埋弧焊的焊接性能较好，黄铜的焊接性尚可。铜及铜合金埋弧自动焊工艺规范见表 7-18 所示。

表 7-18　铜及铜合金埋弧自动焊工艺规范

| 材料 | 板厚/mm | 焊丝牌号 | 焊剂牌号 | 预热温度/℃ | 电源极性 | 焊丝直径/mm | 焊接层数 | 焊接电流/A | 电弧电压/V | 焊接速度/m·h⁻¹ | 备注 |
|---|---|---|---|---|---|---|---|---|---|---|---|
| 紫铜 | 8～10 | HS201 HS202 | HJ431 | 不预热 | 直流反接 | 5 | 1 | 500～550 | 30～34 | 18～23 | 用垫板单面单层焊，背面焊透 |
| | 16 | HS201 TUP (脱氧铜) | HJ150 或 HJ431 | 不预热 | | 6 | 1 | 950～1000 | 50～54 | 13 | |
| | 20～24 | | | 260～300 | | 4 | 3～4 | 650～700 | 40～42 | 13 | 用垫板单面多层焊，背面焊透 |
| H62 黄铜 | 6 | QSn4-1 | HJ431 | 不预热 | | 1.2 | 1 | 290～300 | 20 | 40 | 焊接接头塑性差，700℃退火可明显改善 |

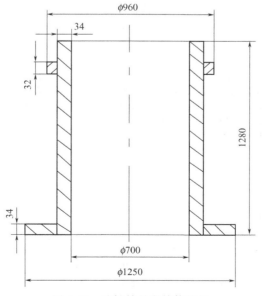

图 7-10　纯铜结晶器筒体结构

### 7.2.3　焊接实例

纯铜结晶器是电渣重熔炉的关键部件，它是在 33～34mm 厚的纯铜筒体上、下分别装铜法兰和低碳钢法兰而制成的，其结构如图 7-10 所示，筒体材料为 T2 纯铜。结晶器筒内贮存钢液，外部通水冷却，工作条件非常恶劣。如一旦发生泄漏，将会引起爆炸事故，因此对焊缝提出较高的要求。焊接方法采用自动熔化极氩弧焊焊接，试述其工艺。

焊接工艺：

① 焊接材料选用直径为 4mm 的 HS201 纯铜焊丝，焊机选择 NZC-1000 型自动熔化极气体保护焊机（配用平特性电源）。

② 清理焊接部位，开坡口。34mm 厚的纯铜板对接焊的坡口形状和尺寸如图 7-11 所示。为了实现单面焊双面成形具有良好的效果，在坡口反面设置石墨衬垫，其形状如图 7-12 所示。

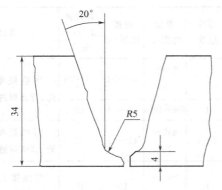

图 7-11　焊接坡口形装及尺寸

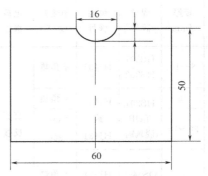

图 7-12　石墨衬垫尺寸

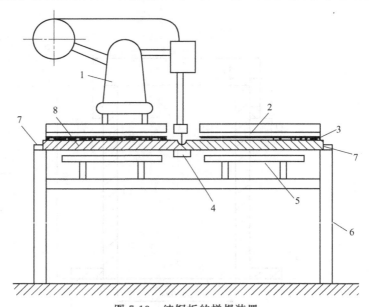

图 7-13　纯铜板的拼焊装置

1—焊机；2—水冷却板；3—石棉板；4—石墨衬垫；5—远红外线加热器；

6—胎架；7—挡板；8—焊件

结晶器筒体的加工是先用两块纯铜板拼焊成大块纯铜板，然后滚卷成筒体，再进行筒体纵缝焊接。

③ 焊前需预热。采用加热效率高、劳动条件好的远红外线加热器预热，并在整个焊接过程中保持在 650℃ 左右。为了保护焊机及使操作人员免受高温辐射热的作用，将焊机的焊炬根据实际情况加工，并在焊丝送丝机构的下端和操作人员工作位置处均放置水冷却板。纯铜板拼焊装置如图 7-13 所示。

④ 焊接参数设定。焊接电流 600～750A，氩气流量 35～40L/min，焊接速度 12～30m/h。底层焊缝焊接时，为了避免烧穿，可适当减小焊接电流。

# 7.3　钛及钛合金的焊接

钛及钛合金性能优良，其密度（约 4.5g/cm³）比钢小、抗拉强度高（约 350～1400MPa），比强度大，在 300～500℃ 时仍具有足够高的强度和良好的塑性，因而在航天、航空、化工、造船等工业部位应用广泛。

## 7.3.1　钛及钛合金的焊接性

钛及钛合金按室温组织状态分为：α、β 和 α＋β 三类。工业纯钛（α 组织）可焊性好，大多数 α＋β 及 β 组织的钛合金可焊性差，焊接时易出现以下几方面问题。

（1）焊接接头的脆化

常温下钛及钛合金比较稳定，与氧生成致密的氧化膜具有高的耐蚀性能。但在 540℃ 以上生成的氧化膜则较疏松，使钛与氧、氮、氢反应速度加。无保护的钛在 300℃ 以上快速吸氢，600℃ 以上快速吸氧，700℃ 以上快速吸氮。保温温度越高，时间越长，吸收的氧、氮和氢就越多。氧与氮间隙固溶于钛中，使钛晶格畸变，变形抗力增加，强度和硬度增大，塑性和韧性降低，如图 7-14 所示；氢与钛易形成氢化物（如氢化钛），从而使焊缝金属冲击韧性急剧下降，塑性下降较少，从而变脆，如图 7-15 所示。

当焊缝中存在碳时，则会以间隙固溶体形式固溶于 α 钛中，使强度提高，塑性下降，但其作用不及氧与氮。

（2）焊接接头的裂纹

① 热裂纹　钛及钛合金中硫、碳等杂质含量较少，很少有低熔点共晶在晶界生成，且其结晶温度区间窄，焊缝凝固时收缩量小，热裂纹敏感性低。但如果母材和焊丝质量不合格，特别是焊丝有裂纹、夹层等缺陷时，因这些缺陷中可能积累大量有害杂质，易使焊缝产生热裂纹。

② 冷裂纹　当焊缝中氧、氢含量较多时，焊缝或热影响区性能变脆，在较大的焊接应力作用下，会产生裂纹。钛合金焊接时，由于熔池中的氢和母材金属低温区的氢向热影响区扩散，使其氢含量增加，氢化物析出增多，从而使脆性增大；同时由于氢化物析出，体积膨胀引起较大的组织应力，导致热影响区可能出现延迟裂纹。

（3）焊缝气孔

钛及钛合金焊接时最常见的气孔是氢气孔，它一般出现在焊缝中部，当焊接线能量较大时，易出现在熔合线附近。产生氢气孔的原因是氢在钛中的溶解度随着温度升高而降低，在凝固温度处有突变，如图 7-16 所示。冷却结晶时，过饱和的氢来不及从熔池中析出，便聚

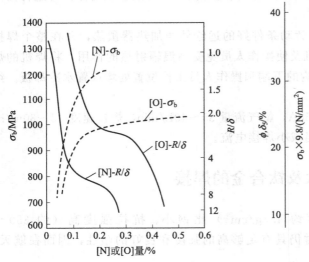

图 7-14  焊缝氧、氮含量对接头强度
和弯曲塑性的影响

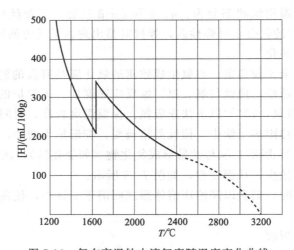

图 7-15  焊缝氢量变化对焊缝及
焊接接头力学性能的影响

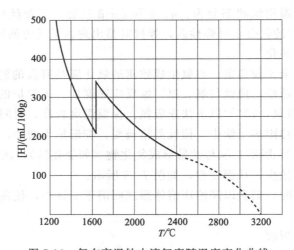

图 7-16  氢在高温钛中溶解度随温度变化曲线

集形成焊缝气孔；由于焊接熔池中部比边缘温度高，则中部的氢向熔池边缘扩散聚集，从而形成熔合线气孔。

（4）焊接接头晶粒粗化

由于钛的熔点高、导热性差，焊接时易形成较大的熔池，热影响区金属高温停留时间长，从而使焊缝及近缝区晶粒易长大，引起塑性和韧性降低。因此，钛及钛合金焊接时宜用小电流、快速焊。

## 7.3.2  钛及钛合金的焊接工艺

（1）焊接方法

钛及钛合金性质非常活泼，与氧、氮和氢的亲和力大，普通焊条电弧焊、气焊及 $CO_2$ 气体保护焊都不适于其焊接。目前应用最多的是钨极氩弧焊、等离子弧焊、真空电子束焊、电阻焊、钎焊、激光焊等。

（2）焊前清理

钛及钛合金焊前也应进行清理，根据不同的情况选用不同的清理方法，常用的清理方法有机械清理和化学清理，见表 7-19 所示。

表 7-19　钛及钛合金焊前清理方法

| 清理方法 | 清理内容及操作方法 |
|---|---|
| 机械清理 | 对于焊接质量要求不高或酸洗有困难的焊件，可用砂布或不锈钢丝刷擦拭，或用硬质合金刮刀刮削待焊边缘，深度约为 0.025mm，则可去除氧化膜，然后用丙酮等有机溶剂去除坡口两侧的手印、油污等 |
| 化学清理 | ①对于热轧后已经酸洗，但由于存放太久又生成新的氧化膜的钛板，可在 2%～4%HF＋30%～40%HNO₃＋H₂O（余量）溶液中浸泡 15～20min（室温），然后用清水冲洗干净并烘干<br>②对于热轧后未经酸洗，氧化膜较厚的钛板，应先碱洗（在含烧碱 80%，碳酸氢钠 20% 温度为 40～50℃ 的浓碱水溶液中浸泡 10～15min），取出冲洗后再酸洗（硝酸 5%～6%，盐酸 34%～35%，氢氟酸 0.5%，余量为水），在室温下浸泡 10～15min，取出后分别用热水与冷水冲洗，并用白布擦拭、晾干 |

经酸洗的焊件与焊丝，应在 4h 内用完，同时对焊件应用塑料布掩盖以防玷污，如发生了玷污现象，则应用丙酮或酒精擦洗。

（3）钨极氩弧焊工艺

由于钛及钛合金对空气中的氧、氮、氢等气体具有强的亲和力，因而要求使用一级氩气（即纯度为 99.99% 以上，露点在-40℃ 以下，杂质总含量小于 0.02%，相对湿度小于 5%，水分小于 0.001mg/L），同时采取保护措施，如表 7-20 所示，其保护效果可根据焊接区正反面的表面颜色作出大致判断，如表 7-21 所示。

表 7-20　钨极氩弧焊焊接钛及钛合金的保护措施

| 类别 | 保护位置 | 保护措施 | 用途及特点 |
|---|---|---|---|
| 局部保护 | 熔池及其周围 | 采用保护效果好的圆柱形或椭圆形喷嘴，相应增加氩气流量 | 适用于焊缝形状规则、结构简单的焊件，灵活性大，操作方便 |
| | 温度≥400℃ 的焊缝及热影响区 | ①附加保护罩或双层喷嘴<br>②焊缝两侧吹氩<br>③适应焊件形状的各种限制氩气流动的挡板 | |
| | 温度≥400℃ 的焊缝背面及热影响区 | ①通氩垫板或焊件内腔充氩<br>②局部通氩<br>③紧靠金属板 | |
| 充氩箱保护 | 整个工件 | ①柔性箱体（尼龙薄膜、橡胶等），不抽真空用多次充氩，提高箱内氩气纯度，焊接时仍需喷嘴保护<br>②刚性箱体或柔性箱体带附加刚性罩，抽真空（10⁻²～10⁻⁴）再充氩 | 适用于结构形状复杂的焊件，焊接可达性较差 |
| 增强冷却 | 焊缝及热影响区 | ①冷却块（通水或不通水）<br>②用适应焊件形状的工装导热<br>③减小热输入 | 配合其他保护措施以增强保护效果 |

钛及钛合金钨极氩弧焊时，焊丝应选用与母材相同的材质，如 TA1、TA2、TA3、TA4 等，但为了提高塑性，也可选用强度比母材金属稍低的焊丝。焊接时采用电源为直流正极，选择焊接工艺参数时，既要防止焊缝在电弧作用下出现晶粒粗化，同时也要避免焊后冷却时产生脆硬组织，钛及钛合金钨极氩弧焊焊接工艺参数见表 7-22 所示。

表 7-21    焊接区颜色与保护气体的关系

| 焊接区颜色 | 保护效果 | 污染程度 | 质量 |
|---|---|---|---|
| 银白色（金属光泽） | 好 ↑ | 小 ↑ | 良好 |
| 金黄色（金属光泽） | | | 合格 |
| 紫色（金属光泽） | | | 合格 |
| 青色（金属光泽） | | | 合格 |
| 灰色（金属光泽） | | | 不合格 |
| 暗灰色 | | | 不合格 |
| 白色 | | | 不合格 |
| 黄白色 | 坏 | 大 | 不合格 |

表 7-22    钛及钛合金钨极氩弧焊焊接工艺参数

| 板厚/mm | 坡口形式 | 钨极直径/mm | 焊丝直径/mm | 焊接层数 | 焊接电流/A | 氩气流量/L·min⁻¹ 主喷嘴 | 拖罩 | 背面 | 喷嘴孔径/mm | 备注 |
|---|---|---|---|---|---|---|---|---|---|---|
| 0.5 | 开I形坡口对接 | 1.5 | 1.0 | 1 | 30～50 | 8～10 | 14～16 | 6～8 | 10 | 对接接头间的间隙0.5mm，也可不加钛丝间隙1.0mm |
| 1.0 | | 2.0 | 1.0～2.0 | 1 | 40～60 | 8～10 | 14～16 | 6～8 | 10 | |
| 1.5 | | 2.0 | 1.0～2.0 | 1 | 60～80 | 10～12 | 14～16 | 8～10 | 10～12 | |
| 2.0 | | 2.0～3.0 | 1.0～2.0 | 1 | 80～110 | 12～14 | 16～20 | 10～12 | 12～14 | |
| 2.5 | | 2.0～3.0 | 2.0 | 1 | 110～120 | 12～14 | 16～20 | 10～12 | 12～14 | |
| 3.0 | V形坡口对接 | 3.0 | 2.0～3.0 | 1～2 | 120～140 | 12～14 | 16～20 | 10～12 | 14～18 | 坡口间隙2～3mm，钝边0.5mm焊缝反面衬有钢垫板，坡口角度60°～65° |
| 3.5 | | 3.0～4.0 | 2.0～3.0 | 1～2 | 120～140 | 12～14 | 16～20 | 10～12 | 14～18 | |
| 4.0 | | 3.0～4.0 | 2.0～3.0 | 2 | 130～150 | 14～16 | 20～25 | 12～14 | 18～20 | |
| 4.5 | | 3.0～4.0 | 2.0～3.0 | 2 | 200 | 14～16 | 20～25 | 12～14 | 18～20 | |
| 5.0 | | 4.0 | 3.0 | 2～3 | 130～150 | 14～16 | 20～25 | 12～14 | 18～20 | |
| 6.0 | | 4.0 | 3.0～4.0 | 2～3 | 140～160 | 14～16 | 25～28 | 12～14 | 18～20 | |
| 7.0 | | 4.0 | 3.0～4.0 | 2～3 | 140～180 | 14～16 | 25～28 | 12～14 | 20～22 | |
| 8.0 | | 4.0 | 3.0～4.0 | 3～4 | 140～180 | 14～16 | 25～28 | 12～14 | 20～22 | |
| 10.0 | 对称双V形坡口 | 4.0 | 3.0～4.0 | 4～6 | 160～200 | 14～16 | 25～28 | 12～14 | 20～22 | 坡口角度60°，钝边1mm；坡口角度55°，钝边1.5～2.0mm，间隙1.5mm |
| 13.0 | | 4.0 | 3.0～4.0 | 6～8 | 220～240 | 14～16 | 25～28 | 12～14 | 20～22 | |
| 20.0 | | 4.0 | 4.0 | 12 | 200～240 | 12～14 | 20 | 10～12 | 18 | |
| 22.0 | | 4.0 | 4.0～5.0 | 6 | 230～250 | 15～18 | 18～20 | 18～20 | 20 | |
| 25.0 | | 4.0 | 3.0～4.0 | 15～16 | 200～220 | 16～18 | 26～30 | 20～26 | 22 | |
| 30.0 | | 4.0 | 3.0～4.0 | 17～18 | 200～220 | 16～18 | 26～30 | 20～26 | 22 | |

（4）等离子弧焊工艺

等离子弧焊由于能量集中、单面焊双面成形、弧长变化对熔透程度影响小，无夹钨、气孔少和接头性能好，所以非常适合于钛及钛合金的焊接。等离子弧焊常用方法有小孔法和熔透法，2.5～1.5mm 厚的钛及钛合金可采用"小孔法"一次焊透，并可有效地防止产生气孔；熔透法适于各种板厚，但一次焊透的厚度较小，3mm 以上需开坡口并真丝多层焊。等离子弧焊的电源仍为直流正接，保护方式与钨极氩弧焊相同，只是用小孔法焊接时，为了保证小孔的稳定，工件背面不使用垫板而采用充分沟槽。钛及钛合金等离子弧焊焊接工艺参数见表 7-23 所示。

表 7-23　钛及钛合金等离子弧焊焊接工艺参数

| 板厚<br>/mm | 喷嘴<br>孔径<br>/mm | 焊接<br>电流<br>/A | 电弧<br>电压<br>/V | 焊接<br>速度<br>/m·h⁻¹ | 焊丝<br>直径<br>/mm | 送丝<br>速度<br>/m·h⁻¹ | 氩气流量/L·min⁻¹ | | | |
| --- | --- | --- | --- | --- | --- | --- | --- | --- | --- | --- |
| | | | | | | | 离子气 | 保护气 | 拖罩 | 背面 |
| 0.2 | 0.8 | 5 | — | 7.5 | — | | 0.25 | 10 | — | 2 |
| 0.4 | 0.8 | 6 | — | 7.5 | — | | 0.25 | 10 | — | 2 |
| 1 | 1.5 | 35 | 18 | 12 | | | 0.5 | 12 | 15 | 4 |
| 3 | 3.5 | 150 | 24 | 23 | 1.6 | | 4 | 15 | 20 | 6 |
| 6 | 3.5 | 160 | 30 | 18 | 1.6 | | 7 | 15 | 25 | 15 |
| 8 | 3.5 | 172 | 30 | 18 | 1.6 | | 7 | 25 | 25 | 15 |
| 10 | 3.5 | 250 | 38 | 9 | 1.6 | | 6 | 25 | 25 | 15 |

## 7.3.3　焊接实例

尿素合成塔衬里设备（纯钛制造）需要焊接加工，合成塔衬里设备中有钛换热器（换热面积为 $50\sim200m^2$，最大面积达 $1000m^2$）、钛冷却器、衬钛高压釜、高压分解塔等部件需焊接。同于钛本身的特性，在生产制造过程中，焊接接头的质量控制是纯钛容器制造的关键。

（1）焊接材料的选择及焊前准备

① 焊丝的选择　纯钛手工钨极氩弧焊原则上选择与基体材料成分相同的钛焊丝，所有焊丝要在真空退火状态下使用，真空退火的要求是：真空度 $0.13\sim0.013Pa$，退火温度为 $900\sim950℃$，保温时间 $4\sim5h$。TA1、TA2、TA3 纯钛焊丝的纯度为 $99.9\%$，如标准牌号焊丝短缺时，可从基体材料上剪下窄条作为焊丝，宽度与基体材料厚度一样。

② 氩气纯度　氩气纯度为 $99.99\%$。氩气纯度不够时会直接影响到纯钛焊接接头的硬度和氢含时，所以需要做提纯处理，氩气瓶中压力低于 $0.981MPa$ 时应停止使用，以防影响纯钛焊接接头的质量。

③ 坡口的制备　坡口的制备以尽量减少焊接层数和填充金属量为原则，采用机械加工方式加工坡口，坡口形状和尺寸如图 7-17 所示。

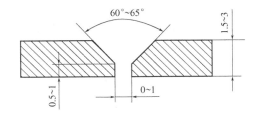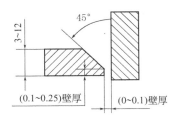

图 7-17　坡口形状和尺寸

④ 焊丝、焊件的清理　用不锈钢钢丝刷清除坡口氧化膜，焊前再用丙酮或乙醇等溶剂拭擦钛板坡口及两侧各 50mm 范围和焊丝表面。

（2）接头装配

各配件装配时应保证装配间隙，并符合图纸要求。焊前应先进行定位焊，一般定位焊的间距为 100～150mm，长度为 10～15mm。

（3）焊接工艺措施

焊接速度要适当，确保焊接接头 350℃ 以上的高温区置于氩气的保护下。焊接层数越少越好，为防止焊件过热，应在前一层焊缝冷却到室温后再焊下一层焊缝。焊接时，工作场地风速小于 2m/s，相对湿度小于 90%。

焊炬的移动方向按右向焊法，焊炬、焊丝最好不做横向摆动。

（4）焊后处理和检查

为提高纯钛焊接接头的塑性，焊后采用真空退火，温度为 700～750℃，保温 1h。每焊完一道焊缝，都必须进行焊层表面颜色的检查，不合格的应全部除去，然后重焊。

## 思考与练习

1. 填写题

（1）铝及铝合金的化学性能活泼，在空气极易与氧结合生成致密的_____，因此焊接时容易产生_____和_____等焊接缺陷。

（2）铝合金材料的焊接场地应有_____，_____，_____和_____等措施。

（3）铜及铜合金焊接时，为了获得成形均匀的焊缝，应尽量采用_____接头。

（4）纯铜手工钨极氩弧焊时，为减少电极烧损，保证电极稳定和有足够的熔深，通常采用电源接法是_____。

（5）熔焊焊接铜合金时，气孔出现的倾向比低碳钢_____。

（6）目前，钛及钛合金焊接中，应用最广泛的焊接方法是_____。

（7）钛合金焊接时，热影响区可能出现延迟裂纹，这主要与_____有关。

（8）溶解于钛中的氢在 320℃ 时会和钛发生共析转变，析出 $TiH_2$，使金属的塑性和韧性降低，同时发生体积膨胀而产生较大的应力，结果导致产生_____裂纹。

2. 铝及铝合金焊接时形成气孔的原因是什么？

3. 为什么铝及铝合金的钨极氩弧焊多采用交流电源？

4. 铝及铝合金焊接时，防止焊缝产生热裂纹的途径有哪些？

5. 铜及铜合金焊接时产生气孔的主要原因是什么？

6. 铜及铜合金焊接时存在的主要问题是什么？

7. 钛及钛合金焊接时产生气孔和裂纹的根源是什么？

8. 钛及钛合金焊接时消除气孔的主要途径有哪些？

9. 钛及钛合金焊接时防止焊缝产生接头脆化和热裂纹的主要途径有哪些？

10. 焊接 5mm 厚的铝合金 5083-H116 材料时最常见的有哪些焊接缺陷？应采取何种措施避免缺陷的产生？

# 第8章  异种金属的焊接

随着现代工业的发展，对零部件提出了更高的要求，如高温持久强度、低温韧性、硬度及耐磨性、磁性、导电导热性、耐蚀性等多方面的性能。而在大多数情况下，任何一种材料都不可能满足全部性能要求，或者是大部分满足，但材料价格昂贵，不能在工程中大量使用。因而，为了满足零部件使用要求，降低成本，充分发挥不同材料的性能优势，异种材料焊接结构使用得越来越多。

### 知识目标
1. 了解异种金属焊接的应用及类型；
2. 熟悉异种金属的焊接性；
3. 掌握异种钢、钢与有色金属、异种有色金属的焊接方法。

### 能力目标
能够根据异种金属的材质和性能特点正确分析其焊接性，并合理选择焊接方法及工艺参数对其焊接。

### 观察与思考
图 8-1 为常见几种异种金属的焊接结构，思考下列问题：
1. 异种金属焊接与同种金属焊接有何异同？
2. 异种金属焊接需要注意哪些事项？采用何用焊接方法？

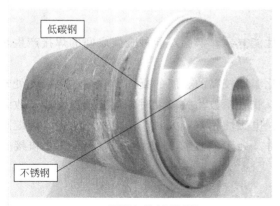

(a) 不锈钢与低碳钢的焊接

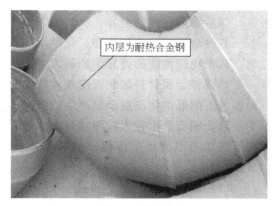

(b) 耐热钢与低碳钢的焊接

图 8-1

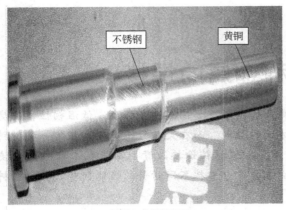

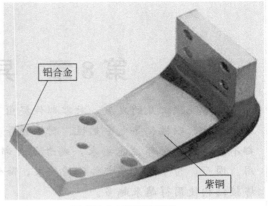

(c) 不锈钢与黄铜的焊接　　　　　　　　　　(d) 铝合金与紫铜的焊接

图 8-1　几种异种金属焊接结构

# 8.1　异种金属焊接概述

## 8.1.1　异种金属的焊接性

异种金属焊接与同种金属焊接相比，一般较困难，它的焊接性主要由两种材料的冶金相容性、物理性能、表面状态等决定。

（1）冶金相容性的差异

"冶金学上的相容性"是指晶格类型、晶格参数、原子半径和原子外层电子结构等的差异。两种金属材料在冶金学上是否相容，取决于它们在液态和固态的互溶性以及焊接过程中是否产生金属间化合物。两种在液态下互不相溶的金属或合金不能用熔化焊的方法进行焊接，如铁与镁、铁与铅、纯铅与铜等，只有在液态和固态下都具有良好的互溶性的金属或合金（即固溶体），才能在熔焊时形成良好的接头；由于金属间化合物硬而脆，不能用于连接金属，如焊接过程中产生了金属间化合物，则焊缝塑性、韧性将明显下降，甚至不能完全使用。

（2）物理性能的差异

各种金属间的物理性能、化学性能及力学性能差异，都会对异种金属之间的焊接产生影响，其中物理性能的差异影响最大。

当两种金属材料熔化温度相差较大时，熔化温度较高的金属的凝固和收缩，将会使处于薄弱状态的低熔化温度金属产生内应力而受损；线胀系数相关较大时，焊缝及母材冷却收缩不一致，则会产生较大的焊接残余应力和变形；电磁性相差较大时，则电弧不稳定，焊缝成形不佳甚至不能形成焊缝；热导率相差较大时，会影响焊接的热循环、结晶条件和接头质量。

（3）表面状态的差异

材料表面的氧化层、结晶表面层情况、吸附的氧离子和空气分子、水、油污、杂质等状态，都会直接影响异种金属的焊接性。

焊接异种金属时，会产生成分、组织、性能与母材不同的过渡层，而过渡层的性能会影响整个焊接接头的性能。一般情况下，增大熔合比，则会提高焊缝金属的稀释率，使过渡层更为明显；焊缝金属与母材的化学成分相差越大，熔池金属越不容易充分混合，过渡层越明显；熔池金属液态存在时间越长，则越容易混合均匀。因而，焊接异种金属时，为了保证接头的性能，必须采取措施控制过渡层。

## 8.1.2　异种金属焊接方法

异种金属焊接时，熔焊、压焊和钎焊都要采用。

（1）熔焊

熔焊是异种金属焊接中应用较多的焊接方法，常用的熔焊方法有焊条电弧焊、埋弧焊、气体保护焊、电渣焊、等离子弧焊、电子束焊和激光焊等。对于相互溶解度有限、物理化学性能差别较大的异种材料，由于熔焊时的相互扩散会导致接头部位的化学和金相组织的不均匀或生成金属间化合物，因而应降低稀释率，尽量采用小电流、高速焊。异种金属熔焊的焊接性见图 8-2 所示。

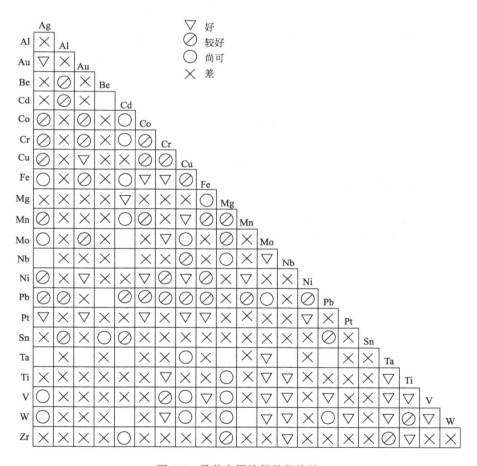

图 8-2　异种金属熔焊的焊接性

异种金属焊接时，为了解决母材稀释问题，可用堆焊隔离层的方法，如图 8-3 所示。图中两种母材金属 A 和 B，采用 A 金属熔敷焊缝，隔离层亦为 A 金属，堆焊隔离层时可按需要调整焊接材料成分，最后熔焊时实际上是 A 金属之间的焊接。

（2）压焊

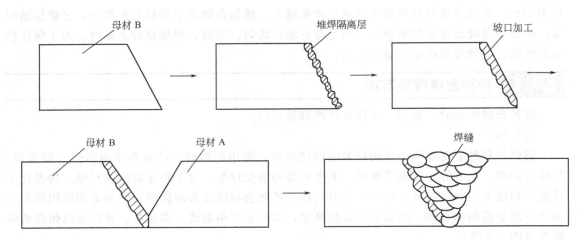

图 8-3　异种金属熔焊时堆焊隔离层的示意图

焊接异种金属常用的压焊方法有电阻焊、冷压焊、扩散焊和摩擦焊等。由于压焊时基体金属几乎不熔化，稀释率小，两种金属仍以固相结合形式形成接头，因而非常适合于异种金属间的焊接。

（3）钎焊

钎焊时，两母材不熔化，只熔化温度较低的钎料，因而几乎不存在稀释问题，是异种焊接最常用的方法之一。

本章中所有材料的焊接工艺都以熔焊为主，不介绍压焊和钎焊。

### 8.1.3　异种金属焊接的组合类型

异种金属的组合在工程应用中多种多样，最常用的组合有三种情况，即异种钢的焊接、异种有色金属的焊接、钢与有色金属的焊接。常见异种金属材料的组合、焊接方法及焊缝中形成物见表 8-1 所示。

表 8-1　常见异种金属材料的组合、焊接方法及焊缝中形成物

| 被焊金属 | 焊接方法 | | 焊缝中的形成物 | |
| --- | --- | --- | --- | --- |
| | 熔焊 | 压焊 | 溶液 | 金属间化合物 |
| 钢＋Al 及 Al 合金 | 电子束焊、氩弧焊 | 冷压焊、电阻焊、扩散焊、摩擦焊、爆炸焊 | 在 $\alpha$-Fe 中 Al 0～33% | $FeAl$，$Fe_2Al_3$，$Fe_2Al_7$ |
| 钢＋Cu 及 Cu 合金 | 氩弧焊、埋弧焊、电子束焊、等离子弧焊、电渣焊 | 摩擦焊、爆炸焊 | 在 $\gamma$-Fe 中 Cu 0～8% 在 $\alpha$-Fe 中 Cu 0～14% | — |
| 钢＋Ti | 电子束焊、氩弧焊 | 扩散焊、爆炸焊 | 在 $\alpha$-Ti 中 Fe 0.5% 在 $\beta$-Ti 中 Cu 0～25% | $FeTi$，$Fe_3Ti$ |
| Al＋Cu | 氩弧焊、埋弧焊 | 冷焊、电阻焊、爆炸焊、扩散焊 | Al 在 Cu 中 9.8% 以下 | $CuAl_2$ |
| Al＋Ti | | 扩散焊、摩擦焊 | Al 在 $\alpha$-Ti 中 6% 以下 | $TiAl$，$TiAl_3$ |
| Ti＋Cu | 电子束焊、氩弧焊 | | Cu 在 $\alpha$-Ti 中 2.1%，在 $\beta$-Ti 中 17% 以下 | $Ti_2Cu$，$TiCu$，$Ti_2Cu_3$，$TiCu_2$，$TiCu_3$ |

# 8.2　异种钢的焊接

异种钢的焊接主要应用于化工、电站、矿山机械等行业。

## 8.2.1　异种钢焊接的种类

异种钢的焊接主要有金相组织相同的异种钢的焊接和金相组织不同的异种钢的焊接两大类。常见的有下列几种组合方式：

① 不同珠光体钢的焊接；

② 不同铁素体钢、铁素体-马氏体钢的焊接；

③ 不同奥氏体钢、奥氏体-铁素体钢的焊接；

④ 珠光体钢与铁素体钢、铁素体-马氏体钢的焊接；

⑤ 珠光体钢与奥氏体钢、奥氏体-铁素体钢的焊接；

⑥ 铁素体钢、铁素体-马氏体钢与奥氏体钢、奥氏体-铁素体钢的焊接；

⑦ 铸铁与钢、复合钢的焊接。

本节主要介绍珠光体钢与奥氏体钢、不锈复合钢的焊接。

## 8.2.2　珠光体钢与奥氏体钢的焊接

（1）焊接特点

珠光体钢与奥氏体钢焊接时，由于两种钢在化学成分、金相组织和力学性能等方面相关较大，因而在焊接时易产生以下问题。

① 焊缝出现脆性马氏体组织　珠光体钢与奥氏体钢焊接时，由于珠光体钢不含或含很少的合金元素，因而它对焊缝金属有稀释作用，使焊缝中奥氏体元素含量降低，从而可能在焊缝中出现马氏体组织，恶化接头性能，甚至产生裂纹。

② 过渡层形成及熔合区塑性降低　焊接珠光体与奥氏体钢时，由于熔池边缘的液态金属温度较低，流动性较差，液态停留时间短，机械搅拌作用弱，从而使熔化的母材不能充分与填充金属混合。在紧邻珠光体钢一侧熔合区的焊缝金属中，形成一层与内部焊缝金属成分不同的过渡层。在过渡层中，易产生高硬度的马氏体组织，从而使焊缝脆性增加，塑性降低。根据所选焊条的不同，过渡层宽度一般为 0.2～0.6mm。

③ 碳的扩散影响高温性能　珠光体钢与奥氏体钢焊接时，母材中的碳会扩散迁移，在低铬钢一侧产生脱碳层，高铬钢一侧产生增碳层。如长时间在高温下加热，则碳的扩散迁移严重，珠光体一侧由于脱碳将使珠光体组织转变为体素体组织而软化，同时晶粒长大；奥氏体一侧由于增碳，部分碳元素将会与铬结合形成铬的碳化物而析出，使组织变脆。如果碳的迁移量过大，则对接头持久强度影响较大，从而使熔合区发生脆断倾向加大，而且还容易产生晶间腐蚀。

④ 热应力的产生降低接头性能　奥氏体钢的线胀系数比珠光体大 30%～50%，热导率只有珠光体钢的 1/3。因而，在焊接和热处理过程中，熔合区会产生较大的热应力，导致沿珠光体一侧熔合区产生热疲劳裂纹，并沿着弱化的脱碳层扩展，以致发生断裂。

（2）焊接工艺

① 焊接方法　珠光体钢与奥氏体钢焊接时，应选择熔合比小、稀释率低的焊接方法，

各种焊接方法对母材熔合比的影响如图8-4所示。焊条电弧焊、钨极氩弧焊和熔化极气体保护焊都比较适合，埋弧焊虽然线能量大，熔合比也较大，但生产效率高，高温停留时间长，搅拌作用强烈，过渡层均匀，因而也是一种常用的焊接方法。常用珠光体钢与奥氏体钢焊接方法选择见表8-2所示。

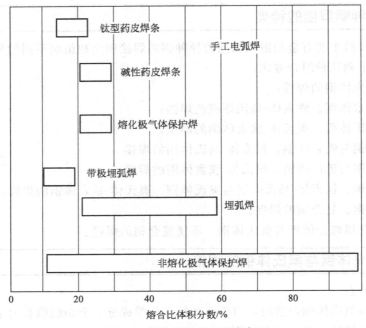

图 8-4　各种焊接方法的熔合比

② 焊接材料　珠光体钢与奥氏体钢焊接时，选择焊接材料的原则是：能克服珠光体钢对焊缝金属的稀释作用带来的不利影响；抵制碳化物形成元素的不利影响；保证接头使用性能，包括力学性能和综合性能；接头内不产生冷、热裂纹；良好工艺性能和生产效率，尽可能降低成本。常用珠光体钢与奥氏体钢焊接材料选择见表8-2所示。

表 8-2　常用珠光体钢和奥氏体钢焊接方法与焊接材料选择

| 母材 | | 焊接方法 | 焊接材料 |
|---|---|---|---|
| 第一种 | 第二种 | | |
| 低碳钢与普通低合金钢 | 1Cr18Ni9Ti | 焊条电弧焊 | A302、A307 |
| 12CrMo、15CrMo、30CrMo | 1Cr18Ni12Ti | | A312 |
| 12Cr1MoV、15Cr1MoV | 1Cr18Ni12Nb | | A502、A507 |
| Cr5Mo、Cr5MoV | Cr17Ni13Mo2Ti | 埋弧焊 | H1Cr25Ni13 |
| | Cr16Ni13Mo2Nb | | H1Cr20Ni10Mo |
| 25CrWMoV、15Cr2Mo2VNi | Cr23Ni18 | 氩弧焊 | H1Cr20Ni7Mo6Si12 |
| | Cr25Ni13Ti | | |
| 12CrMo、15CrMo、30CrMo<br>12CrMoV、15Cr1Mo1V<br>Cr5Mo、15Cr2Mo2 | Cr15Ni35W3Ti<br>Cr16Ni25Mo6 | 焊条电弧焊 | A502、A507<br>或镍基合金 |
| 低碳钢与普通低合金钢 | Cr25Ni5TiMoV<br>Cr25Ni5Ti | | A502、A507 |

③ 焊接工艺要点  珠光体钢与奥氏体钢焊接时，为了降低熔合比，应采用大坡口、小电流、快速、多层焊等工艺。同时焊前也应进行预热，焊后进行热处理，以防出现淬硬组织，降低焊接残余应力和防止产生冷裂纹。

（3）焊接实例

如图8-5所示是造纸设备中的方锥管焊接结构，该管由两个法兰（材质为Q235钢，板厚12mm）与两侧板（材质为1Cr18Ni9Ti钢）通过焊条电弧焊焊接而成。

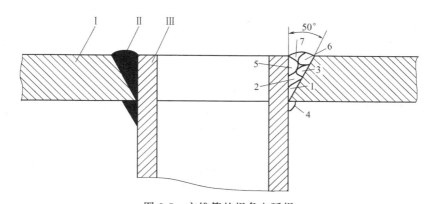

图8-5  方锥管的焊条电弧焊

Ⅰ—法兰（Q235钢）；Ⅱ—焊缝；Ⅲ—侧板（1Cr18Ni9Ti钢）

① 焊前准备

a. 接头形式及坡口  根据产品技术要求和工艺要求，选择 T 形接头，采用单边 V 形坡口。

b. 选择填充材料  选用 307 焊条，焊条直径为 2.5mm、3.2mm。

c. 母材金属清理  焊前严格清理坡口及周边金属，彻底除掉油污和杂质。

d. 装配定位  将法兰与侧板装配好，然后采用直径为 2.5mm 的 A307 焊条进行定位焊，定位焊间距为 50～80mm。

② 操作技术

a. 采用短弧快速焊  选用直流焊机，采用直流反接，焊接时尽量压低电弧，并使电弧倾向不锈钢侧。焊接速度要快，有利于焊缝成形。

b. 采用多层焊  第一层焊采用直径为 2.5mm 的 A307 焊条焊，焊接电流为 60～70A。焊条直线运动，不做横向摆动。第一层焊后仔细清渣，待冷却至不烫手时，用同样的焊接参数焊第二、第三层焊道。

c. 采用分段逆向焊  为了防止产生过热和焊接变形，采用分段逆向焊。各焊道相互交错，焊缝接头处错开，焊缝收尾要填满弧坑。

d. 背面角焊缝的焊接（第 4 道焊缝）  采用直径为 3.2mm 的焊条，焊接电流为80～90A。用同样的焊接参数焊接第 5～7 道焊缝。

e. 检查焊缝  焊后检查焊缝外观尺寸、表面质量，如发现有裂纹、咬边等缺陷，应及时返修。

## 8.2.3  不锈钢复合钢板的焊接

不锈复合钢板是由较薄的不锈钢为覆层（约占总厚度的 10%～20%）、较厚的珠光体钢

为基层复合而成，因而属于异种钢焊接问题

（1）焊接特点

不锈复合钢焊接时除了要保证钢材的力学性能外，还要保证复合钢板接头的综合性能。一般情况下分基层和覆层的焊接，焊接时的主要问题是基层与覆层交接处的过渡层焊接，常见有下面两方面问题。

① 过渡层异种钢的混合问题　当焊接材料与焊接工艺不恰当时，不锈钢焊缝可能严重稀释，形成马氏体淬硬组织，或由于铬、镍等元素大量渗入珠光体基层而严重脆化，产生裂纹。因此，焊接过渡层时，应使用含铬、镍较多的焊接材料，保证焊缝金属含一定量的铁素体组织，提高抗裂性，即使受到基层的稀释，也不会产生马氏体组织；同时也应采用适当的焊接工艺，减小基层一侧的熔深和焊缝的稀释。

② 过渡区的组织特点及对焊接的影响　过渡区高温下发生碳的扩散，在交界区会形成高硬度的增碳带和低硬度的脱碳带，从而形成了复杂的金属组织状态，造成焊接困难；同时，碳在高温下重新分布，使覆层增碳，降低了热影响区覆层的耐蚀性。

（2）焊接工艺

① 焊接方法　焊接不锈复合钢时常用的焊接方法有焊条电弧焊、埋弧焊、氩弧焊、$CO_2$气体保护焊和等离子弧焊等。实际生产中常用埋弧焊或焊条电弧焊焊基层，焊条电弧焊和氩弧焊焊覆层和过渡层。

② 坡口形式　不锈复合钢薄件焊接可采用 I 形坡口，厚件可采用 V 形、U 形、X 形、V 形和 U 形联合坡口等，也可在接头背面一小段距离内通过机加工去掉覆层金属，如图 8-6 所示，以确保焊第一道基层焊道时不受覆层金属的过大稀释，避免脆化基体珠光体的焊缝金属。一般尽可能采用 X 形坡口，当因焊接位置限制只可采用单面焊时，可用 V 形坡口。采用角接接头时，其坡口形式如图 8-7 所示。

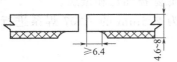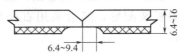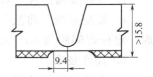

图 8-6　去掉覆层金属的复合钢板焊接坡口形式

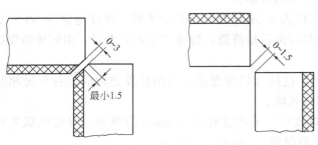

图 8-7　复合钢板焊接角接接头形式

③ 焊接材料　不锈复合钢的焊接中容易出现覆层的 Cr、Ni 等元素被烧损而降低覆层耐蚀性；基层对覆层的稀释作用，使覆层的含 Ni、Cr 减小，而含碳增加，使防蚀能力下降和形成马氏体使接头脆化；过渡层硬化；变形和应力大等缺陷，特别是过渡层的焊接是基层和覆层的交界处，因此复合钢板的焊接比较复杂。为了防止这些缺陷的产生，应当选择三种不同类型的焊接材料分别施焊。比如，焊接基层时，可选用相应强度等级的结构钢焊材；焊接覆层时，由于是直接与腐蚀介质接触的面，所以选择相应的奥氏体钢焊材；而过渡层焊接，为了避免出现缺陷，可以选择 Cr、Ni 含量比不锈钢高、抗裂性和塑性都较好的奥氏体钢焊接材

料。常用不锈复合钢板双面焊焊接材料的选择见表 8-3 所示，单面焊焊接材料选择见表 8-4 所示。

**表 8-3 不锈复合钢板双面焊焊接材料的选择**

| 母材 | | 焊条 | 埋弧焊 | |
|---|---|---|---|---|
| | | | 焊丝 | 焊剂 |
| 基层 | Q235 | E4303、E4315 | H08A、H08 | HJ431 |
| | 20、20g | E4303、E4315、E5015 | H08Mn2SiA、H08A、H08MnA | HJ431 |
| | 09Mn2<br>16Mn<br>15MnTi | E5003、E5015<br>E5515-G<br>E6015-D1 | H08MnA<br>H08Mn2SiA<br>H10Mn2 | HJ431 |
| | 过渡层 | A302、A307、A312 | H00Cr29Ni12TiAl | HJ260 |
| 覆层 | 1Cr18Ni9Ti<br>0Cr18Ni9Ti<br>0Cr13 | A102、A107<br>A132、A137<br>A202、A207 | H0Cr19Ni9Ti<br>H00Cr29Ni12TiAl | HJ260 |
| | Cr18Ni12Mo2Ti<br>Cr18Ni12Mo3Ti | A202、A207<br>A212 | H0Cr18Ni12Mo2Ti<br>H0Cr18Ni12Mo3Ti<br>H00Cr29Ni12TiA | HJ260 |

**表 8-4 不锈复合钢板单面焊焊接材料的选择**

| 母材 | | 焊条 | 埋弧焊 | | 备注 |
|---|---|---|---|---|---|
| | | | 焊丝 | 焊剂 | |
| 覆层 | 0Cr18Ni9Ti<br>1Cr18Ni9Ti<br>0Cr13 | A102<br>A107 | — | — | — |
| | 过渡层 | 纯铁 | — | — | — |
| 基层<br>(有过渡层) | Q235A、20 | E4303 | H08A | HJ431 | 最初两层焊条电弧焊,其余埋弧焊 |
| | 20g | E4303、E5003、E5015 | H08A、H08MnA | HJ431 | |
| | 16Mn | E5015、E5515-G | H08MnA、H10Mn2 | HJ431 | |
| | 15MnTi | E6015-D1 | | | |
| 基层<br>(无过渡层) | Q235A、20<br>20g<br>16Mn<br>15MnTi | A302、A307 | HCr25Ni13<br>H00Cr29Ni12TiAl | HJ260 | — |

（3）焊接工艺要点

a. 焊件准备　焊前装配应以覆层为准，对接间隙约为 1.5～2mm，防止错边过大，否则将影响过渡层和复合层的焊接质量。点固焊时，应在基层钢上进行，不许产生裂纹与气孔。焊前应对复合板坡口及其两侧 10～20mm 范围内均进行清理。

b. 焊接顺序　采用 X 形坡口双面焊时，先焊基层、再焊过渡层、最后焊覆层，如图 8-8 所示；采用单面焊时，应先焊覆层、再焊过渡层、最后焊基层；角接接头时，无论覆层在内侧还是外侧，均先焊基层。

c. 焊接操作要点　焊基层时，注意焊缝不要熔透到覆层金属，焊接温度要低，防止覆层过热，焊接完成后要严格清理焊缝，并进行焊接探伤，探伤合格后方能焊接过渡层。过渡

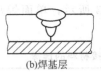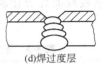

(a)装配　(b)焊基层　(c)覆合层清根　(d)焊过度层　(e)焊覆层

图 8-8　焊接顺序

层的焊接是要在保证熔合良好的前提下，尽量减少基层金属的熔入，焊接时严格控制层间温度，防止过热；并且尽量使用小电流焊接，减小基层对过渡层的稀释作用；焊接材料选择 Cr、Ni 含量高的焊条，可以避免产生马氏体组织。过渡层焊缝表面应当高出界面 0.5～1.5mm，基层焊缝表面到复合层的距离在 1.5～2.0mm 之间，过渡层厚度在 2～3mm 之间，且必须完全覆盖基层金属。

覆层的焊接主要是奥氏体不锈钢焊接性的问题，这里不多做阐述。

不锈复合钢板焊接后一般不做焊后热处理，避免碳元素发生迁移，如果焊接厚板时要进行消除应力处理，那么在焊接完基层后就进行，热处理后再焊接过渡层和复层。

（4）焊接实例

简述 20g 与 1Cr18Ni9Ti 复合钢板的焊接过程。

采用焊条电弧焊封底，用埋弧焊盖面，焊接顺序如图 8-9 所示。具体操作过程如下。

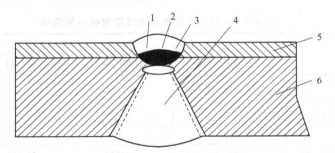

图 8-9　20g 与 1Cr18Ni9Ti 复合钢板对接接头焊接顺序

1—覆层焊缝；2—过渡层；3—焊条电弧焊封底焊焊缝；
4—埋弧焊盖面焊缝；5—覆层（1Cr18Ni9Ti）；6—基层（20g）

① 选用 J427 焊条，从覆层一侧在基层板上进行焊条电弧焊封底。

② 翻转复合钢板，清理焊根后，选用 H08MnA 焊丝、HJ431，进行埋弧焊盖面。盖面焊缝可根据基层板的厚度焊一层或多层。

③ 再把复合钢板翻转过来，选用 A307 焊条焊接过渡层，焊接电流为 150A。

④ 过渡层焊缝合格后，选用 A137 焊条焊接覆层，焊接电流为 140A。

⑤ 焊完后进行 X 射线检验，对不合格者进行返修，直至全部合格为止。

# 8.3　钢与有色金属的焊接

## 8.3.1　钢与铝及其合金的焊接

（1）焊接特点

铝及其合金与钢的物理性能相差很多，给焊接造成了很大的困难。首先，熔点相差约

800~1000℃，焊接时，当铝及其合金已完全熔化，钢却还保持在固态；其次，热导率相差2~13倍，很难均匀加热；此外，线胀系数相差1.4~2倍，在接头界面两侧必须造成残余热应力，并且无法通过热处理消除它，增强了裂纹倾向；再有，铝及其合金加热时能形成氧化膜（$Al_2O_3$)；它不仅会造成焊缝金属熔合困难，还会形成焊缝夹渣。

铝能够与钢中的铁、锰、铬、镍等元素形成有限固溶体和金属间化合物，还能与钢中的碳形成化合物。随着含铁量的增加，铝与铁会形成多种金属间化合物，如 $FeAl$、$FeAl_2$、$FeAl_3$、$Fe_2Al_7$、$Fe_3Al$、$Fe_2Al_5$，其中 $Fe_2Al_5$ 最脆，当其含量增加时，则会降低塑性，使脆性增大，严重影响焊接性。

为了解决钢与铝及其合金熔焊时的困难，常采取如下工艺措施。

① 为了减小钢与铝产生金属间化合物，在钢表面覆一层与铝能很好结合的过渡金属，如锌、银等，过渡层厚度为 30~40μm，钢侧为钎焊，铝侧为熔焊；也可采用复合镀层，如 Cu-Zn（4~6μm＋30~40μm）或 Ni-Zn（5~6μm＋30~40μm），能使金属间化合物层的厚度更小。

② 对接焊时，使用 K 形坡口，坡口开在钢材一侧。焊接热源偏向铝材一侧，以使两侧受热均衡，防止镀层金属蒸发。

③ 使用惰性气体保护，如用氩弧焊等。

（2）焊接工艺

钢与铝及其合金的熔焊时采用钨极氩弧焊。使用 K 形坡口，钢的一侧坡口角度为 70°。清理干净坡口后，在钢表面覆过渡层，在碳钢及低合金钢表面镀锌，奥氏体钢表面镀铝。

钨极氩弧焊采用交流电流，钨极直径 2~5mm。焊接铝与钢时先将电弧指向铝焊丝，待开始移动进行焊接时则指向焊丝和已形成的焊道表面，如图 8-10（a）所示，这样能保护镀层不致破坏；另一种方法是使电弧沿铝侧移动而铝焊丝沿钢侧移动，如图 8-10（b）所示，使液态铝流至钢的坡口表面。焊接电流可参照表 8-5 选择。

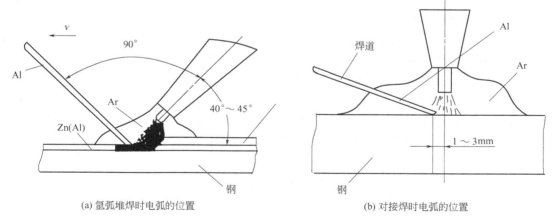

(a) 氩弧堆焊时电弧的位置　　　　　　　　(b) 对接焊时电弧的位置

图 8-10　钢与铝焊接示意图

表 8-5　钢与铝钨极氩弧焊的焊接电流

| 金属厚度/mm | 3 | 6~8 | 9~10 |
|---|---|---|---|
| 焊接电流/A | 110~130 | 130~160 | 180~200 |

### 8.3.2　钢与铜及其合金的焊接

（1）焊接特点

钢与铜及铜合金的熔点、热导率、线胀系数等都有很大的不同，在焊接时易发生焊接热裂纹；同时，液态铜或铜合金有可能向其所接触的近缝区的钢表面内部渗透，并不断向微观裂口浸润深入，形成所谓的"渗透裂纹"。但由于铁与铜的原子半径、晶格类型等比较接近，对原子间的扩散、钢与铜及铜合金的焊接来说，又是有利的一面。

（2）焊接工艺

大多数的熔焊方法如气焊、焊条电弧焊、埋弧焊、氩弧焊、电子束焊等都可用于钢与铜及铜合金的焊接。同样，在焊前也应对待焊部位及其附近清理干净，直至露出金属光泽。下面介绍几种常用的熔焊方法的焊接工艺。

① 焊条电弧焊　当板厚大于 3mm 需开坡口，坡口形式与尺寸与焊钢时相同。为了保证焊透，X 形坡口不留钝边。单道焊缝施焊时，焊条应偏向钢侧，必要时可对铜件适当预热。低碳钢与紫铜焊条电弧焊工艺参数见表 8-6 所示。

表 8-6　低碳钢与紫铜焊条电弧焊工艺参数（用 T107 焊条）

| 材料组合 | 接头形式 | 母材厚度/mm | 焊条直径/mm | 焊接电流/A |
|---|---|---|---|---|
| Q235A＋T1 | 对接 | 3＋3 | 3.2 | 120～140 |
| Q235A＋T1 | 对接 | 4＋4 | 4.0 | 150～180 |
| Q235A＋T2 | 对接 | 2＋2 | 2.0 | 80～90 |
| Q235A＋T2 | 对接 | 3＋3 | 3.0 | 110～130 |
| Q235A＋T3 | T 形接头 | 3＋3 | 3.2 | 140～160 |
| Q235A＋T3 | T 形接头 | 4＋10 | 4.0 | 180～210 |

② 钨极氩弧焊　主要用于薄件焊接，也常用在紫铜-钢的管与管、板与板、管板的焊接以及在钢上补紫铜的焊接。焊前焊件必须彻底清理，通常铜要酸洗，而钢件要去油污。当紫铜与低碳钢焊接时，选用 HS202 焊丝，与锈钢焊接时，选用 B30 白铜丝或 QAl9-2 铝青铜焊丝。焊接时采用直流正接，焊条偏向铜的一侧，不摆动、快速焊。

③ 埋弧焊　当厚度大于 10mm 时，需开 V 形坡口，角度为 60°～70°，铜一侧角度略大于钢侧，可为 40°，钝边 3mm，间隙 0～2mm。焊接时，焊丝偏向铜一侧，距焊缝中心约 5～8mm，如图 8-11 所示，目的是控制热量和减少钢的熔化量。一般在坡口中放置铝丝可以脱氧、减小液态铜向钢侧晶界渗入倾向。低碳钢与紫铜埋弧焊工艺参数见表 8-7 所示。

表 8-7　不锈钢与紫铜埋弧自动焊焊接工艺参数

| 异种金属 | 接头形式 | 厚度/mm | 焊丝直径/mm | 焊接电流/A | 电弧电压/V | 焊接速度/m·h⁻¹ | 送丝速度/m·h⁻¹ |
|---|---|---|---|---|---|---|---|
| 1Cr18Ni89 | 对接 V 形 | 10＋10 | 4 | 600～650 | 36～38 | 23 | 139 |
| | | 12＋12 | 4 | 650～680 | 38～42 | 21.5 | 136 |
| | | 14＋14 | 4 | 680～720 | 40～42 | 20 | 134 |
| | | 16＋16 | 4 | 720～780 | 42～44 | 18.5 | 130 |
| | | 18＋18 | 5 | 780～820 | 44～45 | 16 | 128 |
| | | 20＋20 | 5 | 820～850 | 45～46 | 15.5 | 126 |

注：焊剂为 HJ431，焊丝为 T2，坡口中添加 φ2Ni 丝 2 根。

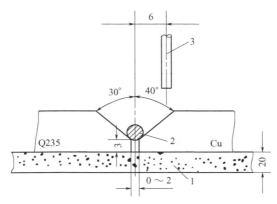

图 8-11 铜-钢埋弧焊示意
1—焊剂垫；2—填充铝丝；3—焊丝

## 8.3.3 钢与钛及其合金的焊接

（1）焊接特点

① 接头脆化 钢与钛及钛合金焊接时，易产生 TiFe、TiFe$_2$ 和 TiC 等脆性化合物，增加焊接接头脆性，导致裂纹。同时，钛及钛合金在高温下大量吸收氧、氮、氢等气体，特别是在液态时更严重，使焊接区被污染而脆化，甚至产生气孔。

② 易产生焊接变形 钛及钛合金的热导率约为钢的 1/6，弹性模量为钢的 1/2，热导率小，焊接时易引起变形，需用刚性夹具、冷却压块等方法防止和减小变形。焊后应在真空或氩气保护下，加热到 550～650℃，保温 1～4h，进行退火消除内应力。

（2）焊接工艺

由于钢与钛及钛合金焊接时易产生脆性化合物，因而一般不能采用焊条电弧焊、埋弧焊与 CO$_2$ 气体保护焊等方法，可采用钨极氩弧焊，其焊缝结构如图 8-12 所示。

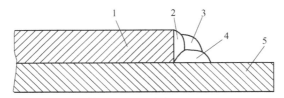

图 8-12 焊缝结构示意
1—钛母材；2～4—焊道；5—碳钢

焊前应先用钢丝刷打磨接头表面，然后用酸液清洗。钢与钛及钛合金焊接材料及工艺参数见表 8-8 所示。

表 8-8 钢与钛及钛合金焊接材料及工艺参数

| 焊层 | 焊丝 | 焊丝直径/mm | 钨极直径/mm | 焊接电流/A | 焊接电压/V | 氩气流量/L·min$^{-1}$ 喷嘴 | 氩气流量/L·min$^{-1}$ 拖罩 |
|---|---|---|---|---|---|---|---|
| 1 | 紫铜 | | 3～4 | 165 | | | |
| 2 | 银 | 3 | 3 | 60～75 | 15～20 | 15 | 25 |
| 3 | 银铜 | | 4 | 150～165 | | | |

# 8.4　异种有色金属的焊接

## 8.4.1　铝与铜的焊接

（1）焊接特点

铝与铜在熔焊时主要困难是：铝和铜的熔点相差 423℃，焊接时很难同时熔化；铝与铜在高温下强烈氧化，生成难熔的氧化物，要采取措施防止氧化并去除熔池中的氧化膜；铝和铜在液态下无限互溶，而在固态下有限互溶，它们能形成多种由金属间化合物为主的固溶体相，如 $AlCu_2$、$Al_2Cu_3$、$AlCu$、$Al_2Cu$ 等，使接头的强度和塑性降低，实践证明，铝-铜合金中铜含量在 12%～13%，综合性能最好，因而应采取措施使焊缝金属中铜含量不超过此范围，或者采用铝基合金。

铝与铜塑性都好，很适合于压焊方法。利用压焊时，可避免熔焊时所出现的以上问题。目前常用的压焊有冷压焊、摩擦焊和扩散焊等。

（2）焊接工艺

① 钨极氩弧焊　铝与铜钨极氩弧焊时，为了减小焊缝金属的含铜量，使其控制在 12%～13% 以下，增加铝的成分，焊前可将铜端加工成 V 形或 K 形坡口，并镀上厚约 $6\mu m$ 的锌层；焊接时，电弧应偏向铝的一侧，主要熔化铝，减小对铜的熔化。铝及铜钨极氩弧焊时，可采用电流为 150A，电压为 15V，焊接速度为 6m/h，选用 L6 焊丝、直径为 2～3mm 的焊接工艺参数。

② 埋弧焊　铝及铜埋弧自动焊时，为了减小焊缝中铜的熔入量，可采用如图 8-13 所示的接头形式，铜侧开半 U 形坡口并预置 $\phi 3mm$ 的铝焊丝，铝侧为直边；同时电弧也应指向铝，但不能偏离太远，如工件厚度为 $\delta$，则电弧与铜件坡口上缘的偏离值 $l=(0.5～0.6)\delta$。铝及铜埋弧自动焊焊接工艺参数见表 8-9 所示。

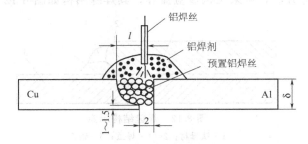

图 8-13　铜-铝埋弧自动焊示意

表 8-9　铝及铜埋弧自动焊焊接工艺参数

| 板厚 /mm | 焊接电流 /A | 焊丝直径 /mm | 焊接电压 /V | 焊接速度 /m·h⁻¹ | 焊丝偏离 /mm | 焊剂层/mm 宽 | 焊剂层/mm 高 | 焊接层数 |
|---|---|---|---|---|---|---|---|---|
| 8 | 360～380 | 2.5 | 35～38 | 24.4 | 4～5 | 32 | 12 | 1 |
| 10 | 380～400 | 2.5 | 38～40 | 21.5 | 5～6 | 38 | 12 | 1 |
| 12 | 390～410 | 2.6 | 39～42 | 21.5 | 6～7 | 40 | 12 | 1 |
| 20 | 520～550 | 3.2 | 40～44 | 8～12 | 8～12 | 46 | 14 | 3 |

## 8.4.2 铝与钛的焊接

（1）焊接特点

铝与钛在物理化学性能和力学性能方面有较大差异，焊接时易出现以下问题。

① 铝与钛易氧化，合金元素易烧损蒸发　钛在 $600℃$ 时开始氧化生成 $TiO_2$，同时铝也易氧化生成 $Al_2O_3$，这些氧化物会使焊缝产生夹杂，增加金属脆性，阻碍焊缝熔合，使焊接困难；由于铝的熔点比钛低 $1160℃$，因而，当钛开始熔化时，铝及其合金元素将会大量烧损蒸发，使焊缝化学成分不均匀。

② 易产生脆性化合物　钛与铝在 $1460℃$ 时，形成铝含量为 $36\%$ 的 TiAl 型金属间化合物；$1340℃$ 时，形成铝含量为 $60\%\sim64\%$ 的 $Ti_3Al$ 型金属间化合物；同时，钛与氮和碳也易形成脆性化合物。所有这些脆性化合物都使焊缝金属脆性增加，焊接性变差。

③ 铝与钛相互溶解度小，高温时吸气性大　钛在铝中的溶解度极小，室温下只有 $0.07\%$，铝在钛中的溶解度更小，因而两种金属很难结合，焊缝成形困难；氢在钛和铝中的溶解度很大，焊接时焊缝中吸收大量的氢，很容易聚集形成气孔，使焊缝塑性和韧性降低，产生脆裂。

④ 铝与钛的变形大　铝的热导率和线胀系数分别约为钛的 16 倍和 3 倍，在焊接时易发生焊接变形。

（2）焊接工艺

铝与钛易形成金属化合物，因而很少采用熔焊方法。焊接时可利用钛与铝的熔点不同，采用熔焊-钎焊工艺，即铝一侧为熔焊，钛一侧为钎焊，如图 8-14 所示。钛板加热后只部分熔化而不熔透，使其热量将背面搭接的铝板熔化，在惰性气体保护下，液态铝在清洁的钛板背面形成填充金属-钎缝。

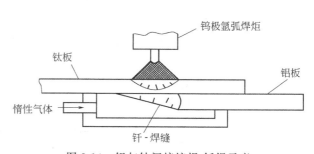

图 8-14　铝与钛间接熔焊-钎焊示意

由于采用熔焊-钎焊工艺要保持熔池温度不能过高，操作困难，目前采用一种先在坡口上渗铝的工艺措施。即焊前先在钛件的坡口上覆盖一层铝，用钨极氩弧焊进行快速焊接，以防止钛熔化。其焊接工艺参数如表 8-10 所示。

表 8-10　铝与钛钨极氩弧焊的焊接工艺参数

| 接头形式 | 板　厚/mm | | 填充材料 | 填充材料直径 /mm | 焊接电流 /mm | 氩气流量/L·min$^{-1}$ | |
| --- | --- | --- | --- | --- | --- | --- | --- |
| | Al(L4) | Ti(TA2) | | | | 焊枪 | 背面保护 |
| 角接 | 8 | 2 | LD4 | 3 | 270～290 | 10 | 12 |
| 搭接 | 8 | 2 | | | 190～200 | 10 | 15 |
| 对接 | 8～10 | 8～10 | | | 240～285 | 10 | 8 |

（3）铝与钛的焊接实例

图 8-15 所示是铝与厚度为 $2\sim12mm$ 的钛板进行氩弧焊的焊接产品（电解槽）结构，其焊接操作过程如下。

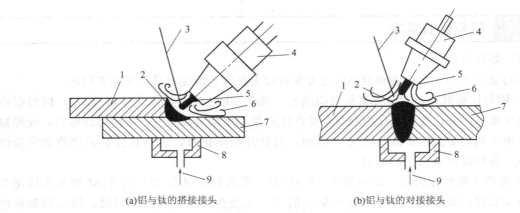

(a)铝与钛的搭接接头　　　　　　　　(b)铝与钛的对接接头

图 8-15　铝与钛氩弧焊接焊接产品结构

1—铝（L3）；2—焊缝；3—填充焊丝；4—焊枪；5—铈钨极；

6—保护气体（Ar）；7—钛（TA2）；8—焊缝背面保护装置；9—进气口

①焊前将铝母材金属在 80℃碱液中浸泡 2min，然后用清水冲洗，再在 30℃的 30％ HNO₃溶液中浸泡 10min，充分除去氧化膜、油污。

②将钛母材用刮刀清整接头边缘，并用酒精或丙酮清除油污、氧化物等。

③选择搭接或对接接头，一般采用 V 形坡口，坡口角度为 60°。

④填充金属选择纯铝丝，直径取 3mm。

⑤电极选择铈钨极，直径为 4mm。

⑥焊接时，电弧偏向铝母材金属，因为铝热导率大。焊枪与水平面的夹角一般为 60°为宜。

⑦铝与钛的焊接工艺规范见表 8-11。

⑧焊后缓冷，并检验焊缝质量。

表 8-11　铝（L3）与钛（TA2）氩弧焊产品的焊接工艺规范

| 两种母材厚度 $\delta$ /mm | 接头形式 | 焊接参数 | | | | | 氩气流量/L·min⁻¹ | |
|---|---|---|---|---|---|---|---|---|
| | | 焊接电流 /A | 电弧电压 /A | 焊丝材料 | 焊丝直径 /mm | 铈钨极直径/mm | 正面焊缝 | 背面保护 |
| 2+2 | 搭接接头 | 80～100 | 10～12 | L3 | 3 | 3 | 8～10 | 10～15 |
| 4+4 | | 120～150 | 12～14 | | 3 | 3 | | |
| 6+4 | | 150～200 | 14～15 | | 3 | 3 | | |
| 8+2 | | 200～240 | 15～16 | | 4 | 4 | | |
| 8+6 | 对接接头 | 220～250 | 15～16 | | 4 | 4 | | |
| 8+8 | | 230～260 | 16～17 | | 4 | 4 | | |
| 10+10 | | 260～270 | 17～18 | | 4 | 4 | | |
| 12+10 | | 280～300 | 18～20 | | 4 | 4 | | |

## 8.4.3　铜与钛的焊接

（1）焊接特点

铜与钛由于物理和化学性能方面存在较大差异，焊接时主要问题是：铜与钛的互溶性有限，在高温下能形成 TiCu、$Ti_2Cu$ 等多种金属间化合物，以及 $Ti+Ti_2Cu$（熔点 1003℃）、$Ti_2Cu+TiCu$（熔点 960℃）等低熔点共晶，使接头性能下降；钛与铜对氧的亲和力很大，在常温和高温下都易形成氧化物；在高温下，钛与铜还能吸收氢、氮和氧等，在焊缝熔合线处形成氢气孔，并且在钛母材侧易生成片状氢化物 $TiH_2$ 产生氢脆等。

（2）焊接工艺

铜与钛的焊接，主要使用的熔焊方法是钨极氩弧焊。在焊接时，为了防止两种金属产生低熔点共晶，钨极电弧应指向铜的一侧。钛合金与铜钨极氩弧焊焊接工艺参数见表 8-12 所示。

表 8-12 钛合金与铜钨极氩弧焊焊接工艺参数

| 母材 | 板厚 /mm | 焊接电流 /A | 电弧电压 /V | 填充材料 | | 电弧偏离 /mm |
| --- | --- | --- | --- | --- | --- | --- |
| | | | | 牌号 | 直径/mm | |
| TA2+T2 | 3.0 | 250 | 10 | QCr0.8 | 1.2 | 2.5 |
| | 5.0 | 400 | 12 | QCr0.8 | 2 | 4.5 |
| Ti3Al37Nb+T2 | 2.0 | 260 | 10 | T4 | 1.2 | 3.0 |
| | 5.0 | 400 | 12 | T4 | 2 | 4.0 |

## 思考与练习

1. 填空题

（1）异种金属焊接时，当被焊金属的电磁性能相差很大时，焊缝的_____不良。

（2）当两种被焊金属的导热性能和比热容不同时，会改变焊接时_____的分布。

（3）当两种被焊金属的线胀系数相差很大时，焊接过程中会产生很大的_____。

（4）奥氏体不锈钢与珠光体钢焊接时，在_____会形成脱碳区。

（5）奥氏体不锈钢与珠光体钢焊接时，熔合比应_____。

（6）对基层为碳钢、覆层为不锈钢的不锈复合板进行定位焊时，宜选用_____焊条。

（7）钢与铜及其合金焊接时的主要问题是易产生_____。

（8）铝、铜氩弧焊在焊缝中加_____能减少金属间化合物，加入_____能限制铜向铝过渡。

2. 异种金属能否获得满意的焊接接头主要取决于哪些方面？

3. 珠光体钢与奥氏体钢焊接时产生过渡层的原因是什么？如何减小过渡层的宽度？

4. 珠光体钢与奥氏体不锈钢的焊接工艺要点是什么？

5. 简述不锈复合钢板的焊接操作步骤。

6. 异种钢焊接时热疲劳裂纹是如何产生的？

7. 铝及铜焊接时，电弧为何要偏向铝？

8. 铝和钛焊接时，易产生哪些问题？

9. 焊接 1Cr18Ni9Ti 不锈钢与 Q235 钢时，为什么要选用 E1-23-13-15（A307）焊条？

# 第9章 堆 焊

随着科学技术的进步，各种产品、机械装备正向大型化、高效率、高参数的方向发展，对产品的可靠性和使用性能要求越来越高。材料表面堆焊作为焊接技术的一个分支，是提高产品和设备性能、延长使用寿命的有效技术手段。

堆焊是用焊接方法在金属材料或零件表面上熔敷一层有特定性能的材料的工艺过程。

>>> 知识目标

1. 了解堆焊技术的特点、分类和应用；
2. 熟悉堆焊合金及材料的类型、特点和选用；
3. 掌握常用堆焊方法的工艺、特点和应用。

>>> 能力目标

能够根据工件的材质和性能要求合理地选择堆焊金属材料及堆工艺方法。

>>> 观察与思考

1. 什么情况下需要采用堆焊？
2. 一批连铸辊，其直径为 $\phi160mm$，辊身长度 $L=626mm$，辊芯材质为 CrMo 珠光体耐热钢。因长期在高交变应力、高热应力的恶劣工况条件下服役，表面出现了龟裂、裂纹、磨损、弯曲、氧化与腐蚀鳞皱等缺陷，如图 9-1 所示，这些缺陷直接影响到钢材板坯的表面质量和板型，因而不能再继续使用。现需对这批轧辊进行堆焊修复强化。要求堆焊后辊子表面硬度为 43~47HRC。思考应当选择什么堆焊金属材料？以及采用什么堆焊方法及堆焊工艺？

图 9-1  连铸辊示意图（有缺陷）

# 9.1 堆焊的特点及应用

## 9.1.1 堆焊的特点

堆焊的物理本质、热过程、冶金过程以及堆焊金属的凝固结晶与相变过程，与一般的焊接方法相比是没有什么区别的。然而，堆焊主要是以获得特定性能的表层、发挥表面层金属性能为目的，所以堆焊工艺应该注意以下特点。

（1）根据技术要求合理地选择堆焊合金类型

被堆焊的金属种类繁多，所以，堆焊前首先应分析零件的工作状况，确定零件的材质。根据具体的情况选择堆焊合金系统。这样才能得到符合技术要求的表面堆焊层。

（2）以降低稀释率为原则，选定堆焊方法

由于零件的基体大多是低碳钢或低合金钢，而表面堆焊层含合金元素较多，因此，为了得到良好的堆焊层，就必须减小母材向焊缝金属的熔入量，也就是稀释率。

（3）堆焊层与基体金属间应有相近的性能

由于通常堆焊层与基体的化学成分差别很大，为防止堆焊层与基体间在堆焊、焊后热处理及使用过程中产生较大的热应力与组织应力，常要求堆焊层与基体的热膨胀系数和相变温度最好接近，否则容易造成堆焊层开裂及剥离。

（4）提高生产率

由于堆焊零件的数量繁多、堆焊金属量大，所以应该研发和应用生产率较高的堆焊工艺。

总之，只有全面考虑上述特点，才能在工程实践中正确选择堆焊合金系统与堆焊工艺，获得符合技术要求的经济性好的表面堆焊层。

## 9.1.2 堆焊的应用

堆焊工艺是焊接领域中的一个重要分支，它在矿山、电站、冶金、车辆、农机等工业部门的零件修复和制造中都有广泛的使用。其主要用途有以下两个方面。

（1）零件修复

由于零件常因为磨损而失效，例如石油钻头、挖掘机齿等，可以选择合适的堆焊材料对其进行修复，使其恢复尺寸和进一步提高其性能。而且用堆焊技术进行修复比制造新零件的费用低很多，使用寿命也较长，因此堆焊技术在零件修复中得到广泛。

（2）零件制造

堆焊工艺可以采用不同的基体，在这些基体上使用不同的堆焊材料使表面达到我们所需要的性能，如耐磨性、耐蚀性、耐热性等等。利用这一工艺不仅能保证零件的使用寿命而且还避免了贵金属的消耗，使设备的成本降低。

## 9.1.3 堆焊金属的使用性能

不同的工作条件要求堆焊金属要有不同的使用性能，其主要的使用性能包括耐磨性、耐蚀性、耐高温性和耐气蚀性等。

（1）耐磨性

磨损是材料在使用过程中表面被液体、气体或固体的机械或化学作用而造成的破坏现象。磨损是一个很复杂的微观破坏过程，它是金属材料本身与它相互作用的材料以及工作环境综合作用的结果。磨损有五个基本类型：粘着磨损、磨料磨损、冲击浸蚀、疲劳磨损和微动磨损。下面介绍一下前面两类。

① 粘着磨损　它是由于材料之间相对移动，两接触面之间凹凸不平，个别接触点之间发生焊合、变形而造成撕裂或转移结合到另一表面上，而产生的表面被破坏的现象。这种磨损有三类：当载荷很小时，由于摩擦热产生氧化膜，阻止滑动的焊合现象，为氧化磨损；当载荷很大，滑动面产生的焊合为金属磨损；擦伤（包括撕脱和咬死）是第三类磨损形式。

粘着磨损多发生在滑动摩擦的结构件润滑不良或不进行润滑的时候，比如轴、轴承、高压阀门的阀座、切削刀具等零件的工作中。

粘着磨损的堆焊材料一般要求要有小的摩擦因数，要与相互摩擦的材料有相近的硬度和耐磨性。常用的抗粘着磨损的堆焊材料有铜基合金、钴基合金和镍基合金，铁基合金在阀门业中也有广泛的使用。

② 磨料磨损　它是指物体表面与硬质颗粒或硬质凸出物（包括硬金属）相互摩擦引起表面材料损失的现象，磨料磨损是最常见的，同时也是危害最为严重的磨损形式。磨料磨损按照应力状态不同，可以分为三类。

a. 低应力磨料磨损　它是固态磨料以某种速度，自由地与接触的金属表面做相对运动。这种磨损作用在磨料上的应力较低，对零件表面的冲击力小。常见的低应力磨料磨损如推土机铲刃、犁铧等，人们也把含有磨料的液体或气体流冲击金属表面引起的磨损归为低应力磨料磨损，如泥浆泵叶轮，粉尘排除设备等。这一类磨损对堆焊材料的冲击韧性要求低，要求堆焊层有高的耐磨性和硬度，高铬合金铸铁和一些硬脆的马氏体合金铸铁材料常被用于这类磨损中。

b. 高应力磨料磨损　它是两个零件间有磨料，并且有很大压力作用下产生的磨损。磨料和接触点之间的应力很大，使磨料被碾碎，并引起零件表面被划伤且硬脆相的脱落。如挖掘机的链条、链轮等。这种磨损对冲击韧性要求不是很高，要求堆焊金属有高的抗压强度和硬度。所以碳化钨、高碳钢和合金白口铸铁常用在该类磨损的修复中。

c. 凿削磨损　由于大的压力和冲击作用使磨料切入工件表面，在材料表面凿削出大颗粒的金属而形成的金属沟槽的现象，比如挖掘机的斗齿、破碎机的锤头等。要求堆焊层要有好的韧性和加工硬化的性能，高锰钢应用最广。

（2）耐蚀性

金属与环境介质发生化学或电化学作用引起的破坏和失效现象称为金属的腐蚀。腐蚀按照机理上分有化学腐蚀和电化学腐蚀两种，化学腐蚀是金属直接与介质发生作用而形成的，电化学腐蚀是金属与电解液溶池接触产生原电池作用而形成的。提高金属的耐蚀性是这一类堆焊的主要任务。常用的堆焊材料有铜基、镍基、钴基合金和镍铬奥氏体不锈钢等。

（3）耐高温性

金属高温下工作，因氧化而形成破坏；高温长期工作因蠕变而形成破坏，组织因回火或相变而软化，反复加热和冷却引起的疲劳裂纹等很多因高温而引起的材料失效。因此为了提高材料的高温使用性能，应相应提高材料的抗氧化性、蠕变强度、热强度、热硬性、热疲劳等性能。常用的高温堆焊材料有镍基、钴基合金和高铬合金铸铁等。

（4）耐冲击性

金属表面由于外来物体的连续高速度冲击而引起的磨损称为冲击磨损，一般表现为表面变形、开裂和凿削剥离。

按金属表面所受应力大小及造成损坏情况，冲击磨损可分为三类。

① 轻度冲击　动能被吸收，金属表面的弱性变形可恢复。

② 中度冲击　金属表面除发生弹性变形外，还发生部分塑性变形。

③ 严重冲击　金属破裂或严重变形。

堆焊金属的耐冲击性与它的抗压强度、延性和韧性有关，一种材料的耐冲击性和耐磨性有矛盾，两都不可兼得。

（5）耐气蚀性

气蚀发生在零件与液体接触并有相对运动条件下，在表面上不断发生气穴，在气穴随后的破灭过程中液体对金属表面产生强烈的冲击力，如此反复作用，使金属表面产生疲劳而脱落，形成许多小坑（麻点）。小坑会成为液体介质的腐蚀源，特别是在其表面的保护膜遭到破坏后，情况更为严重，最后使表面成为泡沫海绵状。水轮机转轮叶片、船舶螺旋桨、水泵等都有可能发生气蚀。

## 9.2 堆焊方法

### 9.2.1 堆焊方法的选择

熔焊、钎焊、喷涂等方法都可以应用于堆焊中，熔焊方法占的比例最大，选择应用怎样的堆焊方法，应考虑几个问题：①堆焊层的性能和质量要求；②堆焊件的结构特点；③经济性。随着生产的发展，常规的焊接方法往往不能满足堆焊工艺的要求，因此又出现了许多新的堆焊工艺方法。几种堆焊工艺的主要特点如表9-1所示。

表 9-1　常用堆焊方法特点比较

| 堆焊方法 | | 稀释率 /% | 熔敷速度 /(kg/h) | 最小堆焊厚度/mm | 熔敷效率 /% |
|---|---|---|---|---|---|
| 氧-乙炔焰堆焊 | 手工送丝 | 1～10 | 0.5～1.8 | 0.8 | 100 |
| | 自动送丝 | 1～10 | 0.5～6.8 | 0.8 | 100 |
| | 手工送丝 | 1～10 | 0.5～1.8 | 0.2 | 85～95 |
| 焊条电弧焊堆焊 | | 10～20 | 0.5～5.4 | 3.2 | 65 |
| 钨极氩弧焊堆焊 | | 10～20 | 0.5～4.5 | 2.4 | 98～100 |
| 埋弧堆焊 | 单丝 | 30～60 | 4.5～11.3 | 3.2 | 95 |
| | 多丝 | 15～25 | 11.3～27.2 | 4.8 | 95 |
| | 串联电弧 | 10～25 | 11.3～15.9 | 4.8 | 95 |
| | 单带极 | 10～20 | 12～36 | 3.0 | 95 |
| | 多带极 | 8～15 | 22～68 | 4.0 | 95 |

续表

| 堆焊方法 | | 稀释率/% | 熔敷速度/(kg/h) | 最小堆焊厚度/mm | 熔敷效率/% |
|---|---|---|---|---|---|
| 等离子弧堆焊 | 自动送丝 | 5～15 | 0.5～6.8 | 0.25 | 85～95 |
| | 手工送丝 | 5～15 | 0.5～3.6 | 2.4 | 98～100 |
| | 自动送丝 | 5～15 | 0.5～3.6 | 2.4 | 98～100 |
| | 双热丝 | 5～15 | 13～27 | 2.4 | 98～100 |

注：表中稀释率为单层堆焊结果。

下面介绍几种常见的堆焊方法及特点。

## 9.2.2　氧-乙炔焰堆焊

氧-乙炔焰用途较广，由于它的火焰温度较低（3100℃左右），而且可以调整火焰的能率，可以得到低的稀释率（1%～10%）和薄的堆焊层，一般采用碳化焰焊接，乙炔的用量和堆焊所使用的金属材料有关。该焊接方法有设备简单、操作灵活成本较低等优点，所以得到广泛使用。但也有劳动强度大、生产率低等缺点。所以该焊接方法主要用于小零件的制造和修复工作，如油井钻头牙轮、蒸汽阀门、内燃机阀门及农机具零件的堆焊。氧-乙炔焰除了用于堆焊外，还应用到喷涂、喷熔等工艺中。

## 9.2.3　焊条电弧堆焊

焊条电弧堆焊有如下特点：

① 设备简单，轻便，适合现场焊接。

② 焊接时是明弧，便于焊工操作者观察，焊接灵活性大，特别是对一些形状不规则和零件的可达性不好的部位进行堆焊尤为合适。

③ 焊条电弧焊热量集中，通过选择不同的焊条能够获得几乎所有的堆焊合金成分。

④ 这种焊接方法的生产率较低，且稀释率高，不容易获得薄且均匀的堆焊层，通常要堆焊2～3层，但是堆焊层太多会导致开裂。

焊条电弧焊堆焊焊条所需电源及其极性取决于焊条涂层的类型。一般使用直流反接，石墨型的药皮适合用直流正接，还可以使用交流。焊接前一般酸性焊条需要150℃烘培0.5～1.0h，碱性焊条需在250～350℃烘培1～2h，焊接材料为了防止焊接裂纹，在焊前可以采用预热处理，预热温度可通过碳当量来计算，见表9-2所示，焊后采用缓冷，焊接时可采用焊条前倾的方法避免焊接缺陷的产生。

**表9-2　堆焊材料碳当量与预热温度关系**

| 碳当量/% | 0.4 | 0.5 | 0.6 | 0.7 | 0.8 |
|---|---|---|---|---|---|
| 预热温度/℃ | 100 | 150 | 200 | 250 | 300 |

## 9.2.4　钨极氩弧堆焊

这是一种常用的非熔化极堆焊方法，这种方法的生产效率较低，但是能获得质量高的堆焊层金属，稀释率低，变形小，电弧稳定，飞溅小，堆焊层容易控制等优点。适合于质量要求高、形状复杂的小零件上。

焊接时可以有丝状、管状、铸棒状和粉末状的焊接材料，通常采用直流正接，可通过摆动焊枪和小电流的方法得到小的稀释率。

### 9.2.5　埋弧堆焊

埋弧堆焊的实质和一般的埋弧焊没有区别，它有生产效率高，劳动条件好，能获得成分均匀的堆焊层等优点，常用于轧辊、曲轴、化工容器和核反应堆压力容器衬里等大、中型零部件。

（1）单丝埋弧堆焊

普通单丝埋弧焊是常用的堆焊方法，如图9-2（a）所示。常用于堆焊面积小的场合，它的缺点是熔深大、稀释率高。因此，可以采用焊丝摆动法，加宽焊道，减小稀释率，也可通过加入填充焊丝的方法，减小稀释率并提高了熔敷率；除此，为了减少熔深，也采用下坡焊、增大伸出长度、焊丝前倾和减小焊道间距等措施。提高电流可以增加熔敷速度，但也必须导致熔深大大增加，所以不能采用。

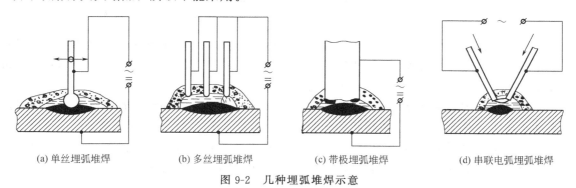

| (a) 单丝埋弧堆焊 | (b) 多丝埋弧堆焊 | (c) 带极埋弧堆焊 | (d) 串联电弧埋弧堆焊 |

图9-2　几种埋弧堆焊示意

（2）多丝埋弧堆焊

双丝、三丝及多丝堆焊，是将几根并列的焊丝接在电源的一个极上，并同时向焊接区送进，如图9-2（b）所示。多丝堆焊，可以容许采用很大的焊接电流，而稀释率却很小。如用六根直径3mm的焊丝，总电流达700～750A，最大熔深仅1.7mm，焊道堆高5.1mm，熔宽50mm。双丝埋弧堆焊焊接时，前一条焊丝可以小电流，减小稀释率，后一条可用大电流，堆焊焊接金属，提高生产率。为了使两焊丝熔化均匀，通常采用交流电焊接。

（3）带极埋弧堆焊

带极埋弧堆焊用矩形截面的钢带代替圆形截面的焊丝，可提高填充金属的熔化量，并且有小的熔深，如图9-2（c）所示。常采用宽60mm、厚0.4～0.8mm的带极堆焊，为提高生产率，可以将宽度提高到180mm。还可以采用双带极、多带极和加入冷带等方法提高熔敷速度。带极埋弧堆焊常用于设备表面的修复中，也可用于化工和原子能压力容器不锈钢衬里等。

此外，还有串联电弧埋弧堆焊，如图9-2（d）所示；粉末填充金属埋弧堆焊，如图9-3所示，这里不再一一介绍。

### 9.2.6　等离子弧堆焊

等离子弧的温度很高，所以能堆焊难熔材料，并能提高堆焊速度，稀释率最低可达

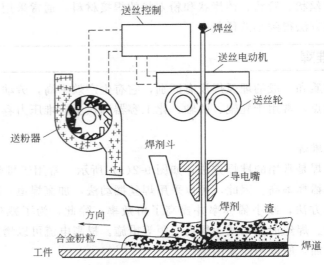

图 9-3　粉末填充金属埋弧焊示意

5%，堆焊层厚度在 0.5～8mm，宽度约 3～40mm，这种方法稀释率低、熔敷率高，但设备成本较高，堆焊时有强烈的紫外线辐射及臭氧污染空间，所以要做好防护措施。常用于质量要求高的批量生产上。常用的等离子弧堆焊有如下形式。

① 冷丝等离子弧堆焊　能拔丝的堆焊合金，如合金钢、不锈钢、铜合金等，一般采用自动送丝法。对于能够铸造成棒状的合金，如钴基合金等，堆焊时为手工送丝。

② 热丝等离子弧堆焊　如图 9-4 所示，这种工艺是将经过电阻预热的焊丝送入电弧区进行堆焊，可用不锈钢、镍基合金、铜基合金等的堆焊由于焊丝预热，所以熔敷率可以得到提高，稀释率下降，可达到 5%，并能减少堆焊层的气孔。它通常用于大面积堆焊上，如压力容器内壁堆焊。

③ 预制型等离子堆焊　将堆焊合金预制成环形或其他形状放在被焊零件的表面上，再用等离子弧加热使其熔化，并堆焊于零件表面。适用于形状简单的零件。

④ 粉末等离子弧堆焊　如图 9-5 所示，这是将合金粉末自动送入等离子弧区的堆焊方法。由于各种成分的堆焊合金粉末制造比较方便，因此在堆焊时合金成分的要求易于满足。

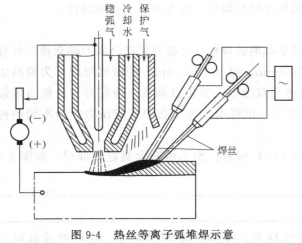

图 9-4　热丝等离子弧堆焊示意

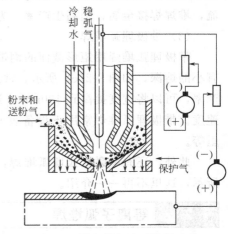

图 9-5　粉末等离子弧堆焊示意

堆焊工作便于实现自动化，而且堆焊质量比较好。在阀门及耐磨件堆焊方面得到了广泛的应用。

# 9.3　常用金属材料的堆焊

## 9.3.1　铁基堆焊金属的堆焊

（1）珠光体基体的堆焊

这类合金属于珠光体钢，含碳量一般小于 0.3%，合金元素总量在 5% 以下，如 1Mn2、2Mn3、2Mn4 等，我国一般加入 Mn、Mo、Cr、Si 为主要元素，该类合金的特点是：硬度中等，有一定的耐磨性，冲击韧性好，易于机加工，经济性好。

焊接性好，有很好的抗裂能力，焊接前一般不预热，如果堆焊合金碳当量大或刚度大时，可以进行 200～300℃ 的预热。焊接后在一般的冷却速度下（如空冷），堆焊层组织为珠光体类为主，硬度为 20～35HRC。如果合金元素多且冷却速度快时，将会有马氏体出现，使硬度提高。

珠光体钢堆焊金属采用的焊接方法有焊条电弧焊、药芯焊丝 MAG 焊、药芯焊丝自保护焊、药芯焊丝埋弧焊和带极埋弧焊等。其堆焊工艺参数见表 9-3 所示。

表 9-3　珠光体钢堆焊金属堆焊工艺参数（平焊）

| 焊接方法 | 焊丝直径/mm | 焊接电流/A | 电弧电压/V | 送丝速度/(cm/min) | 保护气 |
|---|---|---|---|---|---|
| 焊条电弧焊 | 2.5 | 60～80 | | | |
| | 3.2 | 90～130 | | | |
| | 4.0 | 130～180 | | | |
| | 5.0 | 180～240 | | | |
| | 6.0 | 240～300 | | | |
| 药芯焊丝 MAG 焊 | 1.2 | 120～300 | | | $CO_2$ 气体流量 20mL/min |
| | 1.6 | 200～450 | | | |
| | 3.2 | 300～500 | 26～30 | | |
| 药芯焊丝自保护焊 | 3.2 | 300～500 | 26～30 | | |
| 药芯焊丝埋弧焊 | 3.2 | 300～450 | 28～34 | | |
| 带极埋弧焊 | 50×0.4 | 700～900 | 22～27 | 18～22 | |

这类合金应用比较广泛，常用于堆焊承受高冲击载荷和金属间摩擦磨损的零件，比如齿轮、轴类等，也常用于零件的修复。

（2）普通马氏体基体的堆焊

这类合金的堆焊层组织主要为马氏体，含碳量在 0.1%～1.0%，有时高达 1.5%，还有一定量的合金元素，一般含量在 12% 左右。根据含碳量的不同，可以分为低碳、中碳焊和高碳马氏体钢的堆焊金属。

首先介绍低碳马氏体堆焊金属，它的含碳量小于 0.3%，其组织为低碳马氏体，硬度在 25～50HRC，堆焊金属的抗裂性较好，焊接前一般不需要预热，有一定的耐磨性，能承受中度冲击作用。由于其硬度值不高，不是理想的耐磨材料，主要用在零件的修补上，常用于车轮、叶片、农业机械等设备。

中碳低合金钢的堆焊金属，该堆焊金属含碳量约为 0.3%～0.6%，并含有一定量的合金元素，主要有 Mo、Cr，也有 Mn、Si，如 5Cr2Mo2、5Cr5Mo4 等，该类合金的特点是耐磨性和抗压强度好。这类堆焊合金的裂纹倾向比珠光体堆焊合金大，所以焊接前一般需要进行 250～350℃ 的预热。该类堆焊金属的组织主要为马氏体和残余奥氏体，有时有珠光体，硬度一般在 35～55HRC。

高碳低合金钢的堆焊金属含碳量一般在 0.6%～1.5% 之间，合金元素总量约为 5%，如 6Cr3、8Cr4Si 等，这类堆焊金属加入过多的 Mn 会使材料的脆性增加，所以一般都加入 Cr 为强化元素。这类合金焊接性较差，容易出现热裂纹和冷裂纹，所以焊前一般要进行 350～400℃ 的预热处理，组织也主要是马氏体和残余奥氏体，有时有共晶莱氏体在柱状晶边界析出，堆焊层的硬度为 60HRC 左右，所以有好的耐磨性，但冲击韧性较差。如果焊后要进行机加工，还应该先进行退火处理降低硬度，加工后再采用淬火处理恢复其硬度。

马氏体钢堆焊金属采用的焊接方法有焊条电弧焊、药芯焊丝 MAG 焊、药芯焊丝自保护焊、药芯焊丝埋弧焊和带极埋弧焊等。其堆焊工艺参数见表 9-3 所示，预热和后热温度见表 9-4。

表 9-4　马氏体钢堆焊预热及后热温度

| 焊接方法 | 母　材 | 堆焊材料 | 预热温度/℃ | 后热温度/℃ |
|---|---|---|---|---|
| 焊条电弧焊 | 低碳钢 | 低碳和中碳马氏体焊条 | 不预热 | |
| | | 高碳马氏体焊条 | 200～300 以上 | |
| | 低合金钢和中、高碳钢 | 低碳马氏体焊条 | 150 | |
| | | 高碳马氏体焊条 | 350 | 250～300 |
| 药芯焊丝 MAG 焊 | | A-450 | >200 | 350 |
| | | A-600 | >250 | 350 |
| 药芯焊丝自保护焊 | | GN450、GN700 | 200～250 | |
| 药芯焊丝埋弧焊 | | 焊丝/焊剂 S400/50 | 200～300 以上 | |
| | | S450/50 | | |
| | | S600/80 | | |
| 带极埋弧焊 | | 焊剂/带极 BH-400/SH10 | | |
| | | BH-450/SH10 | | |

该类合金常用在堆焊层不承受冲击载荷或小冲击载荷的低应力磨料磨损中，比如泥浆泵叶轮，粉尘排除设备、挖掘机斗齿、推土机的铲刃等。

（3）高速钢堆焊合金

我国主要采用钨系 18-4-1 型高速钢，常为 W18Cr4V，高速钢堆焊金属组织是由网状的莱氏体和奥氏体转变产物组成的，合金元素的含量较高，有二次硬化效应，有高的热硬性和红硬性，在 600℃ 的时候硬度仍然能够保持在 60HRC 以上，且有良好的耐磨性能。

但是堆焊金属中碳化物以网状形式存在，堆焊层较脆，焊接时容易产生裂纹，刀具在使用过程中也很容易崩刃，为了避免这一缺陷的产生，必须要采用合理的焊接规范。高速钢堆焊常用的方法是焊条电弧焊，可以使用快的冷速（小的预热温度或间歇施焊），使网状碳化物减少或呈断续状。焊接小零件时焊后采用空冷，焊接大的零件时在焊接过程中要保持焊接温度不低于预热温度，焊后在炉中缓冷。如果需要焊后机加工，先退火使其硬度降低，加工后再进行淬火和回火后使用。焊条电弧堆焊的参数见表9-5所示。

表 9-5　高速钢焊条电弧堆焊电流值（直流反接）

| 焊条牌号 | 常用电流值/A | | |
| --- | --- | --- | --- |
| | 焊条直径/mm | | |
| | 3.2 | 4.0 | 5.0 |
| D307 | 100～130 | 130～160 | 170～220 |
| GRIDVR36 | 80～100 | 110～130 | 140～160 |

这类堆焊合金主要用于制作双金属切削刀具，比如可以在中碳钢制成的刀具毛坯上堆焊刃口制作大直径锥、绞刀、埋头钻头和车刀等。

（4）高锰钢和铬锰奥氏体钢堆焊金属

高锰钢的含碳量约为 $1\%～1.4\%$，含 Mn 为 $10\%～14\%$，如 Mn13、1Mn12Cr13 等，该类堆焊合金的组织为奥氏体，硬度为 $200～250HBS$，此类钢材有冷作硬化效应，在受到强的冲击作用下其硬度值可以高达 $450～550HBS$，且硬化层以下仍然是韧性好的奥氏体，因此它具有良好的抗冲击磨损能力，适合强冲击的凿削磨粒磨损，如破碎岩石是锤头。但如果是低应力磨损，由于应力值很低，不能使其产生硬化效果，所以耐磨性不高。

该类堆焊金属组织只有是单相奥氏体时才有好的韧性，当冷却速度很慢时容易出现碳化物在奥氏体晶界析出，使韧性下降，焊接时容易产生裂纹，所以在堆焊时要采用小的热输入量。堆焊前一般不预热，采用强迫冷却的、小电流、断续焊的方法使其热输入量减小，为了减小焊接应力，焊接后可以对焊缝进行敲击。这类堆焊合金在 $260～320℃$ 时产生脆化，所以它的工作温度不能高于 $200℃$。

铬锰奥氏体钢分低铬和高铬两类，低铬的含 Cr 量不超过 $4\%$，含 Mn 为 $12\%～15\%$，高铬的含 Cr 量为 $12\%～17\%$，含 Mn 量约 $15\%$。由于铬的加入，其组织为奥氏体＋铁素体，不仅提高了堆焊金属的耐腐蚀能力，而且改善了高锰钢容易出现焊接裂纹的缺陷，焊接性能较好。铬的加入还使这类堆焊合金的耐热性能增加。这类堆焊合金水轮机叶片、道岔、阀门等承受冲击磨损、腐蚀的部件上，由于不会产生脆化，还可用于中温（$<600℃$）的阀门部件。

高锰钢和铬锰奥氏体钢堆焊时，采用小线能量和跳焊法，多应用低氢型焊条，直流反接，其堆焊工艺参数见表9-6所示。

表 9-6　高锰钢和铬锰奥氏体钢焊条电弧堆焊电流值

| 名称 | 牌号 | 常用电流值/A | | | |
| --- | --- | --- | --- | --- | --- |
| | | 焊条直径/mm | | | |
| | | 2.5 | 3.2 | 4.0 | 5.0 |
| 高锰钢堆焊焊条 | D256 | — | 70～90 | 110～140 | 150～180 |
| | GRIDVR42 | — | 90～105 | 130～140 | 170～180 |
| 铬锰奥氏体钢堆焊焊条 | D276 | 60～80 | 90～130 | 130～170 | 170～220 |

（5）奥氏体铬镍钢堆焊合金

常用的奥氏体铬镍钢堆焊合金如 18-8 型和 25-20 型，它具有良好的耐蚀性和抗高温性能，由于含碳量很低，其组织为奥氏体＋铁素体，硬度低、耐磨性很差，当合金中含有 Mo、V、W 等元素时，堆焊组织中有相当数量的铁素体，且可以通过固溶强化等方式改善它的性能，具有高的韧性、冷作硬化性和耐腐蚀、耐磨性。比如 Cr18Ni8Si5Mn、Cr20Ni11Mo4Si4MnWVNb 等堆焊合金。常用于耐磨、耐气蚀、耐热的化工容器、核容器中，阀门密封面堆焊最为常见。

在奥氏体铬镍钢堆焊合金中，如果 Si 含量较多（如 Cr18Ni8Si7Mn2），能产生固溶强化，可用于 500～600℃ 的高温环境中，但是 Si 加入太多，会使晶界析出脆化物，使堆焊金属的抗裂性能下降，在焊接前需要有 300～450℃ 的预热。当 Si 的含量相对较少时（如 Cr18Ni8Si5Mn）堆焊层的抗裂性能较好，脆性不大，焊接前就不需要预热，堆焊层的270～320HBS 之间，耐磨性较低，也可用于高温阀门的制造中。Cr20Ni11Mo4Si4MnWVNb 中 Si 的含量也不高，在堆焊材料中加入了 Mo、V、W 等元素，能够形成更多的强化相，且脆性不大。

奥氏体铬镍钢常用的堆焊方法有焊条电弧堆焊和带极埋弧自动堆焊，其工艺参数见表 9-7、表 9-8 所示。

**表 9-7　奥氏体铬镍钢焊条电弧堆焊电流**

| 焊条直径/mm | 2.0 | 2.5 | 3.2 | 4.0 | 5.0 |
|---|---|---|---|---|---|
| 堆焊电流/A | 25～50 | 50～80 | 80～110 | 110～160 | 160～200 |

**表 9-8　奥氏体铬镍钢带极埋弧自动堆焊工艺参数**

| 带极尺寸/mm | 60×0.4 | 60×0.5 | 60×0.6 | 60×0.7 |
|---|---|---|---|---|
| 电　流/A | 550 | 600 | 650 | 600～650 |
| 电弧电压/V | 32 | 27 | 32 | 35～40 |
| 堆焊速度/(cm/min) | 11.5 | 11 | 9 | 13～15 |
| 干伸长/mm | 40 | 40 | 40 | 40 |

（6）合金铸铁堆焊金属合金

一般含碳量大于 2% 的铁基堆焊合金就属于铸铁类型，一般的铸铁的强度和硬度都不够，所以在铸铁中通常加入几种合金元素，如 W、Mo、B、Ni、Cr 等，改善其性能，使它获得耐热、耐磨、耐蚀等不同的特殊性能。合金铸铁堆焊金属合金按照堆焊层的组织和成分的不同可以分为马氏体合金铸铁堆焊金属合金、奥氏体合金铸铁堆焊金属合金、高铬合金铸铁堆焊金属合金三类。

① 马氏体合金铸铁堆焊金属合金　该类合金的含碳量在 2%～5% 之间，常加入 W、Mo、B、Ni、Cr 等其他合金元素使其合金化，总量不超过 25%，如 W9B、Cr4Mo4、Cr5W11 等。该类合金的主要组织是马氏体＋残余奥氏体＋莱氏体（含合金碳化物），50～65HRC 之间，有很好的耐磨性能，也有很好的抗压强度，由于有合金元素的加入改善了堆焊的耐热性、耐蚀性和抗氧化性能。但是由于组织和含碳量的关系，该合金脆性较大，焊接时的裂纹倾向严重，因此焊接时需要预热和后热处理，避免堆焊层开裂。该类合金主要用在轻度冲击磨料磨损条件下工作的零件中，如混凝土搅拌、刮板机、泥浆机中。

应用最多的马氏体合金铸铁堆焊合金含 C 量约为 2.5%，含 Cr 约 25%，堆焊后的组织中有奥氏体，韧性较好，可经过 800～850℃ 的退火加工，再经过 950～1090℃ 的空淬后，基体组织转变为马氏体，硬度提高到 60HRC 左右，可以用于耐低应力磨料磨损和中等的耐高应力磨料磨损的堆焊合金。

② 奥氏体合金铸铁堆焊金属合金　该类合金的含 C 量在 2.5%～4.5%，含 Cr 量在 12%～28% 左右，还有少量的合金元素，该类合金堆焊组织主要是由奥氏体＋莱氏体形成，虽然奥氏体相较于马氏体硬度值不高，但该类合金组织中有较多的合金组织 $Cr_7C_3$，硬度值可以达到 1700HV 左右，奥氏体合金铸铁堆焊金属组织的平均硬度可以达到 45～55HRC，该类堆焊合金有较好的耐气蚀性和抗氧化能力，相比较于马氏体合金铸铁堆焊金属而言，其抗冲击性能较好，不容易在焊接时产生开裂，常用在中度冲击载荷的耐磨部件中，如挖掘机齿、螺旋输送器等部件上。

③ 高铬合金铸铁堆焊金属合金　该类合金堆焊在铸铁合金堆焊中应用比较广泛，它的含 C 量在 1.5%～5.0%，含 Cr 量在 15%～35%，而且利用 W、Mo、V、B 等合金元素作为强化，例如 Cr30Ni7、Cr28Mn5 等就是属于该类堆焊合金。这类堆焊合金的主要组织是残余奥氏体＋共晶碳化物，有大量的 $Cr_7C_3$ 在组织中，因此有很好的耐磨性、耐高温性能和抗氧化性能。高铬合金铸铁中含有 B，可以提高其耐磨性，但是其抗裂性能和机加工性降低，加入 Ni 可以降低堆焊层的开裂倾向。这类堆焊合金比较容易开裂，焊接时需要预热和后热处理，减小其开裂倾向，通常只能用于轻度冲击的堆焊结构件中，可用于破碎机、泥叶等结构件中。

（7）碳化钨堆焊合金

碳化钨堆焊合金有两类，一类是铸造类的碳化钨，含 C3.7%～4.0%，含 W95%～96%，是 $WC-W_2C$，这类合金硬且脆，在焊接中容易开裂，焊接时可将它碾碎成粒状后装入金属管内制成的药芯焊丝，然后用氧-乙炔堆焊。另一类是钴或镍为黏结金属的烧结碳化钨，大都是用 Co 作为黏结剂，其硬度有所减低，但韧性增加。

碳化钨熔点很高，焊接时可能不熔化而镶嵌在基体上，形成硬质合金复合材料堆焊层，硬度很高，有很强的耐磨性。为了充分发挥碳化钨的耐磨性，应尽量使碳化钨不熔化，在焊接中氧-乙炔焊接时，热量低，碳化钨一般不会熔化，耐磨性高，而焊条电弧焊碳化钨部分熔化，耐磨性较低。但是氧-乙炔焊时生产效率低，不适合焊接大型结构件，因此近年来有钨极氩弧焊、等离子堆焊等方法的应用。

碳化钨堆焊合金常用在石油钻井、修井等设备工具中，也用于建筑、煤炭开发部门中，如石油钻井钻头、打桩机钻头、刨煤机刨刀等。

## 9.3.2 其他堆焊金属的堆焊

（1）铜基堆焊合金

铜合金有良好的耐大气、耐海水和耐各种酸碱溶液腐蚀，耐气蚀等性能，但抗磨料磨损的性能不好，故不宜用于高应力的磨料磨损中。铜合金堆焊金属有铝青铜、锡青铜、硅青铜等，有时也用黄铜、白铜和紫铜进行堆焊。

铝青铜的强度高，耐腐蚀、耐金属间摩擦磨损性能良好，常用于堆焊轴承、齿轮、蜗轮以及耐海水、弱酸碱腐蚀的零件中，如水泵、阀门等。

锡青铜有一定的强度，塑性较好，能承受较大的冲击载荷，减摩性能不好，常用于堆焊轴承、蜗轮、船舶螺旋桨等零件上。

硅青铜力学性能良好，冲击韧性值较高，耐腐蚀性强，减摩性能不好，不能用于轴承件的焊接，适用于化工容器、管道的内衬。

黄铜的抗腐蚀性和冲击韧性较差，但是价格便宜，常用于低压阀门零件。

白铜合金有良好的耐腐蚀性能和耐热性能，适合于堆焊冷凝器和热交换器等零件。

（2）镍基堆焊合金

镍基合金可以分为两类，一类是含碳量较低的镍铜、镍铬合金，镍铬合金具有良好的抗裂性能和耐热性，硬度值低韧性好，能够承受冲击，常用于炉子的元件堆焊上。镍铜合金抗腐蚀性有良好的抗腐蚀性，常用于耐腐蚀零件的堆焊上。

另一类是具有良好耐热、耐腐蚀和抗氧化性能的 Ni-Cr-B-Si 系列、Ni-Cr-Mo-W 系列合金。Ni-Cr-B-Si 系列合金的含 C 量<1％，含 Cr8％～18％，B、Si 2％～5％，其他为镍余量，如 Cr10Si4B2、Cr16Si5B4 就是属于该类合金，镍基合金的堆焊层组织为奥氏体＋硼化物＋碳化物，堆焊层的硬度可达 62HRC 左右，并且有良好的抗氧化性能，在 950℃时的硬度仍能达到 48HRC，能够耐金属间的磨料磨损。该类合金的熔点很低，约 1000℃，因此有良好的流动性能，适合于粉末等离子堆焊。

Ni-Cr-Mo-W 系列合金的含 C 量<0.1％，Cr 约 17％，Mo 约 17％、W 约 4.5％，其他为 Ni 余量，如 Cr16Mo17B5、Cr16Mo17W5 就是属于此类合金。该合金的堆焊层组织为奥氏体＋金属间化合物，韧性好，适合机加工，主要用于抗腐蚀的结构件，而且也有良好的耐高温性能，也能用做高温耐磨结构件的使用。

（3）钴基堆焊合金

常用的钴基堆焊合金是 Co-Cr-W 堆焊合金，一般的成分是 C0.4％～3.0％，Co30％～70％，Cr25％～33％，W3％～21％，其中碳的主要作用是与其他合金元素形成高硬度的化合物，提高耐磨性；Co 的主要作用是提高抗腐蚀能力；Cr 的主要作用是提高抗氧化性；W 的主要作用是提高蠕变强度。

由于 Co 的价格比较昂贵，所以通常以镍基或铁基堆焊金属代替，但是 Co 基合金有良好的加工性能，抗金属间磨损的能力好，抗腐蚀能力和耐热性都较好，在一些地方也得到广泛应用。钴基堆焊合金随着含碳和合金的含量不同，其堆焊层的组织也随着发生变化，当含量较低时是由奥氏体＋固溶体与碳化物共晶组成，能承受冲击和高温，常用于高压阀门，热锻模等；含碳量增加时，组织中的奥氏体增加，共晶体减小，为亚共晶组织，也有较高的韧性，抗高温性能；当含碳等元素增加时，堆焊组织变为过共晶组织，承受冲击的能力比较小，主要用于耐磨、耐高温、耐腐蚀的结构零件上，如粉碎机刃口、螺旋送料机等。由于价格昂贵，在钴基合金焊接时，尽量采用小稀释率焊接。

堆焊合金的选择是一项复杂的工作，正确选择堆焊合金才能使其发挥最大的用途，并且还要最大限度地节约金属的消耗，堆焊合金的选择，一般有如下原则。

① 满足使用条件　零件的使用条件相当复杂，如耐磨、腐蚀、冲击等，而且不仅一个因素在影响零件的使用，往往是多个因素共同作用，所以必须先明确被堆焊零件所需要的磨损类型，才能正确地选择堆焊合金。

② 经济性　在满足使用要求的前提条件下，应当尽量地降低成本，选择价格便宜的堆焊合金。应结合我国资源状况，尽量选择我国富有的合金资源。

③ 焊接性　在满足前面两个条件的前提下，应选择焊接性好的材料进行焊接，避免产

生太多焊接缺陷，影响产品质量。

**思考与练习**

1. 填空题

（1）堆焊工艺是焊接领域中的一个重要分支，它的主要用途有_____和_____。

（2）磨损是一个很复杂的微观破坏过程，它是金属材料本身与_____以及_____综合作用的结果。它的五个基本类型是_____、_____冲击磨损_____和_____、疲劳磨损和微动磨损。

（3）用于焊条电弧焊堆焊的焊条，在焊接前需要进行_____，为了防止焊接裂纹也可采用_____。焊后采用缓冷，焊接时可采用焊条前倾的方法避免焊接缺陷产生。

（4）埋弧堆焊生产效率高，应用广泛，常见的几种埋弧堆焊方法有_____、_____、_____、_____。

（5）等离子弧是一种_____和_____的堆焊。堆焊层厚度在_____，宽度约为_____。

2. 什么是堆焊？堆焊有什么特点？

3. 简述堆焊金属的使用性能包括哪些内容？

4. 简述选择堆焊方法的原则。

5. 简述氧-乙炔焰堆焊工艺的特点。

6. 简述常用的等离子弧堆焊形式及应用。

7. 50t 履带吊车的行走部分与上部平台的连接采用回转支承，其内齿圈外径 $\phi 1400mm$，厚 135mm。在制齿时，由于机床的误动作，将其中一个齿的齿厚铣去了一半，需要进行堆焊修复。内齿圈的材料为 5CrMnMo 钢，焊接性较差。内齿圈是经过调质处理的，而缺陷齿堆焊后不允许再进行相应的热处理，应当选用什么样的焊条和堆焊工艺？

8. 在一台起重机进行大修时，发现其行走传动机构中的链轮有两个齿从根部断掉，由于没有铣齿刀具无法重新制造，决定用堆焊方法修复链轮材料的化学成分为 0.35％C、1.12％Mn、0.51％Si、0.32％Cr、0.17％Cu。齿面硬度大于 50HRC，堆焊时应当选用哪种焊条？

# 第 10 章 新型金属材料的焊接

图 10-1 为常见刀具结构，将 YT30 的硬质合金刀片焊接在材质为 45 钢刀柄上使用的目的是什么？两种不同的材料如何进行焊接？

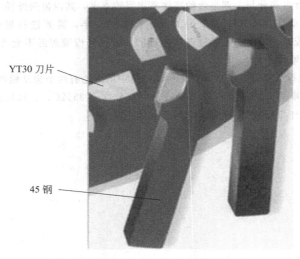

YT30 刀片

45 钢

图 10-1  YT30 刀片与 45 钢焊接示意

## 10.1　复合材料的焊接

### 10.1.1　复合材料的概述

（1）复合材料的定义和特点

复合材料是两种或两种以上的物理和化学性质不同的物质组合而成的一种多相新型材料。它与一般材料的简单混合有本质区别，既保留原组成材料的重要特色，又通过复合效应获得原组成成分所不具备的性能。可以通过材料设计使原组成成分的相互补充并彼此关联，从而获得更优越的性能。

复合材料有如下特点。

① 高的比强度和比刚度。比强度和比刚度分别指材料强度和刚度与密度之比，复合材料的比强度和比刚度都比普通金属材料高，较轻的重量就可以承载同样的载荷，是航空、航天结构中理想的材料。

② 高温性能良好。增强相熔点都很高，比金属有更好的耐高温性能，Al 合金在 300℃时强度只有 100MPa 左右，而石墨纤维增强铝基复合材料的强度在 500℃时都能达到 600MPa。

③ 线胀系数小，尺寸稳定性好。金属基的增强相有小的线胀系数，特别是石墨有负的线胀系数，尺寸稳定。

④ 耐磨性和减振性好。金属基的复合材料增强相有良好的耐磨性，有时比铸铁的耐磨性还好。受力结构的自振频率与材料的比弹性模量之平方根成正比，而复合材料的比弹性模量高，且复合材料界面有吸振能力，所以减振性好。

⑤ 好的抗疲劳性和断裂韧性。复合材料的基体和增强相的界面结合良好时，可以传递载荷并阻止裂纹扩展，抗疲劳性和断裂韧性好。如一般金属材料的疲劳极限为抗拉强度的 20%～50%，而 C/Al 复合能达到 70%。

（2）复合材料的基本结构

复合材料由基体和增强剂两个组分构成，在复合材料结构中通常一个相为连续相，称为基体，复合材料的基体材料分为金属和非金属两大类。金属基体常用的有铝、镁、铜、钛及其合金；非金属基体主要有合成树脂、橡胶、陶瓷、石墨、碳等；还有一个相是以独立的形态分布在整个基体中的分散相，这种分散相的性能优越，具有显著改善和增强材料的性能，称为增强剂（或增强相、增强体），增强材料主要有玻璃纤维、碳纤维、硼纤维、芳纶纤维、碳化硅纤维、石棉纤维、晶须、金属丝和硬质细粒等。增强剂一般有下面几个特点：基体硬，强度、模量较基体大，或其他特点；可以是纤维状、颗粒状或弥散状；与基体有明显的界面分开。

（3）复合材料的分类

复合材料的分类见表 10-1 所示。

表 10-1 复合材料的分类

| 分类方法 | 分类名称 | 说　明 |
| --- | --- | --- |
| 按照基体分 | 聚合物基体复合材料 | 主要有树脂基和橡胶基等 |
| | 金属基体复合材料 | 主要有铝基、镁基和钛基等 |
| | 无机非金属基体复合材料 | 主要有陶瓷基、混凝土基、碳/碳复合材料 |
| 按照增强相分 | 连续纤维增强复合材料 | 纤维按照同一方向排列，复合材料具有各向异性，主要有纤维增强树脂、纤维增强金属等 |
| | 非连续增强复合材料 | 主要有短纤维增强复合材料、颗粒增强复合材料和晶须增强复合材料 |
| | 层合复合材料 | 主要为复合钢 |
| | 纤维织物、编织体增强复合材料 | 主要是碳纤维织物、编织体增强碳基复合材料 |

| 分类方法 | 分类名称 | 说　明 |
|---|---|---|
| 按照应用情况分 | 工程复合材料 | 如玻璃纤维增强塑料等工程上用的复合材料 |
| | 先进复合材料 | 有碳、硼等纤维增强的塑料、金属基复合材料等，它们是比强度和比刚度较大的复合材料 |
| | 混杂复合材料 | 由两种或两种以上的纤维混合或不同纤维的铺层混合构成的复合材料 |
| 按照增强相材质分 | 无机非金属增强复合材料 | 主要有 C 纤维、B 纤维、$Al_2O_3$ 纤维及其颗粒、SiC 纤维及其颗粒、BC4 颗粒等增强的复合材料 |
| | 金属丝增强复合材料 | 主要有钨极或不锈钢增强的铝基复合材料、钢丝增强的树脂基复合材料 |
| | 有机纤维增强复合材料 | 主要有芳纶纤维增强树脂基复合材料和尼龙丝纤维增强树脂基复合材料 |
| 按照用途分 | 结构复合材料 | 利用力学性能的复合材料，如碳纤维/环氧复合材料 |
| | 功能复合材料 | 利用力学性能以外的所有其他性能的复合材料 |

其中，结构复合材料是用作承力和次承力结构，要求具有质量轻、高强度、高刚度、耐高温以及其他性能。功能复合材料是电、热、声、摩擦、阻尼等，包括机敏和智能复合材料。

（4）复合材料的应用

复合材料是应科学技术的发展，航空、航天技术和先进武器的发展要求而发展起来的，目前除航空航天外，还应用到了汽车运输业和化工领域等方面。

① 航空航天领域　目前航空航天领域上的很多部件都用到了复合材料，在飞机上 30% 的部件都已经是复合材料结构，如天线反射器、太阳板等，这是由于复合材料高的比强度和比刚度，耐热性能好，尺寸稳定性好等优点，比如碳碳复合材料、陶瓷基复合材料等。

② 汽车与交通运输业　用复合材料来制作刹车片、曲轴、船体等结构，可以提高速度、减轻重量，节约材料和减小污染，在国外已经得到了广泛的应用。

③ 化工领域和机械领域　复合材料在化工领域的应用主要是利用它的耐腐蚀能力强，常用于防腐设备。机械领域的应用主要在阀门、叶片、齿轮等的生产制作上。

在自然介中存在着许多天然的复合物，比如天然的很多植物，竹子、树木等就是自然生长纤维增强复合材料。随着科学技术的发展，现代复合材料也将赋予新的内容和使命。21 世纪将是复合材料的新时代。

## 10.1.2　层压复合材料的焊接

常见的复合材料的焊接方法有钎焊、扩散焊、熔焊、电子束焊、激光焊、摩擦焊等等。复合材料的种类繁多，在焊接工艺上也各有不同，下面主要介绍层压复合材料的焊接。

层压复合材料的焊接主要是指复合钢的焊接，复合钢通过一定的方式（爆炸、轧制、包轧等）将金属包裹在钢材上面而得到的具有优良综合性能的材料。通过选择不同的复层可以使复合钢得到更加优良的耐热性、耐蚀性、导电性、导热性等。

复合钢可以分为不锈复合钢、镀锌复合钢、镀铝复合钢、铜复合钢、钛复合钢、渗铝复合钢，不锈复合钢的焊接在第 10 章也有介绍，下面简单介绍其余几类复合钢的性能和焊接工艺。

（1）镀锌钢焊接

① 镀锌钢焊接性　镀锌钢焊接时容易产生很多焊接性问题。首先是焊接裂纹，镀锌钢焊接时，由于锌层的存在，锌的熔点比铁低，所以在结晶时铁先结晶，锌在晶界形成脆性化合物 $Fe_3Zn_{10}$ 和 $FeZn_{10}$，在应力作用下容易形成裂纹；第二是焊接时锌层的蒸发所形成的气孔；第三是焊接时锌层在电弧热作用下氧化和蒸发所形成的烟尘，这种烟尘对人体有很大的危害；还有由于焊接电流过小而形成的 ZnO 杂质，由于熔点较高，所以在焊接时容易形成夹杂。

② 焊接工艺　镀锌钢焊接时，可以使用焊条电弧焊、熔化极气体保护焊、压弧焊和电阻焊等焊接方法。这里主要介绍焊条电弧焊。

为了防止焊接缺陷的产生，焊接前应当开适当的坡口形式，坡口间隙尽量控制在 1.5～2mm 内，厚度大时可以是 2.5～3mm，除此外还应该将坡口附近的镀锌层去除。

焊条的选择原则是使焊缝的力学性能和母材相近，为防止产生裂纹，熔敷金属的含 Si 量在 0.2％以下，常使用钛铁型焊条、氧化钛型焊条和钛钙型焊条，焊接时尽量采用短弧焊接。

（2）镀铝和渗铝钢的焊接

对镀铝钢焊接主要有焊条电弧焊、钎焊、电阻焊、TIG 焊等方法，由于熔焊时 Al 容易进入熔池，影响焊缝强度，而且熔池金属的流动性差，成形不佳，所以在结构允许的前提下，尽量采用钎焊的焊接方法。钎焊时除选用合适的钎料外还要用化学的方法将工件表面清理干净。熔焊时的焊条或焊丝通常采用专用的镀铝钢焊条或焊丝和不锈钢的焊条或焊丝，焊接时采用小的焊接电流焊接。

渗铝钢的焊接主要问题是渗铝层中的铝熔入熔池后被氧化而成的 $Al_2O_3$，使焊缝成分改变导致性能下降，同时渗铝层被破坏，使耐蚀性下降。通常在焊接前将坡口及附近的表面层除去，焊后重新渗铝。目前国内的解决办法是改变焊缝的合金系统，提高药皮的氧化性，降低焊缝的含 Al 量。

（3）铜复合钢的焊接

铜复合钢的焊接性问题主要是基层对复层的稀释作用，使电导率降低；复层 Cu 进入基层焊缝，容易形成低熔点共晶 $Cu_2O-Cu$，导致裂纹的产生。

焊接材料的选择上，基层应保证力学性能，过渡层一般选用镍丝或镍铜焊丝，复层一般选用纯铜焊丝。

焊接最好采用气体保护焊的方法，板厚时严格控制预热温度；焊接过渡层前，应清理焊道中的杂质。

## 10.2　硬质合金的焊接

### 10.2.1　硬质合金概述

（1）硬质合金的概念和特点

硬质合金是由 W、Mo、Cr、Ti、Zr、B、V、Nb、Ta 的九种碳化物和 Fe 族（Fe，Co，Ni）金属结合而成的合金总称，一般指 WC-Co 合金。硬质合金是一种主要由硬质相和黏结相组成的粉末冶金产品。我国生产的硬质合金分为 YT 和 YG 两大类，YT 是由碳化钛、碳化钨和钴等组成；YG 是碳化钨和钴的合金。

硬质合金具有很高的硬度和耐磨性，常用于制造金属切削刀具、量具、模具等。通常当材料硬度高时，耐磨性也高；抗弯强度高时，冲击韧性也高。但材料硬度越高，其抗弯强度和冲击韧性就越低。高速钢因具有很高的抗弯强度和冲击韧性，以及良好的可加工性，目前仍是应用最广的刀具材料，其次是硬质合金。

（2）硬质合金的应用

硬质合金是目前世界上强度最高的合金。现在广泛使用的硬质合金主要有两大类：第一类是以钴做黏结剂的碳化钨基合金；第二类是以工具钢做黏结剂的碳化钛基合金。用硬质合金来做刀具，它的硬度即使在 1000℃ 的高温下也不会降低。因此，可以进行高速切削加工，切削速度 2000m/min 以上，比普通碳素钢刀具高出 100 多倍，比钨钢刀具也高 15 倍。用它制成的模具，可以冲压 300 多万次，比普通合金钢模具耐用 60 倍。

## 10.2.2　硬质合金的钎焊

硬质合金硬且脆，韧性极差，而且造价很贵，所以很难制作成大尺寸的、复杂结构件，那么硬质合金与钢的焊接就成了弥补这一缺陷的主要方法。但由于材质性能的差别，硬质合金和钢材的焊接容易出现很多焊接缺陷。

（1）硬质合金的焊接性

① 焊接裂纹　由于硬质合金的线胀系数小，约只有钢材 30%～50%，所以在它和钢材的焊接过程中，受到热作用时，硬质合金和钢材不能共同产生收缩，在接头中产生很大的热应力，而导致硬质合金开裂。

② 气孔、夹渣和氧化　这种焊接缺陷主要出现在钎焊的焊接中，当钎焊加热温度过低时，钎料的流动性能不好，容易形成气孔和夹渣；而当钎焊加热温度过高时，容易造成焊缝的氧化和钎料的烧损。

③ 焊缝的脆化　主要是在焊缝区域形成 MC 型复合碳化物，M 包括 Ti、W、Mo、Co、V、Ni 等元素，主要在硬质合金和钢焊接时，硬质合金中的碳向钢中扩散，使硬质合金的含碳降低而形成的。使接头脆化，并且使其抗弯强度下降。

（2）硬质合金的钎焊工艺

硬质合金的焊接方法目前来看，常见的是钎焊和扩散焊，还有一些新的焊接方法也在积极的探索之中，如钨极惰性气体保护电弧焊、电子束焊、激光焊等。这里主要讨论钎焊的焊接工艺。

钎焊是常见的一种焊接硬质合金的方法，也是一种传统的焊接硬质合金的焊接方法，它根据加热方式的不同可以分为火焰钎焊、电阻钎焊、感应钎焊和炉中钎焊。

① 火焰钎焊　火焰钎焊是利用可燃气体（乙炔、丙烷等）与氧气或压缩空气混合燃烧的火焰作为焊接热源而进行焊接的一种焊接方法。

常用纯铜、铜锌和铜银作为钎料，其中纯铜对硬质合金有良好的润湿性，但要在还原气氛中才能得到最佳效果，同时由于钎焊的温度高，接头容易产生裂纹，接头的抗剪切应力的强度、塑性都小，不能在高温状态下工作；铜锌材料为提高其润湿性和接头强度，通常加入 Mn、Ni、Fe 等元素，加入 Co 还可以提高接头的韧性和疲劳强度，银铜钎料的熔点低接头应力小，有利于减小焊接裂纹，提高强度。

在焊接时，通常采用中性焰或过乙炔焰，防止母材和钎料的氧化。硬质合金在焊接之前一般要将工件表面进行喷砂处理，或通过砂轮打磨，除去表面过多的碳，便于钎焊时被钎料润湿。但碳化钛型硬质合金钎料难以润湿，如钨钴钛型（如 YT5、YT15、YT30 等）的硬质合金刀片，当采用火焰钎焊到 500℃时，为防止表面 Ti 氧化的钝化膜被破坏，Ti 被急剧氧化而在浅层形成氧化膜，污染焊缝，阻碍了液态钎料的吸附和扩散，因此可以先将钎剂（硼砂或硼酸）敷在工件上，形成保护膜，而使工件与外界空气接触，无法形成氧化膜。

该方法的优点是设备简单、操作方便。缺点是由于火焰加热的温度和速度难控制，加热会产生大的温度梯度，容易产生焊接裂纹，主要用于中小尺寸的硬质合金件小批量的生产，对于大型结构件的生产一般不采用此方法。

② 电阻钎焊　电阻钎焊是依靠电流通过钎焊处的电阻产生热量来加热工件和熔化钎料的，它分为直接加热和间接加热两种方式。间接加热可避免电极与硬质合金的直接接触，防止过热和过烧，避免接头的开裂。

通常使用的钎料还是铜或银基材料，如 H68、HL105 等，利用硼砂或硼酸作为钎剂，钎剂在焊接前一定要进行脱水处理，防止在焊接过程中由于结晶水的影响而出现气孔。电阻钎焊焊接中，主要的焊接参数是加热电阻，只有选择合适的参数，才能保证加热的速度，在加热过程中要及时地排渣，防止产生夹渣等焊接缺陷而降低接头的强度。

电阻钎焊的操作比较简单，而且加热也很快，效率比火焰加热要高，工件在焊接过程中不容易被氧化，但由于加热速度很快，所以焊接过程之中容易出现局部过烧的现象，因此电阻钎焊只能适用于钎焊接头尺寸不大，形状不太复杂的工件。

③ 感应钎焊　这种焊接方法是零件的钎焊部分被置于交变磁场中，这部分母材的加热是通过它在交变磁场中产生的感应电流的电阻热来实现的。

感应钎焊一般在保护气氛中完成，可以减小硬质合金的过热和氧化问题，但是设备复杂，且对于大厚度结构加热不均匀，而且难以控制加热温度，所以一般只用于简单的小尺寸机构。

感应钎焊焊接硬质合金的工艺参数包括钎缝间隙、加热速度、冷却速度、感应圈形状尺寸、钎料钎剂的加入方式等，一般认为钎缝间隙越小，焊接残余应力会越大，而间隙过大时，又会发生毛细作用减弱的情况，都会影响到接头的强度和产生焊接缺陷；焊接时的加热速度和冷却速度也会使接头产生不利影响，产生大的应力和被氧化现象。

④ 炉中钎焊　炉中钎焊是指将装配好的工件放在电阻丝发热的加热炉中进行加热钎焊的方法，又可以分为空气炉中钎焊、保护气氛中钎焊和真空钎焊。在空气炉中钎焊工件容易被氧化，且升温速度慢，所以一般不采用。

在保护气体炉中钎焊可用 Co、$H_2$ 等还原性气体，也可用 Ar、He 等惰性气体，它能避免金属被氧化，如果加热温度高于 900℃，保温时间过长时，硬质合金硬度会降低。所以利用这种方法焊接硬质合金时，要注意控制焊接参数。焊后可采用缓冷措施（一般放入保温箱4～8h），防止接头冷却过快而开裂。

真空钎焊是工件加热在真空室内进行，在真空中金属加热时，可以破坏表面氧化物，并且可防止金属、硬质合金、钎料被氧化或和介质发生反应，并且在真空中焊接可以降低工件的温度梯度，减小应力，在大型的复杂形状的硬质合金焊接时有利。

**思考与练习**

1. 填空题

(1) 复合材料是由_____和_____两个组分构成，在复合材料结构中通常一个相为_____，称为基体，另一个相是以独立的形态分布在整个基体中的分散相，这种分散相的性能优越，会使显著改善和增强材料的性能，称为_____或_____，复合材料的基体材料分为_____和_____两大类。

(2) 常见的复合材料的焊接方法有_____、_____、_____、激光焊、_____等。

(3) 硬质合金是一种主要由_____和_____组成的粉末冶金产品，我国生产的硬质合金分为 YT 和 YG 两大类，YT 是由_____、_____和_____等组成；YG 是由_____和_____的合金。

(4) 硬质合金的焊接方法，常见的是_____和_____，传统的焊接硬质合金的焊接方法是_____，它根据加热方式的不同可以分为_____、_____、_____和炉中钎焊。

(5) 炉中钎焊是指将装配好的工件放在电阻丝发热的加热炉中进行加热钎焊的方法，又可以分为_____、_____和_____。

2. 什么是复合材料，有什么特点？

3. 简述镀锌钢焊接特性，以及它的焊接工艺。

4. 什么是硬质合金，有何特点？

5. 硬质合金的焊接容易出现哪些问题？

6. 硬质合金钎焊有几类方法？各有什么特点？

7. 刀片材料为钛钨钴硬质合金 YT15，成分为：WC78％～80％，TiC15％～16％，Co5％～6％；刀体材料为 40 钢。如何对该刀体和刀片进行焊接？

8. 刮刀式硬质合金钻头是地质勘探或石油钻井使用的硬质合金钻头。过去采用火焰或高频钎焊，在大气介质中进行焊接，会导致硬质合金氧化，使钻头寿命缩短。另外，如果使用银基钎料火焰钎焊，虽然钎焊温度低，但钻头强度仍不很高，很难满足大口径（直径 $\phi$215mm 以上）油井深孔（大于 2000m）钻进的要求。应当采用哪种焊接工艺才能达到满足性能要求？

# 附录　实　验

## 实验一　斜 Y 坡口焊接裂纹试验

### 一、实验目的

① 掌握斜 Y 坡口焊接裂纹试验方法。

② 试根据不同的材料进行焊接性分析与试验。

③ 通过实验制订材料的焊接规范，选择适当的焊接材料。

### 二、实验设备及材料

| | |
|---|---|
| 直流焊机 | 1 台 |
| 砂轮切片机 | 1 台 |
| 预磨机 | 2 台 |
| 放大镜 | 5 个 |
| 游标卡尺 | 5 把 |
| 镊子、脱脂棉、腐蚀剂、酒精、抛光剂、砂纸等 | 若干 |
| 200×200×20 试板 | 1 副 |

### 三、实验原理

产生冷裂纹有三要素，其中之一就是拘束度，在拘束度较大时，材料易产生冷裂纹。斜 Y 坡口焊接裂纹试验就是首先在钢板两侧焊接拘束焊缝，形成较大的拘束应力，然后再焊接试验焊缝，此时，由于试验焊缝受到了较大的拘束力，因而易产生冷裂纹。

斜 Y 坡口焊接裂纹试验适用于碳素钢和低合金钢的焊接接头热影响区冷裂纹试验，也可作为母材和焊条组合的裂纹试验。这种方法的特点是：用材少，操作简便，不需特殊的实验装置，可定性评定试验材料的抗冷裂性，它也是一种常用的焊接性试验法，是我国评定材料冷裂纹敏感性的标准方法之一。

由于该试验的接头拘束度大，根部尖角又有应力集中，试验条件苛刻，因而一般认为表面裂纹率小于 20%，用于生产是安全的，但不能有根部裂纹。

### 四、实验方法与步骤

① 估算材料焊接性　由母材的化学成分计算出碳当量，分析估计试验材料的焊接性。

② 清理焊缝表面　仔细清理焊缝表面铁锈、油渍等。

③ 焊拘束焊缝　按图 1 组装试件，拘束焊缝采用低氢型焊条进行双面焊接，先从背面焊第一层，然后再焊正面第一层，以后依次交替焊接。在焊接时，要注意防止角变形和未焊透。

④ 焊试验焊缝　试验焊缝分别按各种实验条件进行焊接。采用焊条电弧焊时，试验焊缝按图 2 所示方法焊接，焊接工艺参数为：焊接电流 $I=170\text{A}\pm10\text{A}$，电弧电压 $U=24\text{V}\pm2\text{V}$，焊接速度 $v=150\text{mm/min}\pm10\text{mm/min}$，焊条直径 $\phi4\text{mm}$。

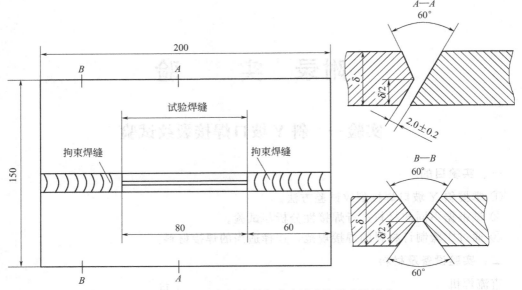

图 1　斜 Y 形坡口焊接裂纹试验用试件形式及尺寸

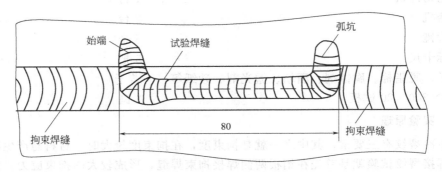

图 2　焊条电弧焊焊接方式

⑤ 制作试样　焊完试件后放置 48h，首先采用肉眼或放大镜检查焊接接头的表面是否有裂纹，然后用切割机将试验焊缝等距离切成 6 片，在预磨机上磨光，用 50％的硝酸酒精溶液腐蚀。

⑥ 裂纹观察　对试件的五个横断面进行断面裂纹检查。

⑦ 裂纹的评定　量出裂纹长度，并按如图 3 所示进行检测。

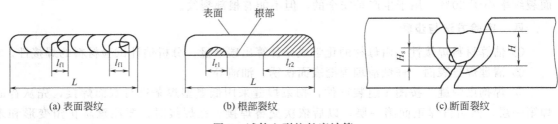

(a) 表面裂纹　　　　　(b) 根部裂纹　　　　　(c) 断面裂纹

图 3　试件上裂纹长度计算

a. 表面裂纹率

$$C_f = \frac{\sum l_f}{L} \times 100\%$$

式中 $C_f$——表面裂纹率，%；

$\sum l_f$——表面裂纹长度之和，mm；

$L$——试验焊缝的长度，mm。

b. 根部裂纹。试样先进行着色检测，然后再拉断或弯断。

$$C_r = \frac{\sum l_r}{L} \times 100\%$$

式中 $C_r$——根部裂纹率，%；

$\sum l_r$——根部裂纹长度之和，mm；

$L$——试验焊缝的长度，mm。

c. 断面裂纹率。将试验焊缝宽度开始均匀处与焊缝弧坑中心之间的距离四等分，然后截取五个横断面，分别计算出五个横断面的裂纹率，然后取平均值。

$$C_s = \frac{H_s}{H} \times 100\%$$

式中 $C_s$——断面裂纹率，%；

$H$——试样焊缝的最小厚度，mm；

$H_s$——断面裂纹的高度，mm。

⑧ 将实验数据记录于下表中，并对数据进行整理和分析。

| 裂纹长度/mm \ 裂纹种类 | 裂纹数 | | | | |
|---|---|---|---|---|---|
| | 1 | 2 | 3 | 4 | 5 |
| 表面裂纹率 | | | | | |
| 根部裂纹率 | | | | | |
| 断面裂纹率 | | | | | |

**五、实验结果的整理和分析**

① 整理好原始数据，计算各实验条件下，试件的裂纹率（本实验不计算根部裂纹率）。

② 根据实验条件、裂纹产生的部位、性质分析开裂原因。

③ 根据实验结果，提出防止冷裂纹产生的措施。

# 实验二 不锈钢焊接接头的晶间腐蚀实验

**一、实验目的**

① 了解不同焊接方法和参数对不锈钢焊接性能的影响；

② 了解焊接过程中化学成分对不锈钢晶间腐蚀的影响。

**二、实验装置及实验材料**

| | |
|---|---|
| C 法电解浸蚀装置 | 1 套 |
| 金相显微镜 | 1 台 |
| 吹风机 | 1 个 |
| 10%草酸（$C_2H_2O_4 \cdot 2H_2$）水溶液 | 1000mL |

1Cr18Ni9Ti（或 1Cr18Ni9）钢手弧焊或 TIG 焊试片 3～5mm　6 对

秒表　　　　　　　　　　　　　　　　　　　　　　　　　　　　　1 只

乙醇、丙酮、棉花、各号金相砂纸等　　　　　　　　　　　　　　　若干

### 三、实验原理

晶间腐蚀是沿晶粒边界发生的腐蚀现象。现以 18-8 型奥氏体不锈钢中最常用的含稳定元素的 1Cr18Ni9Ti 钢为例，来讨论晶间腐蚀的问题。

1Cr18Ni9Ti 钢含 0.02%C 和 0.8%Ti。碳在室温奥氏体中的最大溶解度低于 0.03%，多余的碳则通过固熔处理与钛结合形成稳定的碳化物 TiC。由于钛对碳的固定作用，避免了在晶界形成碳化铬，从而防止了晶间腐蚀的产生。故 1Cr18Ni9Ti 钢具有抗晶间腐蚀能力，一般不会产生晶间腐蚀现象。

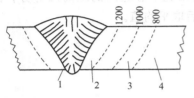

图 4　奥氏体不锈钢焊接接头各区示意
1—焊缝金属；2—过热区；
3—敏化区；4—母材金属

然而在焊接接头中，情况有所不同。奥氏体不锈钢的焊接接头，通常可分为以下几个区域（见图 4）。

① 焊缝金属　主要为柱状树枝晶，是单相奥氏体组织还是 γ+δ 双相组织，将取决于母材和填充金属的化学成分。

② 过热区　加热超过 1200℃ 的近缝区，晶粒有明显的长大。

③ 敏化区　加热峰值温度在 600～1000℃ 的区域，组织无明显变化。对于不含稳定化元素的 18-8 钢，可能出现晶界碳化铬的析出。产生贫铬层，有晶间腐蚀倾向。

④ 母材金属　对于含稳定化元素的 18-8 钢，如 1Cr18Ni9Ti 钢，峰值温度超过 1200℃ 的过热区发生 TiC 分解量愈大，从而使稳定化作用大为减弱，甚至完全消失。在随后的冷却过程中，由于碳原子的体积很小，扩散能力比钛原子强，碳原子趋于向奥氏体晶界扩散迁移，而钛原子则来不及扩散仍保留在奥氏体点阵节点上。因此，碳原子析集于晶界附近成为过饱和状态。当上述过热区再次受到 600～800℃ 中温敏化加热或长期工作在上述温度范围时，碳原子优先以很快的速度向晶界扩散。此时，铬原子的扩散速度虽比碳原子慢，但比钛原子快，且浓度也远比钛高，因而易于在晶界附近形成铬的碳化物 $(Fe, Cr)_{23}C_6$。温度愈高，TiC 分解后合金元素碳和铬的固溶量愈多，碳化物析出量愈大（图 5）。上述碳化物的铬、碳含量很高，但晶粒内部铬的扩散速度比碳的扩散速度慢，所以在形成铬的碳化物时，富集在晶界的碳，与晶粒表层的铬结合以后，晶粒中的铬不能及时均匀化，致使靠近晶界的晶粒表面一个薄层严重缺铬，铬的浓度低于临界值 12%Cr（图 6）。此时，奥氏体晶粒内和晶界碳化物（图 6 中的 1、2 部分）由于含铬量高而带正电位，而贫铬层（图 6 中的 3 部分）由于含铬量低于 12% 而带负电位。如果将这种具备电化学腐蚀条件的焊接接头放入腐蚀介质中，带负电位的贫铬层就会成为被消耗的阳极而遭受腐蚀。这样，由于"高温过热"和"中温敏化"这两个依次进行的热作用过程，造成了含稳定化元素的 18-8 钢特殊的晶间腐蚀，这种腐蚀只发生在紧靠焊缝的过热区 3～5 个晶粒范围，在工件表面上较宽，向接头内部逐渐变窄，呈刀形，故又称"刀蚀"。

预防措施：

① 采用超低碳不锈钢，含碳量希望小于 0.06%。

② 在工艺上，尽量减小近缝区过热，特别要避免在焊接过程中就产生"中温敏化"的加热效果。

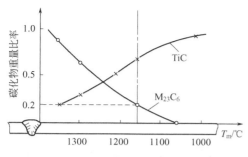

图 5　18-8 钢热影响区碳化物分布

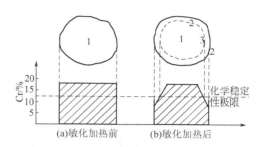

图 6　析出碳化物对晶界处铬浓度的影响

1—奥氏体晶粒；2—晶界处碳化物；3—贫铬层

由此可见，"高温过热"和"中温敏化"是产生刀蚀的必要条件。对于焊接接头，"高温过热"这一条件是由焊接热作用过程自然形成的，因此只需要进行一次"中温敏化"处理，就可根据 GB 1223—75 标准进行晶间腐蚀试验。

**四、实验方法及步骤**

无论是晶间腐蚀还是刀口腐蚀，都是经过腐蚀介质作用之后才发生的。为了确定产品在使用条件下是否有足够的抗晶间腐蚀和抗刀蚀的能力，必须在产品焊接之前，先用相同的材料在相同的工艺条件下焊出试样，经腐蚀试验合格后才正式投产。腐蚀试验最理想的方法，是在产品实际工作条件下（包括工作温度、介质等）进行长时间的试验，但由于周期太长，故通常是在实验室进行小型试样的加速试验。

1. 试验方法

根据国家标准 GB 1223—75 试验晶间腐蚀倾向的方法共有五种，对于 18-8 钢主要采用 C 法、T 法和 X 法三种试验方法。

（1）C 法

草酸电解浸蚀试验，又称草酸阳极腐蚀试验，实验装置如图 7 所示。图中不锈钢容器接电源的负极。若采用玻璃烧杯作容器，则负极端接一厚度为 1mm 左右的不锈钢薄板，并放置于杯底，腐蚀液采用 10% 的草酸水溶液。该试验简单、方便、迅速，一般不超过两分钟，但不如其他试验方法严格，常作为其他试验方法前的筛选试验方法（不适用于含钼、钛的不锈耐酸钢），也可作为独立的无损检验方法。

（2）T 法

铜屑、硫酸铜和硫酸沸腾试验。该试验方法是将规定尺寸的试样放在加有铜屑的硫酸铜和硫酸的水溶液中沸腾 24h，然后弯曲成 90°，用 10 倍放大镜观察，以不出现横向裂纹为合格，或在金相显微镜下规察，如发现晶间有明显的腐蚀痕迹，即为有晶间腐蚀倾向。

（3）X 法

硝酸沸腾试验。该试验方法是将试片放在 65% 沸腾硝酸中，每周期沸腾 48h，试验三个周期。每周期试验后取出试样，刷洗干净、干燥、称重。然后按下式计算腐蚀速度，以其中

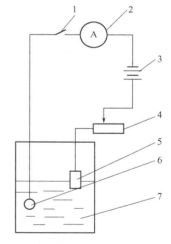

图 7　实验装置

1—开关；2—电流表；3—直流电源；
4—变阻器；5—试样；6—阴极；
7—草酸溶液

最大者为准。

$$S=0.128\frac{\Delta W}{Ad}$$

式中  $S$——腐蚀速度，mm/a；

$\Delta W$——每周期试样失重，g；

$A$——试样表面积，$m^2$；

$d$——试样密度，$g/cm^3$。

$S>2mm/a$ 时不合格。

T法和X法分别为国际通用的B法和E法，试验条件严格，需要一定的专门装置，试验周期较长，因此一般常用C法进行试验。当C法试验评定认为有问题时，进一步做T法或X法试验，并以T法或X法试验结果为准。对于18-8钢焊接接头，由于母材一般已经过晶间腐蚀试验评定合格，故可采用C法与母材同时进行对比试验。

2. 实验步骤

(1) 试样制备

① 从同一钢板上取材，按表1要求制备试样（焊条电弧焊焊条为A307，焊接电流为90A）。

表1  腐蚀试样的制备及试样尺寸

| | 试样数量(个) | 试样尺寸/mm | | | 备注 |
| --- | --- | --- | --- | --- | --- |
| | | 长 | 宽 | 厚 | |
| 母材 | 2 | 40～60 | 20 | ≤5 | 沿轧制方向选取 |
| 单条焊缝 | 2 | 40～60 | 20 | ≤5 | 焊缝位于试样中部 |
| 交叉焊缝 | 4 | 40～60 | 20 | ≤5 | 焊缝交叉点位于试样中部 |

② 部分试样进行"中温敏化"处理，加热至650～700℃，保温1～2h。部分试样进行固溶处理（1050～1150℃/30min  水冷）＋敏化处理。

③ 用砂轮或锉刀将试片表面加工，去掉棱角。

④ 按金相试片要求，用各号砂纸将试样检验表面磨平磨光，并用水冲洗干净。

⑤ 抛光试样表面，表面粗糙度不低于0.8μm，用水冲净，再用棉花酒精或丙酮擦净检验表面，吹干。

⑥ 将试样检验表面浸入10％草酸溶液（把100g草酸溶于900mL蒸馏水中），试件接电源"＋"端，同时接通电路。电流密度按试样检验表面积计算，为$1A/cm^2$，试验溶液温度为20～50℃，试验时间1.5～2min。

⑦ 取出试样用水冲洗干净，用酒精或丙酮擦净检验表面，吹干。

(2) 观察与评定

① 用金相显微镜观察试样浸蚀表面，放大倍数为150～500倍。

② 焊接试样的浸蚀组织分为三级。

一级：近缝区及母材晶界清晰，无腐蚀沟，晶粒间呈台阶状，焊缝金属铁素体被显现，如图8(a)所示。

二级：近缝区或母材晶界有不连续腐蚀沟，晶界局部变宽，或焊缝金属铁素体被腐蚀，如图8(b)所示。

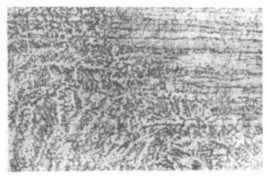
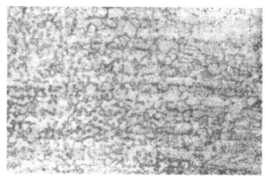

(a) 未敏化处理　　　　　　　　　　(b) 焊后 670℃保温 1h 炉冷

图 8　1Cr18Ni9Ti 钢 TIG 焊熔全区附近显微组织

三级：近缝区或母材晶界有连续腐蚀沟，个别晶粒的晶界被腐蚀沟完全包围，或焊缝金属铁素体严重腐蚀。

具体评定标准见图 9。

一级　　　　　　二级　　　　　　三级　　　　　　四级

图 9　草酸电解浸蚀级别判定标准 （400～500×）

**五、实验结果的整理与分析**

① 根据金相观察画出焊接接头显微组织示意图。

② 分析焊接接头各区域显微组织特征。

③ 焊接接头试样产生晶间腐蚀的部位、宽度、组织特征及评定。

④ 分析该焊接接头试样产生晶间腐蚀的原因。

# 实验三　压板对接（FISCO）焊接裂纹实验

**一、实验目的**

① 掌握材料可焊性的概念。

② 能正确使用实验手段分析材料可焊性的好坏。

③ 会使用主要焊接设备和仪器。

**二、实验设备及材料**

| | |
|---|---|
| Q235，16Mn，1Cr18Ni9Ti | 若干 |
| 手工电弧焊焊条〔E4303（J422）〕 | 若干 |
| 焊丝（H08Mn2Si） | 若干 |
| 手工电弧焊和钨极氩弧焊两用焊机 | 一台 |

熔化极氩弧焊和 $CO_2$ 焊两用焊机　　　　　　　　　　　　一台

### 三、实验内容

热裂纹敏感性评定：焊接热裂纹是在高温下形成的，特征是沿原奥氏体晶界开裂。被焊金属材料不同，产生热裂纹的形态，温度区间和影响因素等也不同。因此，热裂纹又分为结晶裂纹、液化裂纹、高温脆化裂纹和多边形化裂纹。

压板对接（FISCO）焊接裂纹实验方法是分别选择 Q235、16Mn 和 1Cr18Ni9Ti，板材进行直缝焊，板材尺寸和接头见图 10。

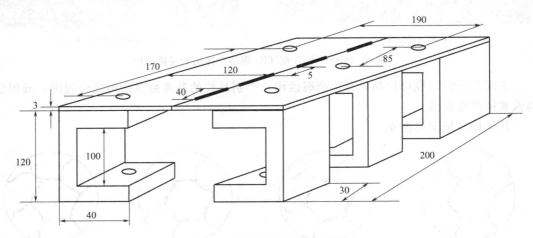

图 10　FISCO 焊接裂纹实验

焊接前用螺栓将试板紧固在槽钢架上，依次焊接 4 条长度为 40mm 的实验焊缝，焊缝间距 5～10mm。焊接电流选为 100～120A，焊接速度保持在 100mm/min 左右。焊后检查焊缝及热影响区有无裂纹等缺陷。并用公式计算表面裂纹率：

$$Q = \frac{\sum L_i}{L_0} \times 100\%$$

式中　$Q$——表面裂纹率，%；

　　　$L_i$——每段焊缝的裂纹长度，mm；

　　　$L_0$——4 条焊缝的长度之和。

### 四、实验结果分析

将以上实验结果列于表 2。

表 2　材料焊接性的分析与比较

| 焊件材料 | 焊接方法 | 焊条或焊丝 | 焊接工艺参数 | 表面裂纹率 $Q$ |
|---|---|---|---|---|
| Q235-Q235 | | | 100A,100mm/min | |
| 16Mn-16Mn | | | 100A,100mm/min | |
| 1Cr18Ni9-1Cr18Ni9 | | | 100A,100mm/min | |
| 1Cr18Ni9-16Mn | | | 100A,100mm/min | |

**五、思考**

对实验结果分析对比后回答下列问题：

① 哪些材料好焊？哪些材料不好焊？为什么？怎样改善材料的焊接性？

② 材料焊接时的裂纹敏感性实验方法有什么优缺点？

③ 不同的焊接方法裂纹敏感性有何不同？原因是什么？

# 参 考 文 献

[1] 孔景荣. 实用焊工手册. 北京：化学工业出版社，2002.

[2] 田嘉禾，楚玉盈. 特殊及难焊材料焊接新技术实用手册. 北京：当代中国音像出版社，2004.

[3] 中国机械工程学会焊接学会编. 焊接手册：第二册. 材料的焊接. 北京：机械工业出版社，1992.

[4] 英若采. 熔焊原理及金属材料焊接. 第2版. 北京：机械工业出版社，2004.

[5] 宇永福，张德生. 金属材料焊接. 北京：机械工业出版社，2000.

[6] 周振丰. 焊接冶金学. 北京：机械工业出版社，1996.

[7] 陈茂爱，陈俊华，高进强. 复合材料的焊接. 北京：化学工业出版社，2004.

[8] 罗庆，徐道荣. 硬质合金的焊接工艺现状与展望. 现代焊接，2007.

[9] 吴强，肖建中. 钢结构硬质合金中的硬质相. 材料科学与工程，1991.

[10] 文申柳. 化工维修焊工. 北京：化学工业出版社，2008.

[11] 张连生. 金属材料焊接. 北京：机械工业出版社，2004.

[12] 王炜，郭旭，马江. 16MnDR 低温钢埋弧焊焊接工艺方案的优化. 焊接技术，2011.

[13] 朱文华，崔元萍，李军格，罗正华. 316L 奥氏体不锈钢小直径真空容器的焊接. 焊接与切割，2013.

[14] 刘勇兰. 灰铸铁发动机缸体裂纹焊补工艺分析. 漯河职业技术学院学报，2010.

[15] 史春元，于启湛. 异种金属的焊接. 北京：机械工业出版社，2012.

[16] 潘春旭. 异种钢及异种金属焊接——显微结构特征及其转变机理. 北京：人民交通出版社，2000.

[17] 李亚江，王娟，刘鹏. 异种难焊材料的焊接及应用. 北京：化学工业出版社，2003.